第二次青藏高原综合科学考察研究资助（2019QZKK1005）
Supported by the Second Tibetan Plateau Scientific Expedition and Research Program (STEP), Grant No. 2019QZKK1005

西宁都市圈的新型城镇化和绿色发展转型

New-Type Urbanization and Green Development Transformation of Xining Metropolitan Area

杨永春　贾　卓　张永姣　常跟应　等编著

蘭州大學出版社
LANZHOU UNIVERSITY PRESS

图书在版编目（CIP）数据

西宁都市圈的新型城镇化和绿色发展转型 / 杨永春等编著. -- 兰州 : 兰州大学出版社, 2022.12
ISBN 978-7-311-06297-2

Ⅰ. ①西… Ⅱ. ①杨… Ⅲ. ①城市群—城市化—研究—西宁②城市群—绿色经济—区域经济发展—研究—西宁
Ⅳ. ①F299.274.41②F127.441

中国国家版本馆CIP数据核字(2023)第003545号

责任编辑 冯宜梅 陆为国
封面设计 汪如祥

书　　名 西宁都市圈的新型城镇化和绿色发展转型
作　　者 杨永春 贾 卓 张永姣 常跟应 等编著
出版发行 兰州大学出版社 (地址:兰州市天水南路222号 730000)
电　　话 0931-8912613(总编办公室) 0931-8617156(营销中心)
0931-8914298(读者服务部)
网　　址 http://press.lzu.edu.cn
电子信箱 press@lzu.edu.cn
印　　刷 兰州银声印务有限公司
开　　本 787 mm×1092 mm 1/16
印　　张 17(插页2)
字　　数 355千
版　　次 2022年12月第1版
印　　次 2022年12月第1次印刷
书　　号 ISBN 978-7-311-06297-2
定　　价 58.00元

内容提要

新时代，我国已步入了都市圈、城市群的快速成长以及带领区域参与全球竞争的时期。联系我国第一阶梯与第二阶梯的西宁都市圈是进出我国边疆高地——青藏高原最重要的东部门户，其建设和成长将是湟水流域步入现代化社会的关键步骤。作为国家第二次青藏高原综合科考的一部分，本书首次系统性阐述了西宁都市圈的发育成长、高原城镇化和绿色转型，内容大致包括空间组织、人口流动、演变特征、城镇化测度和驱动机制、绿色发展模式和路径、对策建议等。本书不但可为青海等地方政府提供决策参考，而且可为相关科研人员和高等院校相关专业的学生提供基本信息和科研支撑，有助于广大读者深入了解这个高原都市圈的现实情景和独特魅力。

前言

新时代，我国进入都市圈和城市群快速建构和成长的时期，令人瞩目的市场化、工业化、城镇化催生了国家层面上的区域集聚和重构，促进了我国生产力的快速提升。青藏高原是全球气候放大器和亚洲气候的启动区，是“亚洲水塔”和多条国际大河的发源地，是野生动物的天然栖息地和高原物种基因库，是中国乃至亚洲重要的生态安全屏障及中国生态文明建设的重点地区之一。近年来由于温室气体排放导致全球变暖，冰川消融加速，青藏高原的整体生态环境正发生变化，如若开发过度和不控制环境污染，青藏高原将可能面临水质危机及环境承载能力和生态环境容量下降。这预示了青藏高原城镇化建设的独特性。

青海省位于我国西部，雄踞于青藏高原东北部，地势西高东低，属于典型的高原大陆性气候区，具有较强的季节性，是长江、黄河、澜沧江的发源地，有“三江源”之称。同时，青海省具有丰富的矿产资源和化石能源，是我国的能源供应区域之一。当前，青海省三江源自然保护区已被定位为国家级自然保护区和生态服务重点区域。西宁都市圈位于青海省东北部的河湟地区，是青藏高原面向东部的门户。西宁、海东两市位于青海省东部，承载了青海省63.8%的人口，大部地区位于青藏高原海拔3 000 m以下地区。大半山、日月山、拉脊山等山体同脉相承延伸，以黄河干流及湟水河支流所组成的河网水系比较密集。在国家都市圈乃至城镇群体系的建构过程中，西宁都市圈位于甘青省际边界地区以及黄土高原、青藏高原的地理边界地区，是青藏高原上唯一一个人口超百万的都市圈，具有极其重要的生态区位。同时，都市圈特有的河湟文化特色和较适宜生活居住的条件，提高了其发展潜力。西宁都市圈面积只占青海省面积的10%不到，迄今，却吸纳了青海省一半以上的人口，地区生产总值占青海省的比例超过50%。

西宁都市圈属于典型的培育型都市圈，目前是我国11个培育型都市圈之一（中国都市圈发展报告，2018）。其整体经济发展水平较低，产品附加值低，经济结构有待提升；人口规模小，居民收入水平低，消费能力不足；财政平衡需国家转移支付；产业体系缺乏内生性动力，自主升级和转型能力较差，如支柱产业依旧以传统的资源型产业为主，包括化工产业和能源产业；产业自发性技术进步难度较大，产业升级较难，如虽已有部分高新产业和绿色产业的入驻，但规模小且效益低，迫切需要扩大绿色产业和高新产业的规模，逐步淘汰“双高”产业。非常明显，西宁都市圈产业具有显著的地方性，如其农产品加工业原料多为牛奶、枸杞、青稞等特有资源，旅游产品与服务也以民族文化、高原景观为主。这些独特性为绿色发展提供了较好条件，然“大美青海”旅游服务具有很强的季节性。总体上，西宁都市圈的成长具有典型的高原城镇化的独特性。由于地处内陆高原，低海拔地区的人们难以适应，西宁都市圈对人才和产业的引进具有先天劣势，但却成功地吸引了高原上的人口和消费的集聚——地方化的建构过程。随着我国全面取消300万人口以下城市的落户限制，这个“虹吸效应”愈发凸显，如青海省六州地区的农牧民愿意到大城市落户，核心区的流动人口可能将持续增加。

我国的消费升级、智慧社会时代、生态文明建设都对青藏高原的城镇化进程发起了时代的挑战。西宁都市圈担负着引领青藏高原走向高质量发展的艰巨任务。西宁都市圈在城镇化发展的过程中要注重对生态环境的保护，坚持“绿水青山就是金山银山”，打造“高原绿色”“超净区”和健康产业品牌，通过生态红利催生并提升城市可持续发展能力（方创琳，2010），建设生态城市，探索都市圈发育的新发展理念和新发展格局。

西宁都市圈建设应立足“一带一路”、黄河流域生态保护和高质量发展、新时代西部大开发、兰西城市群等重大国家战略，构建国家级区域产业协同发展先行区；依托青海清洁能源、盐湖资源以及产业基础，构建全国有影响的战略性新兴产业基地；充分发挥青藏高原特色生物资源优势和气候环境特点，构建全国重要的高原生物健康产业发展高地；高水平建设互联网数字经济产业平台，培育数字产业生态，构建青藏高原数字经济创新发展示范区，全力打造青藏高原工业和信息化高质量发展样板区。要深入推进青海省“五四战略”和“一优两高”战略部署，加快建设国家公园、清洁能源、绿色有机农畜产品、民族团结进步、高原美丽城镇“五个示范省”，促进人地和谐、高效低碳、生态环保、节约创新、智慧平安的质量提升型城镇化（方创琳，2019）。同时，要落实“一带一路”倡议和党的“二十大”报告精神，充分发挥西宁—海东沟通南疆、直下川藏的中西部枢纽和“稳藏固疆”的战略通道作用，融入国内国际双循环的新发展格局，建立服务青藏、融入丝路、面向国际的商贸物流集散基地，推进高水平对外开放。而且，西宁都市圈社会经济已步入新常态，通过空间新格局的建构和产业升级，走绿色发展之路，探索高原城镇化的新路径，切实推动绿色转型。

作为后方基地，西宁都市圈对我国西部的民族团结和和谐社会建设意义重大。西宁都市圈具有多样的民族文化构成和复杂的社会情势，要立足高原民族文化融汇区背景，合理推动民族地区的城镇化，建构和谐社会。河湟地区是中原进入西部少数民族地区的重要通道，是连接西藏与汉民族地带的纽带，历史上游牧文化与农耕文明在河湟地区交汇，河湟文化、热贡文化长期共存。因此，西宁都市圈主要在湟水川谷汇聚了青海省的经济要素，也是牧民城镇化的首选地区。绿色发展的根基之一是社会包容性，即关注弱势群体或少数民族，全面贯彻党的民族政策，促进高原各民族文化融合，促进可持续发展。社会包容性是西宁都市圈建构“经济强劲增长、环境功能健全和社会公平发展”的前提。近年来，国家大力实施脱贫攻坚使得都市圈内的贫困区已“脱帽”，但都市圈内的社会情况依旧复杂，需要持续关注。这对青藏高原现代化和有效治理有重要的指导意义。

得益于青藏高原第二次科学考察的机遇，尤其是方创琳研究员所主持的子课题，兰州大学科考队承担了都市圈的科考任务。本书是此次科考成果的集中展现。书中的资料主要来自此次科考中各部门所提供的资料、访谈记录以及实地观察。本书的主要目的是客观展示科学考察的基本事实，以及科学分析西宁都市圈新型城镇化和绿色发展转型的基本过程、结构和特征，并提出相关的政策建议。

参加此次科考的人员有杨永春、贾卓、张永姣、常跟应、王文瑞、吕嘉伟、盛楠翊、赵锦瑶、赵懋源、王旭阳、刘清华、赵永乐、王曦晨、陈麒、娜赫雅等。

本书由杨永春负责策划、组织、审定。各章节具体分工如下：

第1章由杨永春、贾卓、王梅梅、常跟应、王文瑞、赵懋源编写；

第2章由杨永春、贾卓、王梅梅、程仕瀚、吕嘉伟、盛楠翊、王旭阳编写；

第3章由张永姣、杨永春、赵永乐、赵懋源、王曦晨编写；

第4章由贾卓、杨永春、赵锦瑶、陈麒、娜赫雅编写；

第5章由杨永春、赵懋源、程仕瀚、贾卓编写。

非常感谢中科院北京地理与资源研究所、青海省科考办、西宁和海东两市的各级政府乃至村委会的大力支持和协助。感谢市县（区）两级政府组织了座谈会，各相关部门提供了力所能及的资料，相关企业和村镇提供了可能的考察机会。特别致谢方创琳研究员、戚伟博士所提供的指导和协助。

书中难免有不当之处或值得商榷的地方，恳请各位读者批评指正！

杨永春

2022年11月1日于兰州大学城关校区

目录

第1章　西宁都市圈的基本概况与绿色转型　1
1.1　都市圈范围与区位条件　1
1.2　集聚、成长型的高原都市圈　3
1.3　都市圈概况与绿色转型　12

第2章　西宁都市圈动态演变过程与绿色转型　64
2.1　人口结构和迁移　64
2.2　规模等级结构及演化　71
2.3　空间格局与外部形态　76
2.4　功能结构与绿色转型　94

第3章　西宁都市圈高原城镇化发展与调控机制　129
3.1　城镇化水平的趋势与特征　129
3.2　城镇化的影响因素与机制　134
3.3　高原城镇化基本模式　156

第4章　西宁都市圈绿色发展模式与产业转型路径　168
4.1　绿色发展水平评价　168
4.2　污染变化及其治理　178
4.3　绿色发展模式　182

第5章　西宁都市圈的高质量发展目标与绿色转型调控　211
5.1　西宁都市圈高质量发展目标　211
5.2　调控措施　220
5.3　绿色发展对策建议　243

参考文献　251

附录　科考日志及附图　256

第1章 西宁都市圈的基本概况与绿色转型

都市圈是新时代推动区域经济高质量发展的重要支撑。西宁都市圈正处于集聚、成长、绿色转型的发育过程中。西宁都市圈的经济基础、人口总量、交通便捷度等诸方面虽与我国东中部地区的核心都市圈甚至西部地区之成都、西安等重点都市圈有较大差距，但高原特色城镇化和绿色转型正是其培育的目标和动力。

1.1 都市圈范围与区位条件

1.1.1 都市圈范围

都市圈是由一个或多个中心城市和与其有紧密社会、经济联系的邻接城镇组成，具有一体化倾向的协调发展区域；是以中心城市为核心、以发达的联系通道为依托，吸引辐射周边城市与区域，并促进城市之间的相互联系与协作，带动周边地区经济社会发展的、可实施有效管理的区域，即都市圈是以一个或多个中心城市为核心，以发达的联系通道为依托，吸引和辐射周边城市或区域，和与中心城市高度社会经济一体化的周边地区共同构成的一个地理单元（张京祥，邹军 等，2001；张从果，杨永春，2007）。

依据国家批复的兰西城镇群的范围、《西宁市国民经济和社会发展第十四个五年规划和二〇三五年远景目标纲要》《海东市国民经济和社会发展第十四个五年规划和二〇三五年远景目标纲要》《青海省国民经济和社会发展第十四个五年规划和二〇三五年远景目标纲要》，以及西宁都市圈的发展情况和科考的现实需求，西宁都市圈范围界定为西宁市、海东市这两个地级市行政区，即西宁市所辖城东区、城中区、城西区、城北区、湟中区、湟源县、大通县，海东市所辖平安区、乐都区、互助县、民和县、化隆县、循化县（见图1-1）。

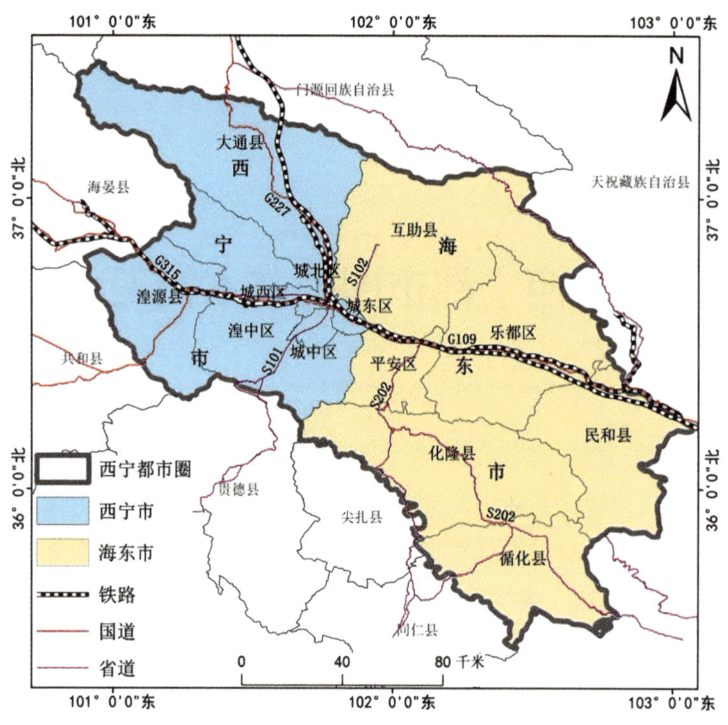

图1-1 西宁都市圈所辖县区及空间范围

1.1.2 独特的区位条件

西宁都市圈的区位条件可概括为国际通道、高原阶梯和边防基地。

1）国际通道。西宁都市圈位于青海省东部，是青藏高原的东方门户，曾是中原地区通往西藏乃至南亚的古“丝绸之路”之南路和“唐蕃古道”的必经之地。如今，西宁都市圈是我国“丝路经济带”的重要枢纽，通向我国西藏自治区，联通尼泊尔、不丹、印度、斯里兰卡等南亚国家的陆上通道的重要节点。2013年“一带一路”倡议提出以来，中国对外经济合作大幅拓展，“新亚欧大陆桥经济走廊”“中巴经济走廊”“孟中印缅经济走廊”以及“中国—中南半岛经济走廊”等基本成形，西宁都市圈强化了连接中原腹地与西藏、南亚等地的通道功能，成为沟通我国和南亚诸国，甚至连通太平洋和印度洋的关键咽喉要道之一。

2）高原阶梯。西宁都市圈位于青藏高原的东缘，是我国第一阶梯和第二阶梯的连接地。其所在的河湟谷地，属于川道式河谷类型，是青藏高原和黄土高原连接处的最为流畅、连续的带状空间之一（杨永春，2012），具备河谷的闭合效应、河谷的传输效应、河谷的交汇效应和河谷的边缘效应（周庆华，2009）。河湟谷地这个具有闭合效应特征的地域空间单元，不但是区域内重要的农副产品生产基地，还是一个完整、紧密而又相对自给自足的经济单元。同时，这也是连接青藏高原、黄土高原的交通线路的最佳选择，强化了河谷沿线的集散功能。如此，交通建设与地形相互协同，河谷格局基本决定了区域性交通网络格局，进一步影响了都市圈的社会经济规划和建设（杨永春，1999）。

3）边防基地。东连秦陇，西连西域，北连祁连，南连蜀川，西宁都市圈所处之地被称为“海藏咽喉”之地。自汉以来，尤其是唐宋以来，西宁及其所在的河湟谷地都是我国控制和稳定青藏高原的后方基地，是青藏高原的东方门户。如今，西宁都市圈仍是我国巩固边防的重要后方基地和中转中心。

1.2　集聚、成长型的高原都市圈

西宁都市圈的发展处于培育阶段。西宁都市圈是推动兰州—西宁城市群（以下简称兰西城市群）建设的重要支撑，也是青海省向东发展和融入兰西城市群的纽带。由于西宁都市圈建设提出时间较晚，其发展基础较为薄弱，处于待培育和发展的阶段，属于培育型都市圈。

1.2.1　良性互动的循环驱动

进入21世纪，西宁都市圈在我国后“世界工厂”时期主要推动新产业发展和绿色发展转型，在新发展格局下实现快速成长和加速自身建构。这个培育和转型过程与东中部地区都市圈有很大不同。

都市圈发展历程一般可分为萌芽时期、集聚时期和扩散时期。20世纪90年代伊始，西宁都市圈在工业化支持下，点状、分散化的城市化模式启动和逐步加速，虽然总体相对发展缓慢，但都市圈已处萌芽发展时期。近20年来，西宁都市圈加速成长，内部结构和外部形态快速成型，其典型特征是经济增长、集聚过程和区域联系强化。而且，都市圈发展、高原城镇化、绿色发展三者相互强化和互相促进，形成了三方良性互动的循环驱动。根据相关统计资料的测算，西宁都市圈2000—2020年的经济增长率（RGDP）为9.20%，集聚过程十分强烈，向心化的基础设施建设也快速提升了圈内外的社会经济联系。实际上，处于快速集聚过程的西宁都市圈，存在高原城镇化和绿色发展转型两个条件或根本动力。一方面，高原城镇化的人口迁移、经济高速增长和地理集中迅速促进了都市圈发展。国家倡导的绿色发展不但体现在社会经济系统之中，更需都市圈这个不断优化的载体促成这个转型过程的实现，即绿色发展是都市圈发展的动力和结果之一。另一方面，不断成长的都市圈不但成为高原城镇化和绿色转型的高质量发展的载体，更成为加速和创造城镇化机会和绿色发展能力的条件或动力（如图1-2所示）。

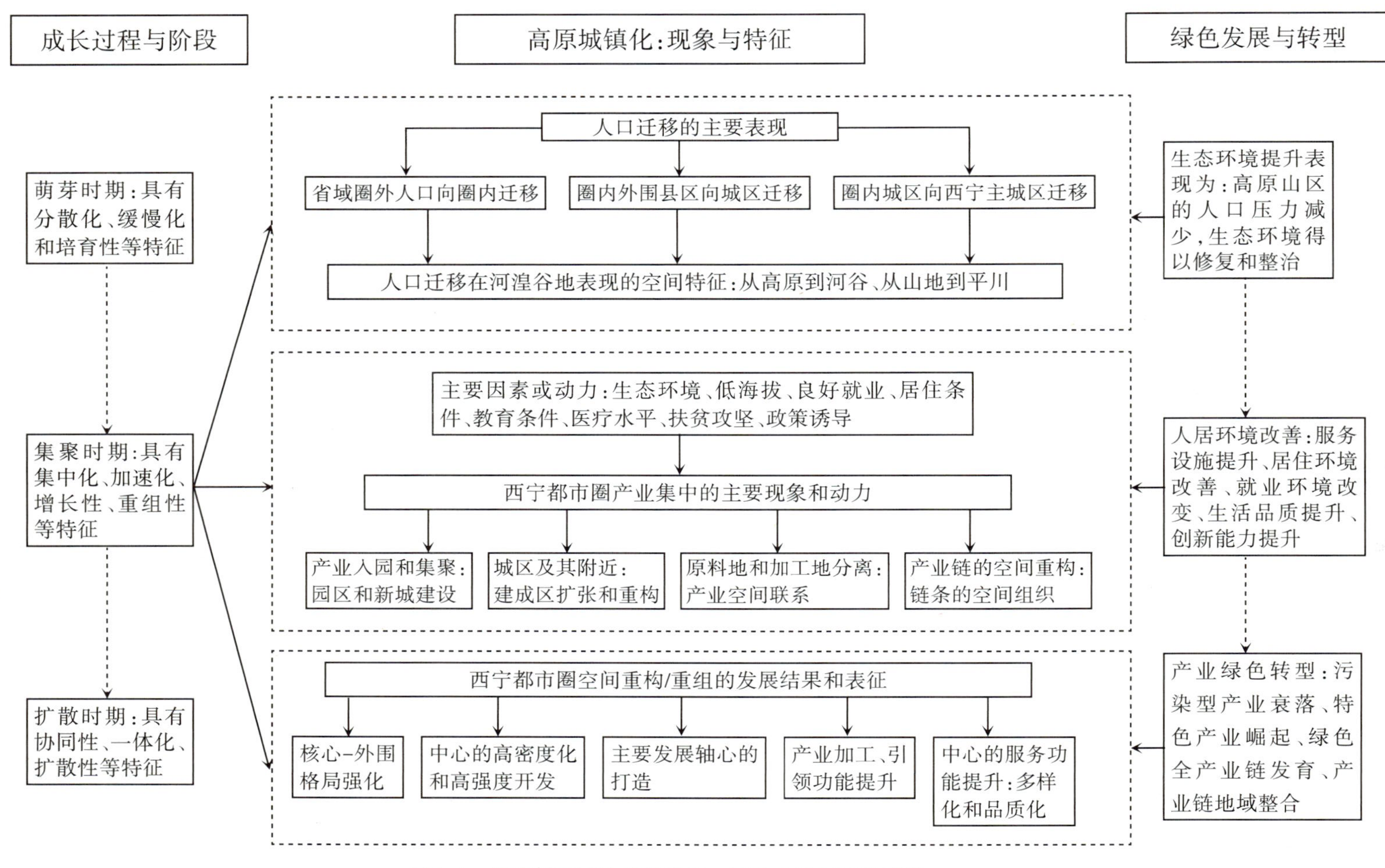

图1-2 西宁都市圈的快速成长、结构重组与绿色转型

这个时期，西宁都市圈城镇化特征主要表现为人口从高原向河谷迁移，从山地向平川迁移，从都市圈外围县区向城区迁移，从都市圈内向西宁主城区迁移。随着人口的迁移，高原山区的人口不断减少，生态环境在自然修复和人为干预修复下逐渐好转。同时，西宁都市圈的经济开始加速增长，市场化的产业地域分工形成，产业链的空间结构逐渐重组，产业走廊开始显现。建成区面积快速扩张，主要表现为各种园区的建成和新城的建设。绿色发展主要表现为产业升级及其绿色化转型，都市圈基础设施和公共服务设施品质的提升，就业环境和生活品质的改善以及创新能力的提升。

青藏高原城镇化促进了西宁都市圈发展，西宁都市圈发展承载和加速了青藏高原城镇化进程，两者相互促进。在这个典型的集聚发展时期，西宁都市圈发展和青藏高原城镇化共同促使人口的迁移和集中，即从高原到河谷、从山地丘陵到平川的两类迁移过程，并主要引致都市圈外的省域内人口向圈内迁移、圈内外围县区人口向城区迁移、圈内城区人口向西宁主城区迁移的三大特征（见图1-3）。在2020年的第七次人口普查中，西宁市和海东市常住人口分别为246.8万人、135.85万人，较2010年的第六次人口普查，增长率分别为11.74%、-2.74%；乡村人口分别为52.73万人、80.96万人，分别占常住人口的21.37%、59.6%；城镇人口分别为194.06万人、54.89万人，城镇化率分别为78.63%、40.4%，较2010年的第六次人口普查，城镇人口增长率分别为37.94%、72.1%；少数民族人口分别为70.51万人、64万人，分别占常住人口的28.57%、47.12%，有藏族、回族、土族、撒拉族等少数民族。根据2020年的第七次人口普查数据，西宁都市圈常住人口占青海省的64.59%，城镇化率为65.06%，高于青海省的60.08%，自2000年的第五次人口普查以来，都市圈城镇人口显著增加。

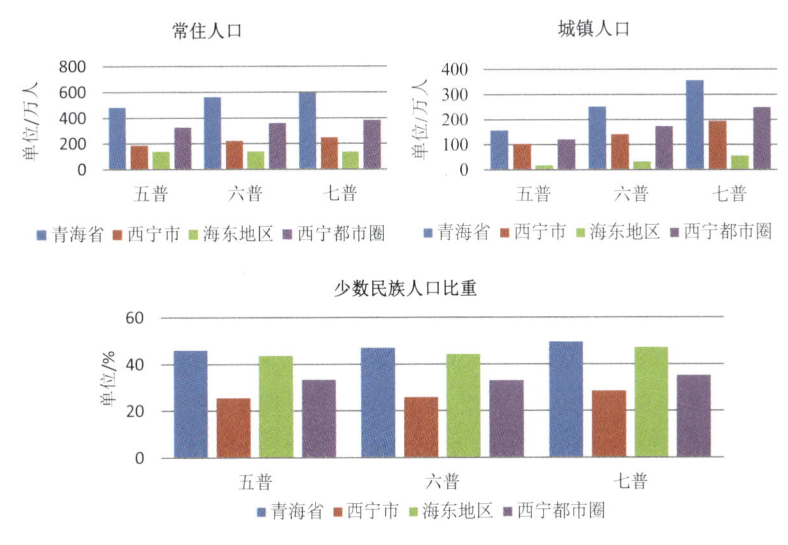

图1-3　2000—2020年西宁都市圈人口演变情况

（数据来源：历年的《青海省统计年鉴》《西宁市统计年鉴》《海东市统计年鉴》）

此迁移过程为城镇建设、经济增长、市场增长、劳动力培养等创造了良好条件。同时，都市圈发展和高原城镇化促进了产业集中，其主要表现为产业入园和空间集聚，体现为园区和新城建设。在国家政策的指引下，这些园区和产业集中地主要分布在城区及其附近，促进了建成区的扩张和空间重构。在空间层面，这导致了产业的原料地和加工地分离，产业链的空间重构，引发了产业空间联系的变化，重塑了青海省的产业空间结构和组织。如此，高原城镇化与绿色发展转型共同促成了西宁都市圈的空间重构。这主要表现为核心—外围的空间格局的强化、中心的高密度化和高强度开发、主要发展轴心的打造、产业加工和引领功能提升、中心服务功能提升（多样化和高品质化）。都市圈这种空间组织变化的本质是高原城镇化的结果和空间表征。

西宁都市圈发展提升了地方的绿色发展水平，绿色发展又提升了都市圈发展的速度和品质，两者相互促进。与高原城镇化一起，都市圈发展改善了地方的生态环境。因高原、山区和丘陵地带不断的人口迁出导致当地人口压力的持续减轻，促进了地方生态环境的自然或人为修复。同时，都市圈建设加速了圈内生态环境不同方式和程度的整治，提升了生态环境的品质，尤其是城区，而且明显改善了圈内的人居环境，如服务设施改善、环境品质提升、就业环境改变等。这不但加速了人才、资本等创新性要素的集聚，提升了市场容量和创新能力，为新产业发展提供了必要条件，而且人居环境的改善又进一步加速了都市圈的发展速度和绿色转型水平。例如，都市圈的特色产业崛起、绿色全产业链发育、产业链地域整合等，不但遏制了污染型产业的膨胀，促成其迁移或升级，还为新产业发展创造了良好条件，并引致城市空间重构。同时，都市圈的环境污染大为降低，提升了品质，改善了人居环境，提高了绿色发展的水平和能力。

1.2.2 绿色转型的成长型都市圈

1.集聚发展阶段与中心集聚

西宁都市圈是当前推动兰州—西宁城市群建设的重要支撑，是青海省乃至青藏高原的发展引擎。2018年2月，国务院批复了《兰州—西宁城市群发展规划》，其中提到要构建以西宁、海东为主体，辐射周边城镇的西宁都市圈。当前，西宁都市圈整体已处于工业化中期阶段，表现为过去十余年人口、产业、资本等要素明显向西宁主城区等核心地域加速集聚，已明显处于都市圈演化历程中松散初期阶段—集聚发展阶段—扩散一体化阶段三阶段中的关键发展时期——集聚发展阶段。

随着国家“一带一路”倡议的深入推进，西宁都市圈推动青海省发展的作用得到了前所未有的重视。西宁都市圈是青海省建设的重要引擎，表现为强烈的省域内要素集中，成为日益壮大的省域中心。2019年，西宁都市圈总面积约占青海省总面积的6%，但总人口占省域的55.10%，地区生产总值占58.49%。都市圈总人口占青海省全省的比例在过去十五年间始终保持在50%以上，非农业人口占全省非农业人口的比例基本稳定在50%～55%。从近十年的统计数据来看，都市圈对青海省的GDP贡献率也呈持续上升态势，其全年生产总值占青海省的比例超过50%。西宁都市圈几乎集中了青海省全部的外资企业（唐艳，杨永春 等，2020；满姗，杨永春 等，2021）。都市圈内，西宁市独占鳌头，对整个都市圈的贡献度超过75%。近年来，西宁市“一家独大”趋势虽有所缓解，但这种缓解的力度依然不够。

2.功能极化的都市圈中心

西宁都市圈的极化现象显著。这主要表现在人口和经济要素在西宁主城区的快速集聚。实际上，省外人口及都市圈内（西宁主城区以外县区）的人口，近20年来多选择将西宁主城区（甚至湟中区）作为迁移目的地。2000—2020年西宁市主城区人口占都市圈总人口的比例正逐步增大。而且，湟中区、大通县、湟源县、平安区、乐都区、民和县和互助县的城市化率也在稳步提高，逐渐成为圈内城市化的主要区域（图1-4）。当前，西宁主城区已成为西宁都市圈向心力和辐射力日益强大的中心。而且，这个城区的功能还在扩大和提升。

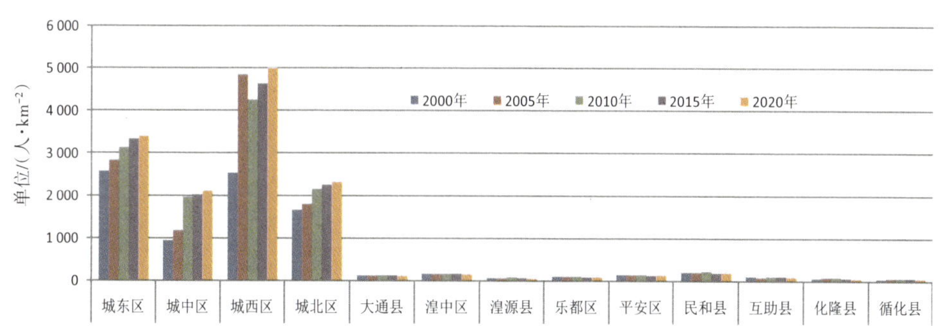

图1-4　2000—2020年西宁都市圈人口密度变化

（数据来源：历年的《青海省统计年鉴》《西宁市统计年鉴》，《海东市统计年鉴》）

3.质量提升和协同愿望

近年来，西宁都市圈的发展质量有了明显提升。都市圈协调一体化发展水平在进一步提升。西宁、海东两市在产业转型、人才吸引和生态环境等方面都有一定成效，经济发展质量及城镇化水平得到进一步提高。西宁、海东两市地理空间邻近，协调发展基础较好。西宁作为青海的省会城市，具有较好的经济基础和辐射能力；海东在气候和发展特色上有自身的优势，气候条件较西宁更为宜居，具有突出的文化特色。西宁城区用地趋于饱和，而海东市的城镇空间拓展潜力较大，如海东的河湟新区、乐都西部等地区依然有较大的可利用空间，具有更大的发展潜力。

两市政府都有推动两个城市进一步合作和协同发展的强烈愿望，尤其是海东市政府。不过，两市的协调发展仍面临着一定程度的制约，主要表现在西宁市高端功能不足，聚集了过多的非省会功能，海东、西宁在定位上存在衔接不足的问题，在产业类型和产业基地建设等方面存在相似或无序竞争问题。同时处于“外围”的大通、湟中、乐都、互助等县区政府都表达出十分强烈地融入西宁主城区，“搭西宁（主城区）快速发展顺风车”的愿望和意图，但又十分担忧高质量资源“被西宁（主城区）不断吸走”后，地方社会经济高质量发展陷入难以为继的困境。

1.2.3　相对独立且联系紧密的区域

都市圈是一个高度城市化的区域，要有高度开放和一体化的经济社会环境。西宁都市圈内部的人员和物资流动密度高于与外部之间的流动密度，且正在形成一个相对独立、联系紧密的一体化的经济区域，正在建立完善的市场机制与区域建设协调机制。西宁、海东两市的协调发展基础较好，为居民提供了多种工作、居住等生活方式的选择机会，现正创造出一种具有高度认同感的地域社区环境。

（1）日益发达的基础设施和向心、紧密的都市圈日常交通网络

经过多年建设，西宁都市圈的对外和内部交通体系不断优化，区域性交通网络日益完善，对外能力全面提升，并形成了向心、紧密的都市圈日常交通网络。

目前，西宁都市圈有兰青铁路、青藏铁路、兰新高铁三条路线。其中，兰新高铁在民和南站、乐都海东站、平安海东西站、西宁站、大通西站设有站点。2014年12月26日，兰新高铁全线开通运营。2017年7月9日，中国国家高速铁路网“四纵四横”之一徐兰高铁西段宝兰高铁正式开通运营，标志着兰新高铁全面融入中国高速铁路网，极大促进了西宁都市圈内的人流往来。未来，随着甘青合作的进一步深化[①]，西成铁路、兰州—西宁城际铁路、兰州西宁新高速、西宁环城高速及智慧交通［如民海地区已有网约车平台（互联网+交通）建设项目］方面的合作建设，将进一步打开西宁都市圈的发展框架，促进要素在都市圈及城市群高效流动。其中兰州—西宁城际铁路[②]已在筹划、踏

---

①2020年5月，甘肃青海两省签署了《深化甘青合作共同推动兰州－西宁城市群高质量协同发展框架协议》，有关地区签署了市（州）级合作框架协议，其中西宁市在重大交通基础设施方面签署了9个领域合作行动计划。

②项目主要建设内容为：城际铁路从兰州西引出，行走于兰州市西固区南部山区，在焦家川附近跨越黄河，至陈家湾进入湟水河河谷，逆流而上，四跨湟水河，在下川口附近线路进入青海省境内，后继续沿湟水河河谷西行，在民和、乐都、平安等县区设站，在多次跨越湟水河、兰青线、国道G109线、兰西高速公路后，引入既有西宁车站北侧并站，途经青海省民和县、乐都区、平安区至西宁市。线路正线全长195 km，全线投资约215亿元。

勘阶段。该条城际铁路建成以后，将极大地便利两地人口流动，改善西宁都市圈人口过于稠密，居民出行不便的问题，同时吸引现西安、北京等内地游客前往青海省旅游，为旅游业发展注入新活力。

都市圈的空港枢纽地位进一步提升，向西开放门户作用突出。2018年12月，国家发展改革委、交通运输部关于印发《国家物流枢纽布局和建设规划》的通知，将青海省西宁市规划为商贸服务型国家物流枢纽承载城市。西宁市加大了空港建设方面的投入力度。2020年3月，总投资105亿元的曹家堡机场[①]三期扩建工程正式获得国家发展改革委批复，建成后将成为都市圈的又一地标建筑，向西开放门户作用将更凸显。

都市圈的公路交通网络逐步完善（图1-5），目前已形成了“一横七纵”的公路通道网。“一横”指的是承东启西沿河湟川谷形成的横向主通道，包括G6（京藏高速）、G109（京拉线）、民小一级公路，贯通了都市圈的民和县、乐都区、平安区、西宁市区。“七纵”指连南贯北的七条高速主通道，包括川大高速、G213、平阿高速、宁贵高速、G109（湟源—日月山段）、宁大高速、宁互公路，贯通了湟水谷地主要节点城市与南部积石山县大河家镇、化隆回族自治县、尖扎县、湟中区、日月镇以及与北部大通县、互助县的联系，形成了都市圈空间结构主骨架，极大地促进了都市圈内要素的流动。川海大桥[②]是连接甘肃、青海的重要纽带，2019年12月31日正式通车后，甘肃兰州红古区至青海民和县车程由40分钟缩短至5分钟。

①曹家堡机场始建于1989年，2008年进行二期扩建后于2013年7月投入运营。三期扩建将建设一条与跑道等长的第二平行滑行道、15.8万m^2的T3航站楼，扩建站坪并调整布局，增加机位总数至75个，建设16.9万m^2的综合换乘交通中心以及相关生产生活设施。预期到2030年实现旅客吞吐量2 100万人次、货邮吞吐量12万吨的目标。这将有利于西宁都市圈乃至整个青海省的旅游休闲等产业的快速发展。

②川海大桥位于甘肃省兰州市红古区与青海省海东市民和回族土族自治县交界处的湟水河上，全长1656 m、宽31 m，按照二级公路标准建设，为双向六车道。建成后，两岸车辆过往不再绕行河段以西7 km处的享堂西路桥或河段以东10 km处的团结桥。

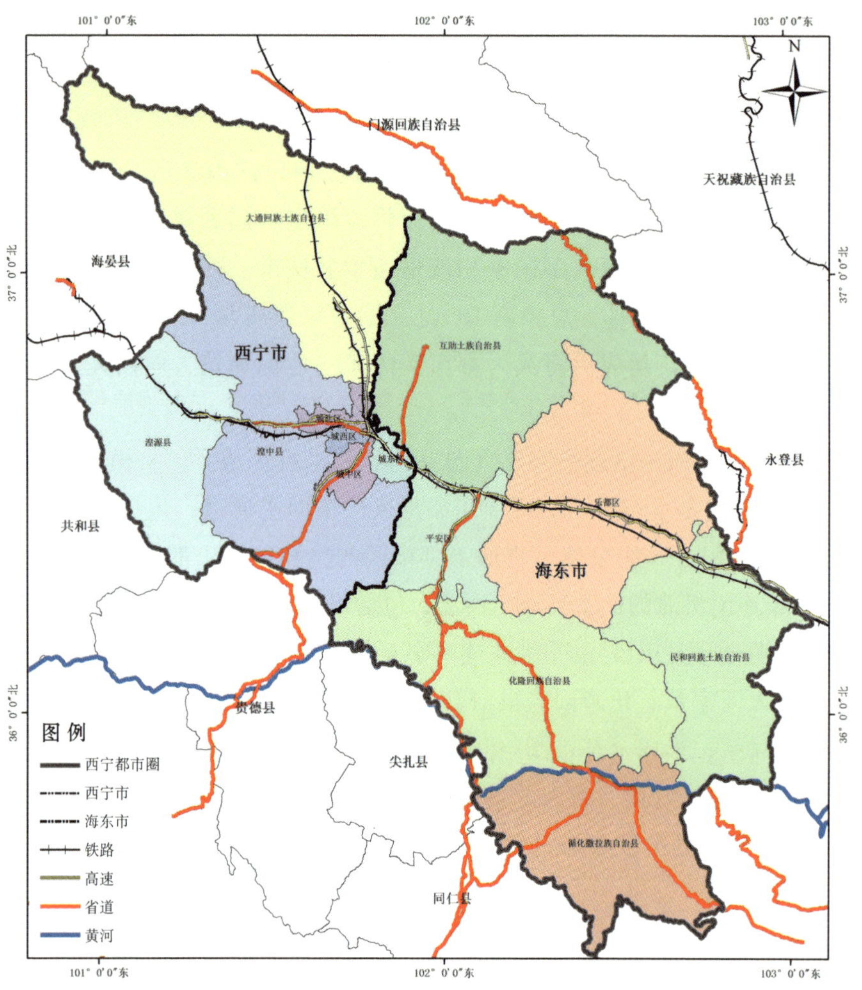

图1-5 西宁都市圈的交通体系与网路格局

（2）一小时交通圈加快形成，日常通勤能力提升

西宁都市圈一小时交通圈逐步形成，日常通勤能力大幅度提升，而且日常交通通勤呈现出明显的向心性。西宁都市圈的一小时交通圈主要以铁路和公路主，兰青铁路、宁大铁路、张汶高速、宁贵高速、京藏高速等交通干线将西宁市与湟源县、湟中区、大通县、海东市互助县、平安区等多个周边县区连接。西宁市中心距离海东市中心大约50公里，驾车一小时内即可到达，距离大通县、互助县约为30公里左右，四十分钟内即可到达。通过等时圈范围法，确定的西宁都市圈一小时通勤圈如表1-1所示。西宁都市圈一小时交通圈既能带动周边区域经济发展，也能撬动西宁都市圈内交通大循环。西宁都市圈在不断发育，交通网络也在不断编织，随着生活在西宁都市圈的居民日程通勤能力的不断提升，为都市圈的新生活赋予更多可能。

表1-1　西宁都市圈一小时通勤圈

<table>
<tr><th colspan="2">市(县、区)</th><th>一小时通勤圈(乡镇名称)</th></tr>
<tr><td rowspan="3">西宁市</td><td>湟中区</td><td>西堡镇、总寨镇、甘河滩镇、多巴镇、拦隆口镇、李家山镇、海子沟乡、上五庄镇、土门关乡、上新庄镇、鲁沙尔镇、大才回族乡、汉东回族乡、共和镇、田家寨镇</td></tr>
<tr><td>湟源县</td><td>东峡乡、城关镇、申中乡、大华镇、波航乡、和平乡</td></tr>
<tr><td>大通县</td><td>景阳镇、长宁镇、黄家寨镇、桥头镇、石山乡、朔北藏族乡、塔尔镇、良教乡、桦林乡、向化乡、桦林乡、新庄镇、东峡镇、斜沟乡、极乐乡、逊让乡、多林镇</td></tr>
<tr><td rowspan="3">海东市</td><td>平安区</td><td>小峡镇、平安镇、洪水泉回族乡、三合镇、石灰窑回族乡、古城回族乡、沙沟回族乡、巴藏沟回族乡</td></tr>
<tr><td>互助县</td><td>高寨镇、塘川镇、红崖子沟乡、蔡家堡乡、哈拉直沟乡、西山乡、东山乡、威远镇、五峰镇、五十镇</td></tr>
<tr><td>乐都区</td><td>高店镇、雨润镇、碾伯镇</td></tr>
</table>

（数据来源：历年的《青海省统计年鉴》《西宁市统计年鉴》《海东市统计年鉴》）

西宁都市圈智慧公交体系建设卓有成效，提升了都市圈通勤效率。为建设“公交都市”，打造“品质公交”，全面推广和普及西宁市交通一卡通工作，西宁公交集团有限责任公司于2016年发行了西宁智能一卡通——“夏都通”。“夏都通”接入了城市交通、公共服务、政府服务等多类应用，采用大数据分析和服务信息共享的形式，使智慧公交体系成为“智慧西宁”建设的重要组成部分。现阶段智慧“夏都通”已实现省内信息共享，在都市圈内正常使用，办理公共事务；省外，在实现了交通一卡通互联互通的城市也能正常使用。今后“夏都通”还将在精准扶贫、卫生健康等领域发挥便民、利民作用。

根据调研资料和访谈结果，2017年建成省道S102西宁绕城环线一期工程——平互大公路。这条长达83 km的二级公路，连接平安、互助、大通3县区，原来7 m宽的三级公路被改建提升为12 m宽的二级公路，并通过4座隧道缩短公路里程10余公里。它的建设直接或间接辐射沿线9个乡镇，是构建都市圈的重要环线骨架。据青海省公路建设管理局副局长王建良介绍，省道S102西宁绕城环线工程分为两期建设，其中一期为平互大（平安经互助至大通）二级公路改建工程，起点位于海东市平安区，终点位于大通县景阳镇，全长83.3 km，于2014年8月开工建设；二期为大湟平（大通经湟中至平安）二级公路改建工程，起点位于大通回族土族自治县景阳镇，终点与平互大环线起点海东市平安区相接，全长110.57 km，于2015年9月破土动工。2021年，青海省将对G109（北京—拉萨）小峡口段进行改建，实施G109小峡段南移等重点项目，推进民小公路与海东市乐都区、平安区的城市道路衔接[①]，进一步扩大西宁都市圈一小时通勤圈的范围。

1.3 都市圈概况与绿色转型

1.3.1 基本情况

1. 自然生态环境

西宁都市圈是“三江之源”和“中华水塔”的一部分，是国家生态安全屏障的有机组成部分。根据西宁、海东的市志记载，都市圈地处我国西北地区、青藏高原东北部，青海省东部，青藏高原、西北干旱区与黄土高原三大地域单元的结合部，地势西南高、东北低，四周群山怀抱，总面积约为2.09万 km^2。中心地带为土地肥沃的湟水河谷，周边是相对贫瘠的山地和丘陵。湟水、黄河干流流经都市圈，区域内水源充足，水质优良，农业资源优越。湟水河谷北面为达坂山，南面屹立着拉脊山，西面纵立着日月山，海拔均在4 000 m以上。谷地口朝向东南，能吸纳东来的水汽，谷地河流两侧的冲积平原气候宜人，土地肥沃，宜于灌溉农业，为先民定居生活提供了良好的自然条件，迄今仍是青海省最为发达的农业区域。湟水谷地面积仅占青海省总面积的2.2%，耕地面积却相当于全省的56%，养育了全省61%以上人口。湟水及其支流的河谷是都市圈乃至青海省建设用地的集中之地，未来亦是如此，即存在建设用地扩张与农田保护的冲突。西宁地表水资源量7.01亿 km^3，地下水资源量6.98亿 km^3，水资源量13.99亿 km^3。海东水电资源丰富，黄河、大通河、湟水河可建大、中、小型水电站49座，目前已建成27座以上，装机容量448万kW。亚洲最大的750 kV变电站就在海东民和县，是青海西电东送的通道，是青海电网与东部电网连接的咽喉。

西宁都市圈属大陆性高原半干旱气候，气温和降雨量都随海拔增高而递增。基本特点是高寒、干旱，日照时间长，太阳辐射强，昼夜温差大，冬夏温差小，气候地理分布差异大，垂直变化明显。其中，西宁市的年平均日照为1 939.7 h，年平均气温7.6℃，最高气温34.6℃，最低气温-18.9℃，属于高原高山寒温性气候。西宁市区海拔2 261 m，年平均降水量380 mm，蒸发量1 363.6 mm，夏季平均气温17～19 ℃，气候宜人，是消

①小峡口是西宁东大门关键出入口。一直以来，G109小峡口段的环境整治和交通设施建设等都在不断改善实施。青海省交通运输厅委托有关部门进行了G109小峡口段改建工程可行性研究报告咨询评估。项目评估专家组听取了可研编制单位的汇报，西宁、海东市政府及省直行业部门的意见建议，认为该项目是国道G109（北京—拉萨）公路的重要组成部分，项目建设对完善国家公路网、解决小峡口瓶颈路段潜在安全风险、拓展小峡口空间布局、推进西宁—海东一体化发展和西宁都市圈的建设具有重要意义。

夏避暑胜地，有“中国夏都”之称。海东市内气候属半干旱大陆性气候，年平均日照2 708～3 636 h。海拔3 000 m以上的北部地区及山区较寒冷，海拔1 700～2 500 m的黄河、湟水河谷地带较温暖，生态环境总体良好。因海拔相对较高，空气湿度不大，夏季十分凉爽，是消暑度夏的良好场所，冬季又因河谷静风与焚风效应，气温相对温和。生态景观具有多样性，浓缩了荒漠草原、干草原、草甸草原和森林、高山草甸、冰川等各种景观类型。因此，海东市的居住环境总体越来越好，城市环境空气质量优良率达到86%，城区环境空气质量总体稳中有升，地表水环境质量有所改善，城市集中式生活饮用水水源地水质达标率为100%，水质状况良好。根据《2018年海东市环境质量状况》，海东市空气质量平均优良天数为281天，全市所有干流、支流年均水质均达到功能区目标水质。

2.经济发展特点

西宁都市圈的经济运行呈现总体平稳、稳中有进、稳中向好的良好态势，具有强大的地方经济活力。2020年西宁都市圈地区生产总值1 887.58亿元，固定资产投资891.944亿元，公共财政预算收入160.43亿元，地区生产总值年均增速3.9%。2000年西宁都市圈地区生产总值占青海省的57.05%，2020年达到了62.8%（见图1-6、图1-7）。其中，西宁市2020年地区生产总值1 372.98亿元，增长率为3.4%，市属固定资产投资587.266亿元，与上年相比降低了25.9%，公共财政预算收入133.51亿元，与上年相比增长了31.2%。海东市2020年地区生产总值514.6亿元，增长率为5.1%，市属固定资产投资304.728亿元，与上一年相比降低了11.8%，公共财政预算收入26.92亿元，与上年相比增长了31.8%。

西宁都市圈的第一产业增速较为平缓；第二产业产值从2000年到2015年呈逐渐增长趋势，2015年之后呈缓慢下降态势；第三产业产值增速呈现不断增加的特征，2010年到2020年均在高速增长。西宁作为青海省会，是都市圈的中心城市，有强大吸引力和发展活力，其产业结构变化与都市圈基本一致，即第一产业缓慢下降，第二产业先上升后下降，第三产业先下降后上升。西宁市产业结构持续优化，三次产业加快融合，战略性新兴产业加快布局，现代服务业加快壮大，都市现代农业加快发展，现代产业体系加速构建。海东市作为西宁都市圈的重要组成部分，2000—2020年经济总量不断增长，经济结构明显优化，特色产业和优势产业正在培育和形成（见图1-8）。2013年的撤区设市，推动了海东跨越发展和转型升级的步伐，各产业资源潜力正在被挖掘，产业发展活力逐步增强。海东市第一产业产值比重整体呈下降趋势，第二产业呈先上升后下降趋势。海东市新型工业化进程不断加快，“高新轻优”产业发展方向日趋成熟，金属冶炼、建筑材料、水力发电、农副加工五大传统产业逐步转型升级，新能源、新材料、信息产业、装备制造、食品医药五大新兴产业培育壮大，青稞酒、拉面、青绣、富硒等特色产业加快推进，重点带动、多点支撑的现代化产业格局基本形成。第三产业动能更加强劲，文旅商融合发展，商贸流通体系逐步形成，交通运输、房地产、金融、商贸服务、住宿餐饮、信息咨询等服务业发展势头良好。

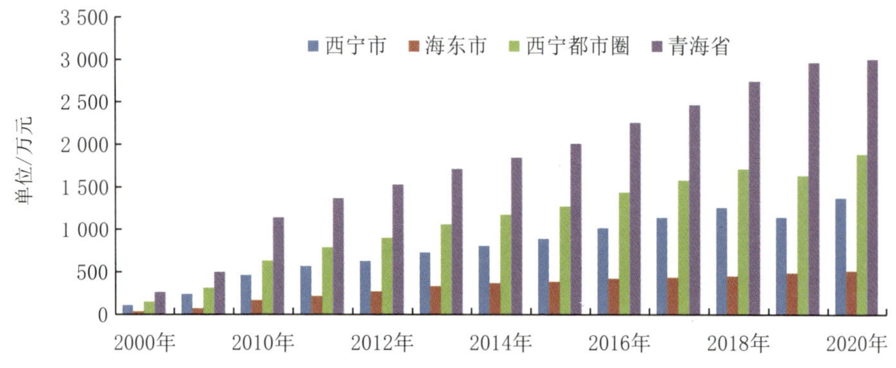

图1-6　2000—2020年西宁都市圈与青海省生产总值的变化

（数据来源：历年的《青海省统计年鉴》《西宁市统计年鉴》《海东市统计年鉴》）

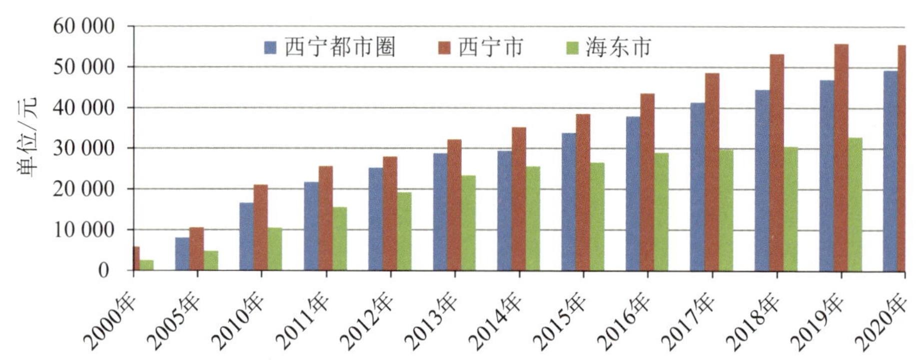

图1-7　2000—2020年西宁都市圈居民人均生产总值

（数据来源：历年的《青海省统计年鉴》《西宁市统计年鉴》《海东市统计年鉴》）

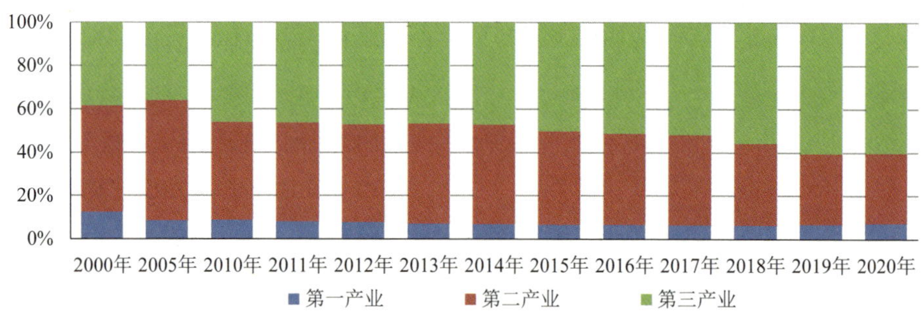

图1-8　2000—2020年西宁都市圈三次产业增加值占生产总值比重

（数据来源：历年的《青海省统计年鉴》《西宁市统计年鉴》《海东市统计年鉴》）

西宁都市圈2010—2020年固定资产投资总额增速较快，固定资产投资从2000年的不足500亿增长到2019年的1 583.95亿元，年均增长率接近40%，但2020年的固定资产投资总额有所下降，为891.99亿元（见图1-9）。都市圈的外资总体在持续减少，外资主要集中在西宁市。曹家堡机场的国内、国际航线持续增加；青藏铁路、兰新高铁通车运行，西成铁路已开工建设；国家重点公路网中多条国道、高速公路在西宁交汇；连接东西、通达南北的立体交通网络使西宁成为西部地区连接丝绸之路经济带和长江经济带的重要枢纽。

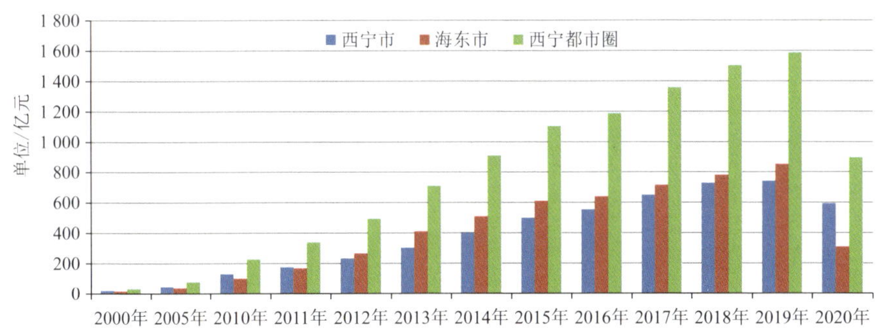

图1-9　西宁都市圈2000—2020年固定资产投资总额

（数据来源：历年的《青海省统计年鉴》《西宁市统计年鉴》《海东市统计年鉴》）

西宁都市圈2020年一般公共预算收入160.43亿元，比上年增长了近一倍。其中，2020年西宁市一般公共预算收入133.51亿元，比上年增长31.2%。2020年海东市一般公共预算收入26.92亿元，比上年增长31.82%。2020年都市圈一般公共预算支出563.72亿元，比上年增长45%。其中，2020年海东市一般公共预算支出234.21亿元，比上年下降1.5%。2020年西宁市一般公共预算支出329.51亿元，比上年增长0.4%（见图1-10）。

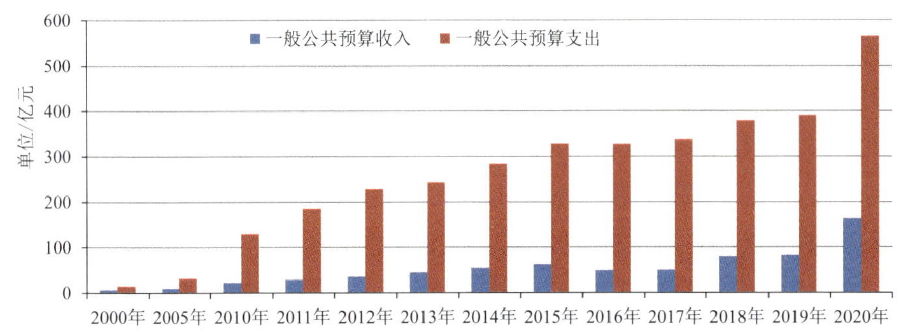

图1-10　西宁都市圈2000—2020年一般公共预算收入和一般公共预算支出

（数据来源：历年的《青海省统计年鉴》《西宁市统计年鉴》《海东市统计年鉴》）

2020年西宁都市圈社会消费品零售总额为695亿元。2000—2019年西宁都市圈社会消费品零售总额呈明显增长，且增幅随着时间的后移逐渐增加，但2020年因为疫情下降了9%（见图1-11）。

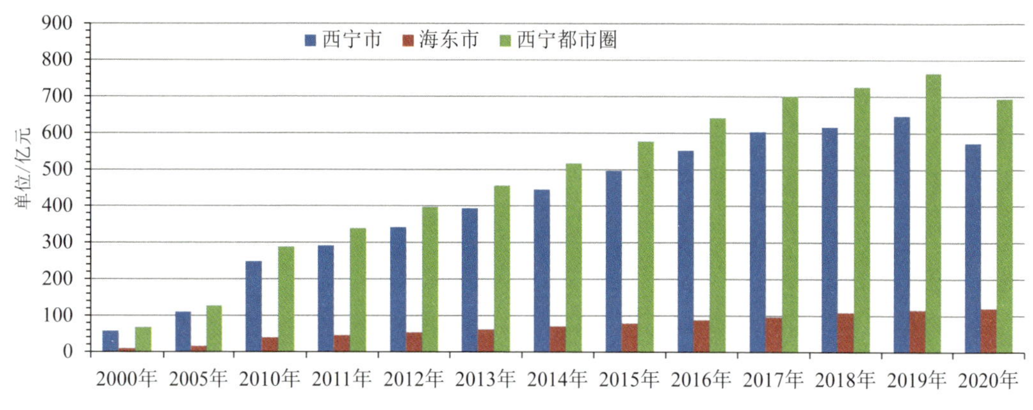

图1-11　2000—2020年西宁都市圈社会消费品零售总额

（数据来源：历年的《青海省统计年鉴》《西宁市统计年鉴》《海东市统计年鉴》）

3.社会文化特点

西宁都市圈具有共同的河湟文化认知。西宁、海东两市地理空间邻近，同属于祁连山河湟谷地文化区，民风民俗相近，文化地理背景相同，历来贸易往来和文化交流密切。都市圈所处的河湟谷地，孕育着辉煌多元的文化，居住有汉族、藏族、蒙古族、土族、回族、撒拉族等民族，具有地方特色的民族婚俗、节庆、服饰、文化艺术，形成了多民族聚居、多宗教共存、多种文化汇聚、开放包容的都市特性和璀璨绚丽的风土人情。

特有的河湟文化特色和较适宜生活的居住条件，使得西宁都市圈具有良好的发展潜力和基础。新中国成立前，西宁都市圈基本属于典型的农耕文明。马家窑至齐家文化时期，湟水谷地气候宜人，水源充足，土地平坦肥沃，促进了原始聚落的产生和发展。随着气候温暖湿润转向寒冷干燥，湟水谷地原始聚落发展停滞，直到东周初年至西汉末年，我国气候进入第二个温暖期，农业才得以恢复和发展，湟中地区城镇得以形成。因此，湟水谷地孕育了辉煌的文化。日月山是重要的农牧文化分界，从海晏翻过日月山向西至青海湖和向南至恰卜恰，便从纯农区到了纯牧区。

西宁都市圈扎实推进生态建设，都市圈当前生态良好、环境宜人、旅游资源丰富。西宁空气质量连续五年位居西北省会前列，成为全国首个入选“无废城市”试点的省会城市，被誉为“世界凉爽城市”和“中国夏都”，先后荣获全国文明城市、国家卫生城市、世界旅游名城、国家森林城市、全国园林城市等称号。而且西宁着力构建城市生态屏障，重拳治理环境污染，强力推进节能减排，其中，山体绿化进展明显，尤其是城区的周边丘陵变绿了，滨水空间建设效果良好，成为城市的旅游休闲空间。

2000年以来，西宁都市圈的民生日益改善、生态持续向好、社会不断进步，已成为中国西部发展势头迅猛、发展潜力巨大的核心地域之一。都市圈多年来一直坚持政务简化工作，持续深化简政放权，成为全国行政审批事项最少的省会城市。同时，都市圈扎实推进提升工程。其中，畅通西宁工程，不断完善市政基础设施，统筹谋划县域和城区发展，全面启动智慧城市建设，促进了西宁都市圈的发展，改善了形象。都市圈对外开放水平持续提升，对外连接通道不断拓宽。西宁自1992年被国务院确定为内陆开放城市后，先后与“一带一路”沿线国家的37个城市和地区缔结了国际友城及友好关系；土库曼斯坦等国将国家采购集散中心设立在西宁；西宁综合保税区申报成功，已逐步成为我国丝绸之路经济带上的重要节点城市和向西开放的桥头堡。

4.产业空间结构及开发区

迄今，西宁都市圈形成了以西宁为核心，周边城镇等外围区域互补的核心—外围产业联动结构。核心区以比较发达的第二产业、第三产业为主，外围区域以高原农业和具有资源优势的产业为主。从经济联系与地缘经济关系来看，西宁与周边的大通、湟源、湟中、乐都、互助基本上是一种较强的产业互补关系。西宁都市圈矿产资源丰富，核心区与外围城镇形成了一种基于原料供需的产业关系，西宁通过整合周边资源，发展矿产资源的加工产业，形成矿业加工产业集群。西宁周边地区农牧业发达，是西宁居民日常生活用粮油、蔬菜等生活必需品的来源。从产业结构来说，西宁都市圈要发展现代生态循环农牧业，实施化肥农药减量增效行动，推进投入品减量化、生产清洁化、废弃物资源化、产业模式生态化，建设特色农产品优势区；推动都市休闲农业和乡村旅游业提档升级，实施乡村旅游精品工程，推动乡村旅游差异化发展，发展多种形式的农家乐、游牧行、田园综合体等新兴业态；推进信息化与农业深度融合，建设智慧农业。

西宁都市圈的开发区数量逐步增加，类型不断丰富，开发区发展日益均衡，分工明确。开发区以主要城镇为核心，大多分布在主要的城市发展轴上。近年来，西宁都市圈推动开发区提质发展，开发区运行机制、招商水平等持续稳定。西宁都市圈持续优化工业园区布局，推动园区由单一生产型向复合型转变，构建国家级园区引领带动、省级园区有力支撑、地方园区特色彰显的高质量发展载体。西宁都市圈辖有2个国家级开发区和5个省级开发区。其中，西宁（国家级）经济技术开发区加快发展光伏光热、锂电储能、合金材料等优势产业，改造提升有色（黑色）金属生产等传统产业，积极发展总部经济、数字经济等生产性服务业，打造具有行业重要影响力的研发制造基地、先进制造和现代服务相融合的复合型产业功能区。西宁都市圈还着力打造甘河工业园、南川工业园、临空综合经济园3个千亿元产业园和东川工业园、生物科技产业园、北川工业园、乐都工业园、民和工业园、互助绿色产业园6个五百亿元产业园，加快建设湟源青藏高原原产地特色产业聚集园和国际（西宁）绿色产业园区。依托产业基础、资源优势和东西部对口帮扶机制，西宁都市圈以提升承接、延伸承接、链条对接等多种方式，建设一批“园中园”“飞地园”“共管园”等产业转移园区。

1.3.2 发展历程

湟水地区的原始聚落依靠着良好的自然条件形成，大多位于河流两岸的台地上，这些区域地势平坦，水源充足，土壤肥沃。考古发掘结果表明，湟水流域原始聚落并未向早期城镇转化，反而原始农业逐渐衰退，畜牧业开始发展。根据竺可桢先生的研究，我国气候在经历了长达几千年的温暖期后，大约在距今2 000～3 000年前开始进入第一个寒冷期，这时期正是辛店文化、卡约文化存在时期。湟水流域气候因此变得干燥、寒冷，影响农作物生长。气候的变化、生产工具的进步，使得先民们不断适应环境，选择与干旱环境较为适应的畜牧生活方式。畜牧业经济的流动性、分散性打破了定居生活这个原始聚落存在的基础，导致原始聚落的退化或消失①。

秦汉时期，西平亭的出现使湟中地区开始纳入全国统一的管辖体制。公元前60年，湟中地区设立了林羌、安夷、破羌、破允四县，该四县作为军事据点，成为湟中地区的第一批城镇。魏晋以来，特别是十六国至南北朝时期，民族大迁徙和社会大动荡的影响，使经济形态和生产方式有了新的变化。湟中地区政权频易，战乱频发，生产力遭到巨大破坏。

隋唐时期，州郡县制度调整，青海大部地区被正式纳入中央王朝的版图，该举措促进了青海经济文化的进步。此外，屯田制在湟中地区取得了明显的经济与社会效益，民族手工业也达到相当水平，制革、制毡成为民间最普遍、兴旺的手工业部门。随着唐蕃古道的开通和“茶马贸易”的繁荣，鄯州成为西北地区重要的商业城市。

宋元时期，河湟地区又陷入了多军混战的混乱状态，湟中地区仍沿宋、夏之旧，设西宁州，隶属于甘肃行中书省，并将今化隆、乐都等地归入西宁州，西宁成为整个湟水流域的政治中心。不过，统治者将西宁本土居民大量迁出，不少农田遭到废弃变成了牧场，西宁城镇未得到较大发展。

明清时期，政治上的稳定、民族贸易的繁荣、人口的增加，使城市功能不断增加，城市体系不断完善，并以西宁为中心向周边扩散。清时期，湟中地区耕地面积有了较大幅度的增加，成为主要的农业区；手工业方面，除了毛纺织业等青海地区传统的手工

① 发展历程这个部分的内容，主要根据《西宁市志》《海东市志》等相关资料整理。

业，湟中地区的粮油加工业也有了发展；各种贸易形势比如茶马贸易、民间集市贸易、寺院贸易都有了较大发展，特别是皮毛贸易发展迅速；区域内各地方和各民族之间的联系也日益密切。

明清以来，都市圈城镇发展大致限定在河湟谷地的大通河流域及黄河干流、湟水支流的纵深方向，即向西宁以北、以西方向延伸，向西北连接河西走廊并扩展到青海湖以北地区，向西南延伸至黄河上游两岸。在湟水中下游形成城镇网络雏形以后，向黄河九曲之地扩展，形成一个相对合理和完整的集市、防卫和城镇蓬勃兴旺的、以西宁府城为中心的城市体系。以西宁为中心的城镇体系的形成，在依赖地理环境的同时，与民族聚居关系、政治、军事和宗教等因素密不可分。因此，以西宁府城为中心的周边城镇拓展，主要包括以下几种类型：

①以西宁府城为中心向西辐射的城镇。以西宁府城为中心的主要城镇为多巴、丹葛尔城等，其作为河湟地区汉族、回族与蒙古族之间的重要节点，民族贸易活动十分繁盛，为西宁府城发挥着重要的经济职能。

②沿西宁府城外西北一线辐射的城镇。沿西宁府城外西北一线的主要城镇为大通城、白塔城和永安城，其均位于大通河流域上游。在这里设卫建城，是由于他们重要的军事所需和控制蒙古的需要。这些以军事目的为主建立的城镇起到了护卫西宁等城镇的作用。

③西宁府城南部城镇与厅所的同步发展。西宁府城以南的城镇，主要指由北到南的化隆、康家寨、循化厅和贵德城。这些城的增建，是清政府政治控制和军事理念的实践，主要是出于驻防和战略控制的目的。

④西宁府城东部城镇。府城以东属于开发较早地区，沿途重要的城镇包括碾伯、冰沟城、古鄯城等。西宁城内外商贸活动以城东最为繁荣，城镇经济发展较为成熟，重要的经济活动相应地催化了府城以东城镇的发展。

1.3.3　西宁市

西宁市地处黄河重要支流湟水上游以及湟水与三条支流的交汇处，呈东西向条带状，地势西南高、东北低，总面积7 665 km^2，市区面积380 km^2，市区海拔2 261 m，是世界高海拔城市之一。湟水及其支流南川河、北川河分别从西、南、北三面汇合于市区，并向东蜿蜒流经全市。市区四周山脉丘陵起伏，地势由北向南倾斜，西北高，东南低，东西狭长。南山、北山以湟水为界包围市区，呈现“三川汇聚，两山对峙”的特征。西宁古称湟中，是一座有着两千一百多年历史的古城。古代西宁城市的出现，是以军事为主要目的的，西宁建制的起点西平亭，就是一个堡寨式的军事据点。魏文帝黄初三年（222年）西平亭扩建为西平郡，就此筑城。北宋崇宁三年（1104年）改名为西宁州，至此“西宁”之称始见于史。民国十八年（1929年）青海正式建省，治西宁县。民国三十五年（1946年）以省垣周围正式成立西宁市。1949年9月，西宁解放，建成区面积仅3 km²，人口不足5万。商家店铺集中于东大街，手工业作坊主要在东关大街。当时，东大街与东关大街交汇处的湟光十字比较繁荣，1950年此处设为青海省人民政府驻地。后经多次行政区划变革，西宁市迄今下辖5区2县。建制镇由1978年的1个发展到2000年的14个，2018年建制镇达到27个。

西宁是典型的移民城市，多民族聚集、多宗教并存，是青藏高原唯一人口超过百万的中心城市。城镇人口规模由1978年的53.3万人增加至2000年的111.97万人，2019年城镇人口达到173.90万人[①]。2019年全市少数民族人口为61.57万人，占常住人口的25.79%，其中回族人口38.57万人，占16.2%；藏族人口13.07万人，占5.5%；土族人口6.11万人，占2.6%。2019年末全市常住人口为238.71万人，较上一年增长0.67%。2020年全市常住人口246.8万人，人口增长率3.82%；城镇人口为194.06万人，城镇化率78.63%；乡村人口为52.73万人，占常住人口的21.37%。在第七次人口普查中，全市少数民族人口为70.51万人，占常住人口的28.57%。

1.发展现状

西宁市经济总量稳居青海省的首位。服务业聚集明显，总部经济、楼宇经济、商贸经济等快速发展，根据市发展和改革委员会（发改委）的介绍，政府还大力推进“美丽高原幸福大西宁”“一心双城”（主城区为核心，双城为多巴、河湟新区）的建设，打造“绿色发展样板城市”和幸福城市，建设生态山水城市，推动新型城镇化，并制定了三年实施计划。

2018年，西宁市城镇居民人均住房建筑面积达到33.3㎡，略低于全省36.5㎡的水平[②]，新建住房质量不断提高，住房功能和配套设施逐步完善。以“住有所居”为目标，不断加大住房保障政策体系建设力度，加快保障性住房工程建设步伐，初步构建以廉租住房、经济适用住房、公共租赁住房、国有棚户区改造及农村危房改造等多层次的保障性住房供应体系。2015年至今，流动人口主要向西宁市区集中，且以六州地区的教育迁入为主，每年迁入西宁的人口数量约有2万人，甚至出现了“牧民团购新建小区”的现象[③]。在实地访谈过程中，我们也发现，在都市圈非中心城市工作的公务员或其他中等收入群体都会尝试在西宁买房[④]。在各级政府的共同努力下，老旧小区改造全面推进，

①西宁市1980年、1990年、2000年、2005年、2010年、2015年、2016年、2017年、2018年（常住人口）城镇化率分别为41.19%、47.52%、56.57%、58.82%、63.70%、69.00%、70.02%、71.14%、72.11%。

②资料来源：西宁市统计局《提升城市承载力加快新型城镇化建设》研究报告。

③根据西宁座谈会以及湟源座谈会调研结果整理。

④资料来源：于乐都新区问卷调查内容。

整体环境、基础配套设施有了明显改善。西宁市2019年实施城镇老旧住宅小区综合整治项目1.5万余套，老旧小区的住宅品质提升了，居民的幸福生活指数也将不断提升（如图1-12所示）。

图1-12　西宁市城中区西门鸟瞰

西宁市按照市委市政府的总体规划，重点打造点、极、带的增长模式，着力构建绿色发展体系（如图1-13所示），积极打造“大通—北川”高新技术产业带。一条产业带以生物制药为主，是全省重要的生物制药基地；一条产业带位于东川工业园区，包含以多晶硅、太阳能电池、光伏组件等为主体的光伏生产企业；一条产业带位于甘河工业园区，主要进行金属冶炼、新材料生产加工，高端材料生产。南川工业园区积极发展以锂电产业为主的产业，比亚迪和时代新能源两家企业的产能接近20亿，锂电产业的配套产业齐全。西宁市大力发展新型产业，如锂电、光伏、生物制药、高原原产地特色农牧业加工等，高技术产业增加值占比达36.6%。传统产业向高质量高新技术产业转型升级（如图1-14、图1-15所示）。西宁经济技术开发区，以“一区四园”进行布局，南川、东川等三园区被评为国家绿色园区，有7家中上企业被认定为国家级的绿色企业。2016年到2019年，西宁市单位生产总值能耗下降了30.26%。文旅产业发展活力高，目前有43个文化产业，省级文化企业2家，市级文化企业37家。西宁市被列入第三批国家旅游示范城市。以乡村旅游助力精准扶贫，文旅融合释放创新产能，如海洋基地，高原观熊猫等项目收益显著。“十四五”期间，西宁要进一步发挥地方特色优势，打造地方品牌，主要任务有：构建文旅融合新局面；推动河湟文化发展；做好非遗保护工作；推进全域全季文旅融合发展；打造青藏高原文旅服务集散中心；升级智慧文旅，促进文旅产业的发展；强化市场监管，营造文旅良好环境；强化对外的交流融合。

（a）西宁体育馆

（b）北城七区河湟文化夜市

（c）西宁体育馆广场

（d）第三届河湟手艺人美食节

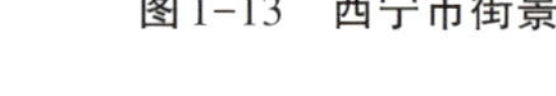

图1-13　西宁市街景

图1-14　城北区街景、专业人才培训及产业孵化基地

图1-15　西宁市新宁广场、西宁特钢消防燃气救护中心

推进新型城镇化建设要考虑生活质量提升，营造和谐适宜的居住环境，促进消费和经济增长。2020年，以万达广场商业主力店、唐道637商业广场、新华联、新千购物中心等为代表的一批新的商贸流通项目陆续建成并已投入使用；红星美凯龙、王府井购物中心、中发源时代广场、天地巷子、北川万达广场、吾悦广场等一批新的商贸流通项目正在陆续入驻或建设中；HM、无印良品、海底捞等国内外知名商业品牌项目已正式签约入驻西宁市（如图1-16所示）。此外，新型商贸综合体迅速发展。2017年，力盟商业步行街、新华联广场、北京华联购物中心、西宁万达广场等四个商业综合体可出租（使用）面积21.24万 m^2，车位数3 723个，商户数547家，商户从业人员数4 739人，全年总客流量达到6 080万人次，有效促进了服务业新动能快速发展。

图1-16　西宁市中心广场

加快推动创新型城市建设，科技创新的驱动效应不断扩大。一是加大市级财政科技专项资金投入，2018年，市级财政科技专项资金达到23 608万元，较2012年增加增长89.18%。2018年末，全市共有专业技术人员2.7万名，每万人拥有专业技术人员114.42人。二是积极培育企业研发中心、高新技术企业及省级科技型企业，2018年全市培育认定企业研发中心20家，培育高新技术企业25家，培育省级科技型企业46家。全市专利授权量1 939件，占全省专利授权量的72.79%。其中发明专利授权258件，占全市专利授权总量的13.31%，有效发明专利1 192件，占全省有效发明专利的85.20%。万人有效发明专利拥有量5.06件，科技成果评价73项，新建省级众创空间6家。

西宁市交通综合运输网不断完善（如图1-17所示）。一是公路运输条件不断改善，运输效率大幅提高，运输方式向高质量、多层次、高效益的集约型运输方式转变。二是西宁火车站完成改建，运输能力大幅提升（如图1-18所示）。兰新高铁动车组投入运营，极具民族特色的“德令哈号”和“唐竺古道号”品牌列车开通使用，西成高铁先导工程西宁枢纽配套工程完成。2018年全市完成铁路客运量922.8万人次，与2012年相比增长2.28倍；完成货运量319.7万吨，比2012年下降44.5%。动车组列车的开通运行大大缩短了沿线城市的时空距离，提高了列车运行速度和旅客送达周转能力，带动了西宁市旅游业的飞速发展。三是航空运输业规模不断壮大，运力运量迅速增长。西宁机场腹地不再仅局限于省内的6座支线机场，而发展成为与西藏、新疆、内蒙古共享40多座机场的广大腹地。西宁机场目前通航47座省内外城市，2018年全年完成航空客运量714.9万人次，与2012年相比年均增加97.75万人次；完成货运量3.73万吨，与2012年相比年均增加0.54万吨。

图1-17　西宁市西区浦宁之珠城市鸟瞰（电视塔上拍摄）

图1-18　西宁市火车站（城东区）

根据《西宁市国民经济与社会发展第十四个五年规划和二〇三五年远景目标》，西宁市环保攻坚战在“十三五”末取得的阶段性成果包括：主要污染物总量减排目标超额完成，空气质量优良率由77.5%提升到87.3%，空气质量连续五年位居西北省会前列；城市黑臭水体全面消除，国省控重点断面水质优良比例由62.5%提升到100%；成功创建全国水生态文明城市。迄今，西宁市打造绿色发展样板城市，建设新时代幸福西宁，启动实施“高原绿”“西宁蓝”“河湖清”等六大建设行动，也取得了明显进展。一方面，推进产业升级和城市转型，例如：“关停并转”了一批高污染企业；在城区停建了一批高层商住建筑并实施绿化改造，人居环境改善对经济发展产生促进作用[①]；绿色发展公众满意度位居全国前列。另一方面，海绵城市建设紧紧围绕“山—水—城”一体化大海绵生态共

①西宁市制定出台的《西宁市建设绿色发展样板城市促进条例》，以前所未有的决心和力度完成涉水工业企业深度治理，取缔或责令整改小散乱污企业，完成畜禽养殖禁（限）养区划定和整治，推动河湖长制管理全覆盖，森林覆盖率提高到34.1%，空气质量综合指数位居西北五省省会城市第一。“十四五”规划主要体现于水、大气、土和城市的安宁四个方面：西宁市提出要求水环境要稳定现状，目前西宁市以全省1%的土地承载了全省40%左右的人口，水资源面临环境污染的压力，力争到“十四五”末可以实现人能直接到岸边亲水，水中有鱼；大气方面要落实精准化管理；净土方面主要以进行风险管控为主；安宁方面以优化全社会的交通出行为主。

治建设模式，有效改善了大地块的生态环境和水土保持，提升了生态环境建设整体成效，如山体植被葱郁，绿意盎然，水土流失得到有效治理，水生态品质提升（图1-19）。目前，已实施的海绵建设达20 km^2，“海绵体”处处可见，其中，以老旧小区海绵化改造为切入点，通过绿地改造、设置截流沟、竖向调整和生态停车场建设等的海绵化改造，全面提升老旧小区人居环境。目前西宁市已完成老旧小区海绵化改造45项。2018年，城市建成区绿地面积3 762 hm^2，城市建成区绿化覆盖率达40.5%，人均公共绿地面积达12.5 m^2。因此，西宁市居住质量和城市环境得以改善，也促进了城镇化水平的提高。

图1-19　西宁市水环境整治

2.城市扩张与空间结构

西宁市是典型的半开放性河谷型城市，其主城区城市空间扩展的时空特征明显（见图1-20）。2001—2016年，主城区总用地面积持续增加，但空间扩展强度和速度逐渐减弱，其中2001—2007年城市空间扩展的增加面积最大、强度最高，城市向东南、西北和正北方向扩展；2007—2011年，城市空间扩展的主要方向为西北和东南部；2011—2016年，城市空间扩展方向主要为西北和东北部；城市总体向东南、西北扩展。从建设用地角度进行驱动力分析表明，居住郊区化、工业郊区化是推动城市空间扩展的主要驱动力。城市公共基础设施建设成为城市空间扩展的先导，尤其是政府更加注重生态环境的保护，加大了公共绿地的建设。从地质地貌条件、社会经济因素及政策规划驱动因素对城市空间扩展的影响分析表明：地质地貌限制城市空间扩展的方向及用地结构；固定资产投资额和城市人口的增加，促进了居住郊区化和工业郊区化，推动城市空间扩展；政策和规划措施促使主城区空间的快速扩张，城市总体规划对城市空间扩展具有强烈的导向作用（唐艳，杨永春 等，2019）。

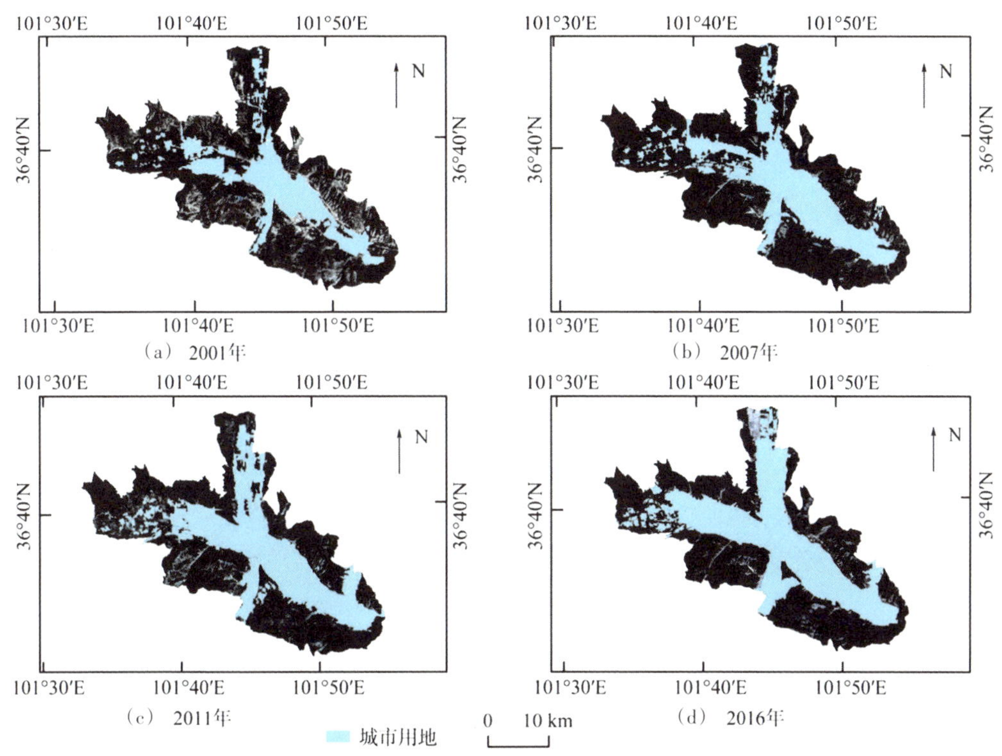

图1-20　西宁市主城区2011—2016年的空间扩展

随着城市规模扩大，高度集中的资源和功能难以辐射到整个城市，中心城区也会因为人口大量聚集不堪重负，交通拥堵、环境污染等问题随之而来。于是，在城市不同的新区域会慢慢地发展出新的副中心。鉴于此，西宁市"两中心·八片区"的多中心、组团式结构逐步形成（如图1-21所示）。两个中心即为以老城区为主体的，南川河以东与民和路之间的大十字商业中心和南川河以西至通海路以东的城西新城中心。大十字商业中心承担西宁市金融商贸中心，商业零售中心功能；城西新城中心主要承担行政办公、文化娱乐、文教、科研等职能，同时配套建设居住区。八个片区为东川经济技术开发区、西钢工业区、西川新城区、城北交通仓储综合区、北川文教区、城南综合区、城南新区和城北生物科技产业园区。这样的多中心、组团式的空间结构，根据城市用地条件灵活布置，统筹安排城市产业布局、基础设施和公共服务等，较好地处理了近期和远期的关系，并能使各项用地布局各得其所。

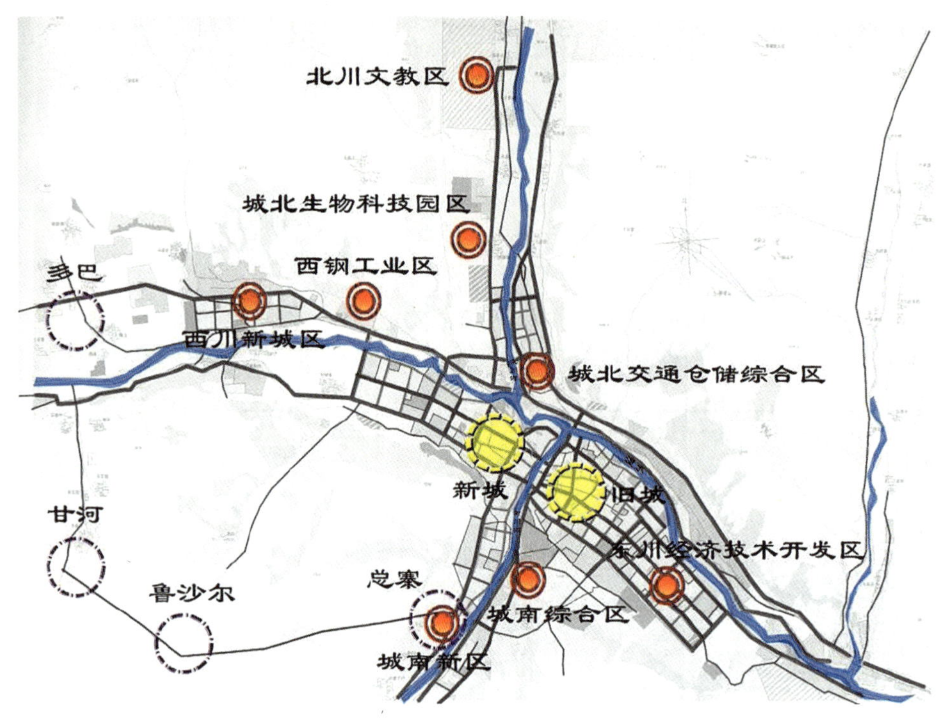

图1-21　西宁“两中心·八组团”多中心组团式空间结构分布图

2011年至今，西宁市进入到扩容提质和辐射周边发展阶段。西宁市不断加快城市转型升级步伐，推动城市发展向组团化疏解、内涵式提升的转变。同时，对接国家兰西城市群发展规划，提升西宁在兰西城市群的极核作用、战略地位，促进区域协调发展，增强中心城市辐射带动力，加快推进区域空间变革。另外，进一步发挥规划统筹作用，健全规划机制，成立城乡规划领导小组，设立专家、审批和监督委员会，编制完成《西宁市城市总体规划》（2015年修订）《西宁市城市建筑风貌导则》《东部城市群西宁都市区战略规划》和多巴、南川等重点片区战略规划，划定永久性基本农田，修改完善土地利用总体规划，谋划启动“大西宁”规划建设，开展空间规划“多规合一”试点等。在此期间，西宁市不断加强基础设施建设，提高综合承载能力。先后实施了一批基础设施重大项目，如西过境、南绕城高速公路全线贯通，百公里绕城高速环线建成并免费通行，实施90余条主城高速公路环线及内网主次道路建设，初步构建了“外环内网”交通大格局；青藏高原最大铁路枢纽西宁新站投用，西格复线、兰新二线通车运营；新建果洛路等一批主干道路，新增市政道路78.77 km，新开通公交线路达32条；国际航空口岸投运，新开通国际航线6条。新建污水处理厂11座，污水日处理能力达到34.5万t。同时，开展了美丽家园绿化行动，如建成机场高速南北线等通城公路绿化网络；实施了“天保”“三北”“公益林”、南北山绿化等工程，人工造林111万亩，森林覆盖率达

32%。经过不懈努力，西宁经济快速发展、民生日益改善、生态持续向好、社会不断进步，已成为中国西部发展势头迅猛、发展潜力巨大的城市之一。

为强化中心城市“极核”的功能和作用，西宁统筹城市用地功能，进行城市综合中心的提升优化及外围专业中心的打造，突出高原特色，构建生态宜居空间。主城区包括中心片区、西部新城和东川开发区三个片区。外围三个专业组团包括北川长宁科研教育产业组团、南部高原特色产业组团、多巴甘河产业综合组团（由多巴综合片区和甘河工业园区两个片区组成）。发展空间格局为“一核驱动，双星拱卫，沿轴集聚”（如图1-22所示）。其中“一核”指以西宁主城、鲁沙尔、甘河、多巴新城为环状发展核心；“双星”为大通桥头和湟源城关两个次中心县城市，引导人口向用地条件较好的川道集聚，加强主要发展轴线上城镇的产业经济联系和服务设施共享，形成“沿轴集聚”。以“内生活、外生产”的空间组织模式，围绕川道发展，蔓延式拓展城市的发展空间。城市未来的用地增长方向主要集中在西、南、北三条川道。中心城市空间增长边界为：西至西倒一级路和规划南绕路高速交叉口，东至小峡口，南、北至规划外环公路，总面积280 km²。城市空间的扩张受到地形条件的限制，城市的延伸明显沿着湟水河水系，地形越平坦、地域范围越广阔、水文条件越好的区域，城市发育水平越高。湟水河干流流域城市等级高，而支流流域多形成等级低的城镇聚落。

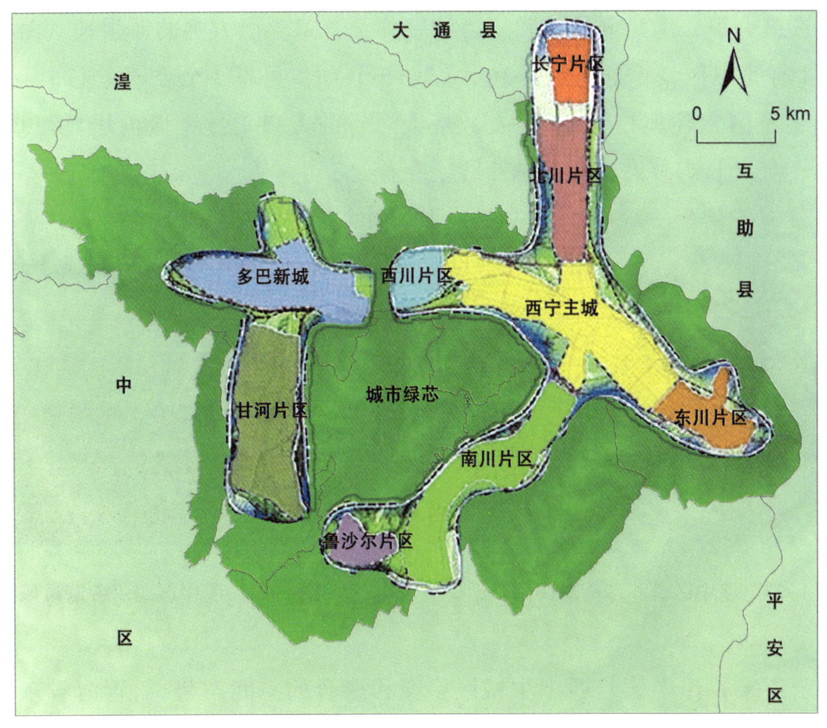

图1-22　西宁市城市空间布局图

“绿色发展样板城市”要求构筑绿色发展空间格局，推进都市区空间重构，坚持“绿色为芯、双城联动、生态环抱、组团发展”的模式。即以西堡生态森林公园为“一芯”，西宁主城和多巴新城为“双城”，与东川、西川、南川、北川、甘河、鲁沙尔、长宁等片区共同构建“一芯双城、环状组团发展”的生态山水城市。绿色发展空间格局的市域空间布局，是以西宁主城、鲁沙尔、甘河、多巴新城为环状发展核心，以大通县桥头镇、湟源县城关镇为两个发展极，以外围生态涵养保障圈、中部特色农牧业发展带、核心都市功能聚集区为三大功能区，以大通城关、塔尔、东峡和湟中上新庄、拦隆口及湟源和平、巴燕、日月八个重点特色镇为节点，构筑“一核两极、三大功能区、八个重点特色镇”的城镇空间格局。

3.外围主要县区的发展

西宁市外围的主要县区包括湟中区、大通县、湟源县。

（1）湟中区

湟中区位于湟水河流域中上游，境内三面环山。县境内沟谷纵横，山川相间，地形地貌较为复杂。县境南北长约91 km，东西宽约68 km，总面积约2 700 km^2，山地丘陵面积占全县总面积89.9%，地势南、西、北高而东南略低，海拔为2 225～4 489 m，地貌可分为河谷阶地地带、山丘陵地带、中山地带、高山地带四个类型，各地带在平面上呈同心圆态势分布。湟中区历史悠久，山川秀美，人文资源丰富，是古代丝绸之路和唐蕃古道重镇，也是藏传佛教格鲁派宗师至尊宗喀巴大师的诞生地（图1-23、图1-24）。目前湟中区辖1个街道、10个镇、5个乡，另辖1个乡级单位甘河工业园。2019年初，全区常住人口46.01万人，是青海省的人口大区，区内居民以汉族为主，有回族、藏族、土族、蒙古族等13个少数民族。

图1-23　湟中区鲁沙尔清晨街景

图1-24　湟中区塔尔寺清晨风貌

近十余年来，湟中区与西宁主城区呈交相融合的空间态势，《青海省东部城市群城镇体系规划（2011～2030）》《西宁都市区2030年战略规划》等上位规划均把湟中部分地域纳入西宁市中心城区。县城鲁沙尔镇距西宁市25 km，县境西、南、北三面环围西宁市，青藏铁路、109国道、西湟一级公路、西久公路穿境而过，西塔高速公路直达县城，22条县乡公路纵横交错，全县乡乡通油路、村村通公路，交通十分便利。

湟中区积极在全域推进新型城镇化建设，污染治理成效显著，生态环境持续改善，塑造了“秀美湟中”的形象。根据自然资源局、文旅局等的介绍，区政府将积极推动塔尔寺大景区建设，实施“全域旅游发展规划”和“旅游乡村发展总体规划”，建设文旅融合示范区和乡村旅游提升工程，计划建设温泉项目（投入14亿元）、多巴滑雪场等重点项目。据生态环境局的介绍，近几年湟中区开展了“三大行动计划”和环境整治工作，水质逐年改善，但环境应急体系、监测体系还不完善，环保能力仍需加强。

甘河滩镇位于湟中区鲁沙尔北部，北接多巴镇，西临汉东、大才乡，东与西堡乡接壤，镇域南北长16 km，东西宽6 km，总面积为66.49 km^2。全镇下辖18个行政村，1个居民委员会。全镇总人口2.13万人（2017），居住有汉族、藏族、蒙古族、土族、回族5个民族。西宁经济技术开发区甘河工业园区于2002年7月经青海省人民政府批准成立，2006年初，省政府按照“一区多园”的发展思路将园区整合并入西宁经济技术开发区管理。园区地跨青海省西宁市湟中区甘河滩镇、汉东乡和大才乡，距离西宁市区35 km，总规划面积35.28 km^2，是全国循环化改造示范试点园区和全国首批低碳工业园区试点。2018年，园区内共引进各类工业企业96家，建成投产54家。形成了以电解铝、电解锌、电解铜为主的有色金属产业，以铬铁、硅铁、铁精粉为主的黑色金属产业和以PVC、甲醇、复合肥为主的特色化工产业（如图1-25、图1-26、图1-27所示）。

图1-25　甘河工业园区管理委员会

图1-26　青海云天化国际化肥有限公司厂区

图1-27　黄河鑫业有限公司厂区

（2）大通县

大通回族土族自治县地处河湟谷地，湟水河上游北川河流域。县域海拔为2 280～4 622 m，地势西北高东南低，属高原大陆性气候，总面积3 090 km²，东西最长95 km，南北最宽85 km，辖9镇。桥头镇是大通县的政治、经济、文化中心，距西宁市35 km。大通县是青海省北部的陆路交通的重要组成部分，同时也是西宁通往河西走廊的必经之地。2019年末全县常住人口45.66万人，有汉族、回族、土族、藏族、蒙古族等26个民族，先后两次被文化和旅游部命名为“中国民间文化艺术之乡”。

2019年，大通县全年工业增加值按可比价计算比上年增长5%，其中规模以上工业增加值增长4%，全年43家规模以上工业企业实现工业总产值218.86亿元，同比增长8.07%。分行业看，有色金属冶炼和压延加工业实现产值157.9亿元，同比增长10.58%，占规模以上工业总产值的72.15%；化学原料和化学制品制造业完成产值24.33亿元，同比增长6.98%，占规模以上工业总产值的11.12%；轻工业完成产值8.79亿元，同比下降15.74%；重工业完成产值210.07亿元，同比增长9.37%，占规模以上工业总产值的96%。从分布上看，大通县工业主要分布在大通县南部，与西宁市城北区联系密切，主要以有色金属冶炼延加工业、化学原料和化学制品制造业为主。2019年消费品零售总额30亿元，增长6.9%，全年共接待游客423.57万人次，实现旅游综合收入13.34亿元。

当前，大通县已初步形成了特色绿色产业发展新体系，传统工业转型也取得了一定成果，传统的发电、煤炭、化工等产业大部分已经叫停或者关闭退出，同时积极推动传统铝镁合金产业转型。以北川工业园为载体发展煤电能源、化工、铝镁有色金属冶炼及其精深加工、机械制造、新型建材、物流仓储等产业。高标准引领国家公园建设，生态环境持续改善。大通县被成功列入第二批全国生态文明建设试点县，2016年也被列入全域旅游推进示范县。北川河源区自然保护区顺利晋升为国家级自然保护区。生态环境的改善，带动了旅游产业的发展。以国家森林公园鹞子沟、察汗河景区和老爷山“六月六”花儿会等民俗文化旅游资源为载体积极发展旅游文化产业。2015年，青海省政府批准以大通回族土族自治县北川工业园区为基础，建设省级高新技术产业开发区，使其成为西宁市重要的科技创新和科技成果转化平台（如图1-28所示）。

图1-28　大通县高空俯瞰图

大通县建设用地主要沿宁张公路纵向布局。北部以居住、教育、医疗、商业配套为主，南部以工业、物流及村庄为主。两河交汇，三山环抱，带状发展。在空间形态上，以小石山为中心，形成相对独立的三个组团空间，按“东拓、北延、南优”的方向发展。2014年，大通西站正式投入使用，周边路网框架已成，商住类项目及公共服务类项目不断集聚，中心城区居住、公共服务、商业服务功能持续往北延伸，形成服务功能较为完善，居住环境优美的新区空间。东部新城因动力不足，发展缓慢。北川工业园基础设施建设稳步推进，入驻企业数量不断增加。同时，宁张公路沿线生活、生产配套服务功能进一步得以完善。总体来看，城市整体空间结构雏形已现，但城区各功能板块发育较慢，尚未形成一定规模效应（如图1-29、图1-30、图1-31所示）。

图 1-29　位于大通县南部的整片工业区

图 1-30　大通县老爷山城市鸟瞰

图 1-31　中国铝业青海分公司

（3）湟源县

湟源县位于湟水河上游，是青海东部农业区与西部牧业区的结合部，青藏铁路、109 国道和 315 国道穿境而过。面积 1 545 km^2，海拔在 2 470～4 898 m，辖 7 乡 2 镇，有藏族、回族、蒙古族、土族等 13 个少数民族。县人民政府驻城关镇。2019 年末全县总人口为 14.37 万人，其中少数民族人口为 1.92 万人，城镇化率为 41% 左右。近年来城镇化率的提高，不是传统的农村人口自发迁入的结果，而是易地扶贫搬迁的被动结果。

湟源县致力建设“高原绿色有机品牌农畜产品强县”，基本形成了粮食、蔬菜、饲草、畜禽养殖四大特色产业。2020 年特色经济作物比重达到 88%，培育农牧业专业合作社 394 家，建成家庭农牧场 521 家，打造“众汇源”“西湟日月山”等特色农牧业品牌 27 个，主要农畜产品加工转化率达 60% 以上，养殖业粪污资源化利用率、残膜回收率、秸秆综合利用率均达 85% 以上。

湟源县先后被评为“国家生态文明建设示范县”和“全国畜牧业绿色发展示范县”

以及“全国农业和乡村旅游示范县”。据县发改委和科技局领导介绍，整县推广了“双减工作”——减化肥、减农药。全县推广农家肥，将秸秆做成肥料，并让“牛羊在地里吃草”。2020年，湟源县有26家省市龙头企业，如三江一力排全国养殖企业的36位；恩泽是有名的有机肥生产企业，开发了牦牛肉系列产品和沙棘、树莓饮料；全县青稞种植5万多亩，青稞米畅销，价格达到了1.35元/斤，并建设青稞种子示范基地（三大基地之一）；与中粮集团、伊利集团合作，进行青稞酿酒的品牌化建设。

湟源县坚持城乡统筹，一体化推进新型城镇化建设。截至2020年湟源县已投资2.63亿元完成河拉台片区保障性住房区外基础配套等项目，投资2 750万元完成11个高原美丽乡村建设，打造了上胡丹村省级乡村振兴示范点。科考队参观的麻尼台新村示范点是农民易地搬迁的示范点，现已入迁5个村的村民500多户，共2 000余人。搬迁居民以开农家乐、外出打工的形式就业。村子里还修建了广场、凉亭等公共空间，生活污水集中和无害化处理。与以往的搬迁安置区高层住房不同，麻尼台新村采取传统的平房并有院子，可以供村民在改善生活质量的同时，依旧保持原有农村的生活习惯。同时也为村民开设农家乐等农村休闲服务提供了条件，使村民过上半城镇化生活。

湟源县坚持改善城乡人居环境（如图1-32、图1-33、图1-34所示）。2015—2019年投资1.1亿元完成成44个（其中贫困村26个）美丽乡村建设。同时，县政府致力推进城关、大华城镇化区域扩容升级，沿109国道和315国道向日月和巴燕辐射，培育发展特色旅游镇、特色文化镇和特色生态经济镇，构建“一心二轴线”的城乡发展体系。2017年8月，日月特色小镇入选全国第二批特色小镇创建名单。2017年城关镇荣获“国家卫生县城”称号。同时，着力推进北极山生态公园建设、日月山AAAA级景区创建、丹噶尔古城二期保护开发等工作，县城品位和形象进一步提升。基本搭建了“三纵四横一循环”的县城道路框架，县城两环三纵十横的农村交通路网初步形成。

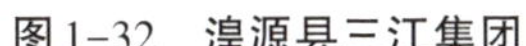
图1-32　湟源县三江集团

图1-33　湟源县丹葛尔古城

图1–34　湟源县赞布林卡

湟源县致力绿色发展，深入推进大规模国土绿化行动。湟源县林草资源丰富，可利用草场131.98万亩、林地157.55万亩，森林覆盖率达33.6%。截至2020年已投资6 820万元完成三北、规模化林场建设等7项国土绿化工程10.5万亩，全面落实110.58万亩天保和公益林、131.98万亩草原、27.56万亩耕地保有量、22.69万亩永久基本农田保护等自然资源管护任务，全县退化草原治理率和草原植被覆盖率分别达到7.7%、64.37%。在生态空间管控方面，全力构建以县城园林绿地为核心，以湟水河、药水河生态廊道为纵深，以日月山水源涵养林、南北两山生态防护林和东峡省级森林公园为主的生态屏障。全面落实“河湖长制”，湟水河出境断面水质稳定达到Ⅱ类水体功能。42个村的生活污水可以做到集中处理，但其他地方的生活污水集中化处理工作仍存在困难，因为按照国家政策，环保项目的申请需要县级政府配套资金，而湟源县经济实力较差，无法完成配套。另据水利局的介绍，目前全县已建设了6万亩高效节水农田，实行了河长制，但因为资金不足，无法推进中水治理项目和沟道治理项目。

1.3.4　海东市

海东市位于东经100°41.5′～103°04′、北纬35°25.9′～37°05′。东西长200 km，南

北宽180 km，总面积1.32万 km^2，大部分地区为山区，地形复杂，沟壑纵横，湟水河自西向东流经全境，地势南高北低，由西南向东北倾斜。海东市历史文化悠久，史称“河湟间”或“河湟地区”，也是青海农耕开发最早，农业自然生产条件最好的地区。1978年经国务院批准，设置海东地区，辖民和、平安、乐都、湟中、湟源、互助、化隆、循化。1999年湟中、湟源划归西宁。2013年和2015年，国务院分别正式批复同意撤地改市，以及设立乐都区和平安区，市行政中心设在乐都区。海东市是青藏高原人口密度较高的地区之一。2020年末，全市常住人口为135.85万人（2010年第六次人口普查数据为139.7万人），增长率为-9.02%。城镇人口为54.89万人，占常住人口的40.4%；乡村人口为80.96万人，占常住人口的59.6%。在第七次人口普查中，少数民族有藏族、回族、土族、撒拉族、蒙古族和其他少数民族，人口为64万人，占常住人口的47.12%。海东市长期以乡村人口为主，且乡村人口比例高于城镇人口比例，但从近三次人口普查结果可看出，城镇人口比例总体呈上升趋势（1990年人口城镇化率为6.19%，2000年为12.77%，2010年为22.83%）。与2010年第六次全国人口普查相比，第七次全国人口普查公报数据显示海东市城镇人口增加22.99万人，乡村人口减少26.83万人，人口城镇化率上升17.57个百分点。

1.发展现状

海东市地区生产总值从2000年的38.94亿元增长至2020年的514.6亿元，占全省的比例从14%提高至17%，年均增长14个百分点。分产业看，三次产业结构持续优化，由“十二五”末的13.8∶50.1∶36.1调整为“十三五”末的15.1∶37.9∶47。2020年海东市第一产业增加值77.4亿元，第二产业增加值195.2亿元，第三产业增加值242亿元。2020年海东市固定资产投资比上年下降11.8%。按产业分，第一产业投资同比下降16.5%，第二产业投资同比下降37.3%，第三产业投资同比下降5.6%。

2020年海东市社会消费品零售总额121.27亿元，比上年增长3.9%；一般公共预算收入26.92亿元，比上年增长31.82%；一般公共预算支出234.21亿元，比上年下降1.5%。海东市农村居民收入增长快于城镇居民，农民收入水平高于全省平均水平，城乡收入比由“十二五”末的2.85∶1缩小为“十三五”末的2.69∶1。2020年海东市全体居民人均可支配收入20 066元，比上年增长6.2%，其中，城镇常住居民人均可支配收入33 509元，增长4.8%；农村常住居民人均可支配收入12 444元，增长7%。城乡居民人均收入比比上年缩小6%。2020年海东市居民人均生活消费支出12 724元，比上年增长3.8%，恩格尔系数为29.14%，其中，城镇常住居民人均生活消费支出18 083元，增长2.5%，恩格尔系数为27.88%；农村常住居民人均生活消费支出9 686元，增长4.4%，恩格尔系数为30.47%。根据联合国对恩格尔系数和居民生活划分出的标准，认为恩格尔系数在20%～30%为富足，可见海东市居民生活相对富足，但城乡居民之间依然存在较大差距。

海东市农用地面积占全市土地总面积的90%左右，建设用地面积占比为5%左右。在农用地中，耕地面积占全市土地总面积的15%左右，林地面积占38%左右，牧草地占35%左右；在建设用地中，城乡建设用地占全市土地总面积的3%左右，交通水利设施用地占全市土地总面积的0.8%左右。海东市已实施“三北”防护林建设、南北山绿化和“退耕还林工程”等，以小流域为单元，重点整治河湟谷地和黄土丘陵区区域水土流失，实施羊官沟小流域综合治理、平安区白沈沟流域治理等多项水土保持生态治理工程等。另据《海东市生态环境局2020年工作报告》，海东市在农村环境综合整治方面取得了较大成果：2019年实施的295个行政村的垃圾收集转运设备已全部完成配发；2020年实施的共计216个行政村的环境综合整治项目、90个村庄的提档升级项目、17个农村污水处理站改造项目以及17个村的农村生活污水治理项目正在有序推进，实现全市1 587个村农村环境综合整治项目全覆盖。

海东市已基本建成“内畅外联”的路网体系。截至2020年，公路通车总里程突破了1.2万 km，较“十二五”末增加3 170 km。94个乡镇和1 587个建制村道路通畅率、客运通车率、邮政普遍服务建制村通邮率实现三个100%，城乡公共交通均等化水平持续提升。在对外通道方面，川海大桥建成通车，进一步推进了民和—红古创新发展先行区的建设。在市域综合交通方面，主要以机场、高速铁路为抓手，强化海东市作为青海省门户的功能，最终建成“两主两副，三横三纵”的市域综合交通系统结构①。

海东市现已初步形成以乐都、平安中心城区为一级中心（青海省副中心），互助、民和县城为二级中心（海东市次中心），循化、化隆县城为三级中心（县域中心），南门峡镇、小峡镇、高店镇、官亭镇、扎巴镇、白庄镇等重点引擎乡镇为中心镇，其余36个乡镇为初级中心的五级城镇框架结构（表1-2）。由此海东市已初步构建了“一核两副三心，两轴三带多点”的总体空间格局，全面推进新型城镇化。

---

①“两主两副，三横三纵”的市域综合交通系统结构。“两主”，平安区为青海省省域门户，空铁公一体的综合交通枢纽；乐都区为海东市域枢纽中心。“两副”，民和市为青海省东大门，辐射兰州红古区；群科新区为西成铁路南入口，辐射黄河河谷城镇带。“三横”，北部北山通道、中部沿湟水河通道、南部沿黄河通道。“三纵”，民和南北通道、乐都南北通道、平安南北通道。

表1-2　海东市域城镇等级结构表

城镇等级	功能地位	城镇人口规模	城镇名称
一级	市域中心	70万人	乐都、平安城区
二级	市域次中心	15万～20万人	民和城区、互助城区
三级	县域中心	5万～10万人	化隆城区、化隆群科新区、循化城区
四级	中心镇	0.5万～1万人	乐都：瞿昙镇、高店镇 平安：红崖子沟镇、古城镇 民和：官亭镇、马场垣镇、古鄯镇 互助：塘川镇、加定镇、南门峡镇、丹麻镇、五峰镇 循化：白庄镇、查汗都斯镇、文都藏族镇 化隆：甘都镇、牙什尕镇、扎巴镇、昂思多镇
五级	一般乡镇	小于0.5万人	市域其他乡镇

［资料来源：海东市城市总体规划（2016—2030年）］

2.中心城区

海东市的中心城区包括乐都区和平安区。

（1）乐都区

乐都区位于海东市的中东部地区，是海东市的政治、文化、教育中心。境内大部分地区为山区，地形复杂，沟壑纵横，湟水河自西向东流经全境，地势南高北低，由西南向东北倾斜，南北长33.6 km，东西宽23 km，总面积3 050 km^2。全区辖1街道7镇12乡。2019年末全区共有90 651户、28.75万人（常住人口27.93万人，比上年末增加0.29万人），其中城镇人口11.24万人，农村人口17.51万人。有汉族、藏族、蒙古族、回族、土族等9个民族生活于此。区内有瞿覃寺、柳湾、明长城等著名遗址。

2019年全区地区生产总值为106.61亿元，同比增长8%，其中，第一产业增加值为15.4亿元，同比增长5.2%；第二产业增加值为36.78亿元，同比增长11.4%；第三产业增加值为54.18亿元，同比增长4.7%。目前财政收入2.5亿元，主要靠固定资产投入，人均可支配收入3万元。

2013年开始，乐都区政府大力投资，新用5 000多亩用地，推动城市建设，包括：推动老城区、老居住区等改造；整治村镇风貌，建设高庙等高原美丽城镇；大力建设基础设施，如拓宽109国道、断头路接续等工作，建成了六横七纵的道路网络；对滨河空间进行绿化，新建小区绿化率达35%以上，个别小区达45%（图1-35、图1-36）。

图1-35　乐都区城市鸟瞰景观

图1-36　乐都区香格里拉街景

乐都区统筹建设城市的公园、广场、绿地及滨水（湟水河）。问卷调查过程中当地民众对乐都的评价为“绿色”（图1-37、图1-38、图1-39）。根据住建局的介绍，乐都区按照“一街一景一品”绿化模式，采取见缝插绿、拆墙透绿、拆违建绿、规划增绿等措施，先后实施了总投资2.6亿元的蚂蚁山生态公园项目（朝阳阁），城区主要街道、片区裸露地、公园广场、住宅小区美化绿化及景观提升改造工程（图1-40、图1-41、图1-42）。作为国家试点，乐都区积极推进海绵城市建设，如在新区建设了34 km的综合管廊。

（a）城西住宅区

（b）滨水（湟水河）区

（c）建成区

图1-37　乐都区城西住宅区、滨水（湟水河）区和建成区景象

图1-38　乐都区城市鸟瞰

（a）朝阳阁顶层城市鸟瞰

（b）朝阳山附近居住区和移民安置

图1-39　乐都区朝阳山附近的老城区改造和新移民居住区

(a) 乐都花园安置小区

(b) 建设中的乐都新区

图1-40　乐都区住宅小区美化及景观提升

图1-41　乐都区城西住宅区建设

图1-42 乐都区新乐大街、饮水巷和关帝庙牌楼街景

目前，乐都区内共有3条铁路线路，其中地方铁路1条，即碾伯至寿乐铁路；干线铁路2条，即兰青铁路、兰新高速铁路。2019年底，全区19个乡（镇）354个行政村公路通畅率为100%，村道硬化率达100%。乐都区现有客运线路29条，其中，班线线路14条，行政村班线车覆盖率为47.5%；公交线路15条，行政村公交覆盖率为52.5%。客运班线通乡、通村率100%。道路旅客运输初步形成了班车客运、旅游客运、高速客运、农村客运、出租客运、公交客运多种运输方式相衔接，长、中、短途结合，高、中、低档次车型配套的客运市场格局（图1-43）。

（a）乐都区火车站

(b) 海东市高铁站（乐都区）

(c) 乐都区汽车站

图1-43　**乐都区交通格局**

乐都区正在建构“一心两带，三园一基地”的总体产业布局结构。“一心”指中心城区现代制造业与现代服务业中心。“两带”指沿湟水产业经济发展带、瞿坛—引胜文化旅游产业发展带。“三园”指海东工业园区乐都分园西园、海东工业园区乐都分园北园、高原特色农畜产品物流园。“一基地”指阿兰生态工业基地。乐都区耕地面积36.86万亩，建有省内最大的蔬菜生产基地。现代农牧业稳中趋优（图1-44），乐都长辣椒、紫皮大蒜（高店镇）、大果樱桃、藏香猪等特色农畜产品知名度不断提升，乐都果蔬产业园成功获认省级现代农牧业产业园，一产增加值由2015年的11.38亿元跃升为2019年的15.65亿元。

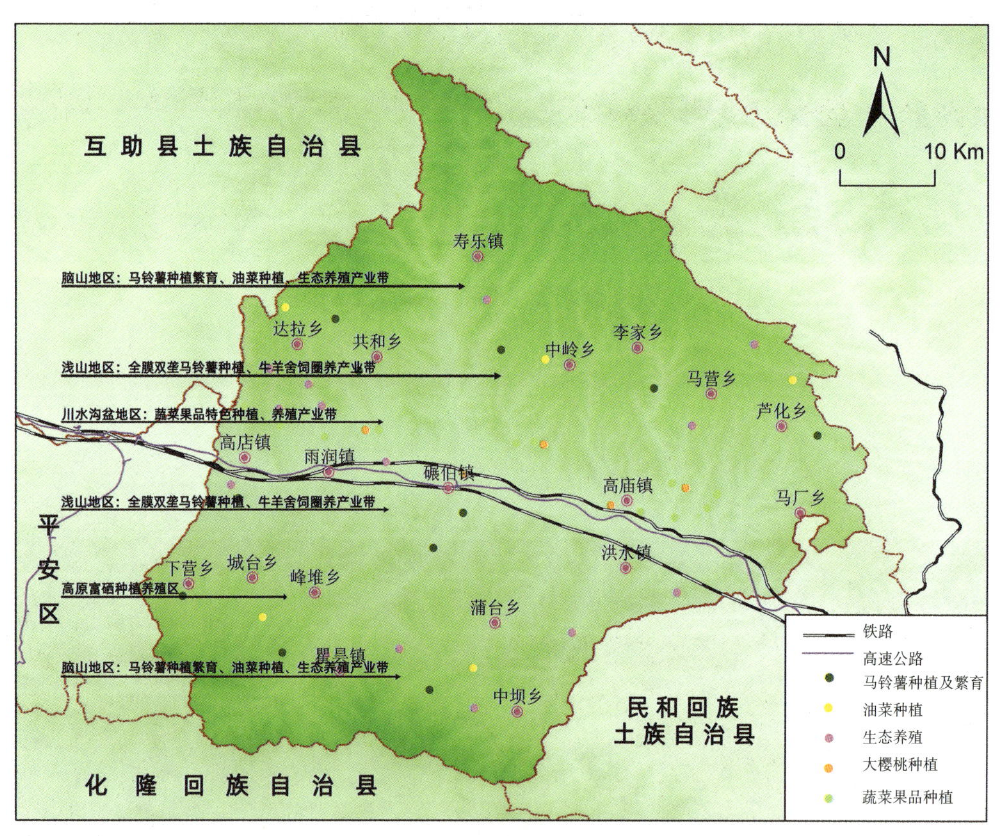

图1-44 乐都区农牧产业分布图

新型工业化进程加快，绿色转型加速。2012—2017年，乐都区淘汰了钛合金，拆除了碳化硅的生产装置。根据工业与信息化局的介绍，目前，乐都工业园以高端绿色建筑材料、高端装备制造、新材料等为重点发展产业，铁合金、水泥、玻璃等传统产业正在进行绿色转型或进一步被压缩。同时各工业园主动优化调整工业结构，产业集聚效应初步显现，装配式建筑、高端装备制造等新兴产业实力不断扩大，中小微企业队伍不断壮大，2016—2019年规模以上工业增加值年均增速3.99%。乐都工业园“一园两区”工业格局基本形成。北区以装备制造业等产业为主，西区以新型建材等产业为主。2018年乐都工业园建筑材料产业总产值6.78亿元，约占比75%，是乐都工业园产业的主要构成部分；新材料产业总产值2.07亿元，占比约达20%；装备制造产业总产值0.19亿元，比重相对较小，但发展势头良好（表1-3）。截至2018年底，乐都工业园入驻企业22家，规模以上企业7家，其中总产值过亿企业4家。随着青海宝恒、青海中钛青锻等代表性龙头企业相关项目的启动，乐都工业园将迎来新一轮的产业快速提升发展机遇。

表1-3　乐都工业园2017—2018年规模以上主要企业经营统计情况

序号	企业名称	2017年		2018年	
		总产值/万元	纳税/万元	总产值/万元	纳税/万元
1	青海宝恒绿色建筑产业股份有限公司	—	—	6 815	11.0
2	青海泰宁水泥有限公司	9 746	32.5	14 516	63.0
3	青海金鼎水泥有限公司	37 382	235.1	23 479	196.5
4	青海耀华特种玻璃股份有限公司	18 451	48.4	23 037	263.4
5	海东贵强新材料有限公司	4 798	21.7	2 860	71.5
6	青海盛祥电极制品有限公司	9 088	20.3	17 817	33.0
7	青海乐都中铁华宇轨枕制造有限公司	2 388	30.2	1 895	20.3

加大生态环境保护力度，加强对三河六岸河道及大气、水、土壤环境的整治，构建美丽的生态环境。乐都区的污水管网已经基本覆盖主管网，同时还建设了34 km的综合管廊并将一部分延伸到城乡接合部。实施城市增绿森林工程、城郊休闲森林工程、河道绿化森林工程、公路通道森林工程、乡村产业森林工程、生态文化森林工程等六大森林工程，初步形成融“山、水、林、城”为一体的“城市森林生态文化体系”。“十三五”期间，乐都区完成营造林60.7万亩，发展优质果品基地4.5万亩；营造重点生态公益林186万亩；新建森林、湿地和野生动植物类型自然保护区1处，自然保护区总面积达到22.5万亩；新建湿地公园1处，新增省级森林公园2处，晋升国家级森林公园1处。根据生态环境局的介绍，2019年乐都区空气达标率为84.59%；污水处理厂的处理能力为2万吨/日，远期将达到10万吨/日。同时因生态保护和扶贫，乐都区已移民搬迁1 900多户，2 000多户待搬迁，这也一定程度上促进了生态保护和修复。

（2）平安区

平安区地处湟水流域中游，现辖5乡3镇，面积769.15 km^2。平安区是唐蕃古道和古“丝绸之路”南线的重要驿站，有青藏高原“硒都”之称。2019年总人口为12.96万人，流动人口2万～3万人，城镇人口5.54万人，农村人口7.15万人，城镇化率为43.7%，区内有藏族、土族、回族等17个少数民族。

2019年，全区生产总值为80.38亿元，第一产业为5.5349亿元，同比增长7.5%；第二产业为35.43亿元，同比增长5.2%；第三产业为39.51亿元，同比增长6.2%；居民人均可支配收入23 598元，同比增长8.6%，城镇居民人均可支配收入32 837元，农村居民人均可支配收入11 875元。全区完成一般公共预算收入2.44亿元，一般公共财政预算支出22.09亿元。

积极推进产业升级和绿色转型。根据区发改局介绍，区政府以农业生产为主，积极引进新型工业产业，稳步推进富硒产业发展。依托地区特有的富硒资源和高原环境优势，平安区建设了高原富硒绿色健康食品、医药产业基地。2019年，农展会、富硒产业高峰论坛先后高规格举办，“高原硒都·平安”区域公共品牌在北京京东集团总部发布，平安富硒产品亮相央视“魅力中国城”栏目，高原硒都品牌影响力持续扩大，实现了新常态下农牧业经济的稳步增长。

推进新型城镇化建设，服务乡村振兴。平安区不断完善城市基础设施，推进公园湿地建设，加快棚户区改造，申报智慧城市，坚持城市绿化美化，创建园林城市（图1-45、图1-46、图1-47）。全区公路通车里程116 km，城乡通车率100%，为“四好”农村公路示范县。三合镇通过“高山下川，进镇上楼”方式，集中安置农户403户，自主安置190户。在安置区高标准配套了水、电、路、气、绿灯基础设施，实现人口的就地城镇化。全区以精准脱贫为契机，农村劳动力转移规模、外出务工人数规模明显增加，工资性收入增加。

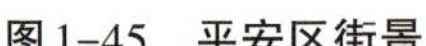

图1-45 平安区街景

图1-46 平安区政务服务中心

图1-47　平安大道街景

平安区是全国生态文明建设区，生态环境明显改善。2020年，水质达标率达到100%。环境空气质量达标天数336天，环境空气质量综合指数为4.46。污水管网主管网基本全覆盖。平安区还实施了重点区域流域生态环境综合治理工程，严格落实生态环境准入清单。重点实施湟水河、祁家川、白沈沟、巴藏沟、西沟峡流域生态环境综合治理工程，全面落实“河湖长制”；实施“家园美化”升级工程，加快推进驿州湿地公园建设，重点建设峡群、七星台山体森林公园和东沟森林公园；持续开展农村环境集中连片整治，加快推进“美丽三合沟”“美丽巴藏沟”“美丽白沈沟”的建设。瓦窑台村、庄科村、石碑村等5个村被评为“国家森林乡村”。

平安区域初步形成了“一核·一带·一点·三区”的空间结构：“一核”为平安县城（中心城区）；“一带”为依托空铁新城、临空产业园区等的沿湟水河城市发展带；“一点”是依托阿岱高速的古城镇农贸、物流经济区，以带动南部地区的经济发展；“三区”是北部湟水谷地城镇发展区、西部脑山生态旅游与林地保护区以及东部浅山农贸物流与现代农业区。

2010年12月省政府批准设立海东工业园区，距离西宁35 km，与曹家堡机场相邻，区位优势明显。2018年9月，省政府将海东工业园区临空综合经济园更名为“海东河湟新区”（隶属平安区）。河湟新区规划面积43.3 km^2，是青海海拔最低、最适宜居住的新区，是西宁和海东的桥梁纽带，是全省目前唯一拥有机场、铁路、高速公路立体综合交通网络的新区，也是北京中关村科技园在北京之外建立的第一个辐射基地——青海中关村高新技术产业基地所在地。河湟新区重点发展先进制造业、信息技术、商贸物流（图1-48）、文化旅游四大产业，是青海新经济的增长极、兰西城市群中部崛起的重要引擎。目前，海东河湟新区基础设施和公共服务全面配套，城市服务功能相对完善，产业承载能力不断提升。青藏高原移动大数据中心、比亚迪锂电池配套材料生产中心、曹家堡保税物流中心核心区、绿地集团城市空间站等一批重大项目落地，发展动力日益强劲。河湟新区将富硒产业与文化旅游相结合，空港经济与城市经济相融合，未来将打造高原硒都、空港门户、高原休闲康养基地、现代新兴产业基地，古驿文化特色凸显的高原生态宜居宜业宜游城区。但是，目前园区内企业关联度小，创新能力有待提升。

图1-48 青海省曹家堡保税物流中心

3.外围县

海东市的外围县主要包括民和县、互助县、化隆县、循化县。

（1）民和县

民和回族土族自治县，南北长约96 km，东西宽约32km，总面积1 890.82 km^2，年均温度9℃，年降水量292.2 mm左右，无霜期198天，属多民族的多元文化地区。县政府驻地在川口镇，现辖22个乡镇（8镇14乡）。区内有著名的齐家文化喇家遗址和土族风情文化以及美丽的特色小镇官亭镇（图1-49）。

（a）川垣清真大寺

（b）人民广场

图1-49 民和县县城景观

2019年，民和县常住总人口为43.81万人，城镇化率39.3%。2019年，全县地区生产总值为103亿元，三次产业比为12：38：50，财政收入约3亿元。2020年4月，民和县退出贫困县序列，但农业县特征显著，工业潜力有限，财政收入主要依靠农业、服务业、旅游业等①。

县政府当前正积极推进与与之一河之隔的甘肃红古区合作的“川（口）海（石湾）一体化”战略，推动合作示范区建设。在2020年8月6日的科考座谈会上，各部门领导都纷纷赞同区域合作和绿色转型的发展理念。当前，甘肃省、青海省两省政府都在重点推进“川海”合作项目，基于“产业互补、生态共治、设施互通”的原则，共同打造节点城市。

民和县十余年来力求绿色发展，政府在第一产业、第三产业寻求突破，积极改变市场化、品牌化程度低的难题，重振“瓜果之乡”，挖掘地方文化（如非物质文化遗产的土族文化、河湟文化等），发展特色旅游，进行品牌推广计划，打造青海东部的旅游集散地。民和县已开始与海石湾联动，进行整体营销，促进双方的联合。当前，上线的农产品交易额在海东市排名第一，打造了七里、西沟、排子山“三大花海”，促进了地方旅游发展。

政府通过专业化进程积极推动绿色转型发展，增加绿色农产品的产量。截至2020年，全县种植了30万亩旱作农业的全膜玉米，产量25万吨，20%销往外地。另外，规模较大的还有浅山、老山地区的洋芋产业，中川葡萄酒，川口镇的奶牛养殖，古山的饲料等。

坚持新型工业化道路，民和县积极改善基础设施，推动绿色化进程。积极打造东区冶金产业园和西区公铁联运物流园。园区有20多家企业，基础设施日臻完善。县城至园区大通道和铁路专用线正在建设。公园南路延伸段、驮岭路道路与排水工程已投入使用。重点实施了川垣六路道路、川垣九路、公园北路、史纳西二路、史纳东一路、东二路、西一路、西四路及工业路。民和县川海大桥（跨河通行时间已由30分钟缩短为5分钟）、团结大桥、官亭至峡口沿黄公路、川垣北路至109国道连接线铁路下穿段和川官公路病害整治等重点项目稳步推进。当前，民和永靖的高速公路正在对接，引入“十四五”规划。截至2020年，新改建公路里程77.67 km，桥涵224.85延米/8座。推进全县行政村的通畅工程，城乡公交车有395辆，达到了“村村通”。其中，电动公交车有25辆（续航里程300 km），但缺乏充电设施。

民和县生态屏障建设取得成效。全县森林覆盖率达30.18%，完成林业重点工程造林12.3万亩，其中人工造林7.86万亩，封山育林1.3万亩，森林经营工程造林3万亩，

①资料来源：民和县科技局提供。

生态经济林0.14万亩。切实改善农村群众居住环境，完成61个贫困村村庄绿化，逐步实现了村庄绿化全覆盖。扎实推进生态环境综合整治，湟水河流域禁养区内45家规模养殖场已拆除6家，关闭39家。对辖区内13家硅渣厂、2家洗煤厂、3家砂厂、2家塑料厂、2家白灰厂等“散乱污”企业进行全面整治，依法关停2家碳化硅厂和1家电石厂。完成了青海国泰盐湖、新民中学、青藏铁路公司房建生活段的燃煤锅炉改气工作。扬尘、油气、煤烟污染治理取得成效，县城空气质量优良率81.2%以上。各乡镇新建了8个污水处理厂，乡镇普及了污水处理站，建设了小型垃圾焚烧炉，24小时可随时监控。境内黄河干流官亭断面保持Ⅱ类水质，水质状况为优。湟水整体水质逐步转好，国控断面民和桥主要超标因子氨氮年均浓度下降了5.6%。

民和县水利建设继续加强。重点实施了满坪水库工程、黄河干流防洪工程主体工程、米拉沟灌区改造工程、人畜饮水安全巩固提升工程和总堡垣高效节水灌溉工程等项目。古鄯水库灌区农业综合水价改革基本完成，全面建立了区域与流域相结合的县、乡、村三级河长制组织体系。

民和县大力整治村镇风貌，推动建设官亭镇、古鄯镇（旅游和康养两大产业）（图1-50）。依托古驿站文化，积极开发可治胃病的“药泉”和推进已有相当规模的“七里花海”、马营镇（商贸中心）、巴州镇等高原美丽城镇建设。为乡村旅游示范点、设施农业示范区提供配套基础设施，保证其良好发展。计划“撤乡建镇”4个（已上报了2个）。建设传源新区（县城的新城），约42.07 km^2。2010年至2020年，建设保障房3 500套。2017年至2020年，脱贫攻坚为贫困户建设房屋1.6万套，每户补贴3万元。同时，大力整治县城面貌，提升城市形象。不过总体上，自筹资金相当困难，土地条件也有很大限制。

（2）互助县

互助土族自治县地处湟水谷地北侧和大通谷地西南侧。湟水河自西向东流经境南，大通河自西北向东南流经县境东部，年均气温3.4 ℃，年降水量400～600 mm，面积3 424 km^2，辖8镇9乡，县人民政府驻地在威远镇。2019年互助县总人口40.16万人，人口城镇化率为46%。辖区内居民以汉族为主，土族人口有7.5万人，占总人口的18.7%，是全国唯一的土族自治县，被誉为“彩虹的故乡”。

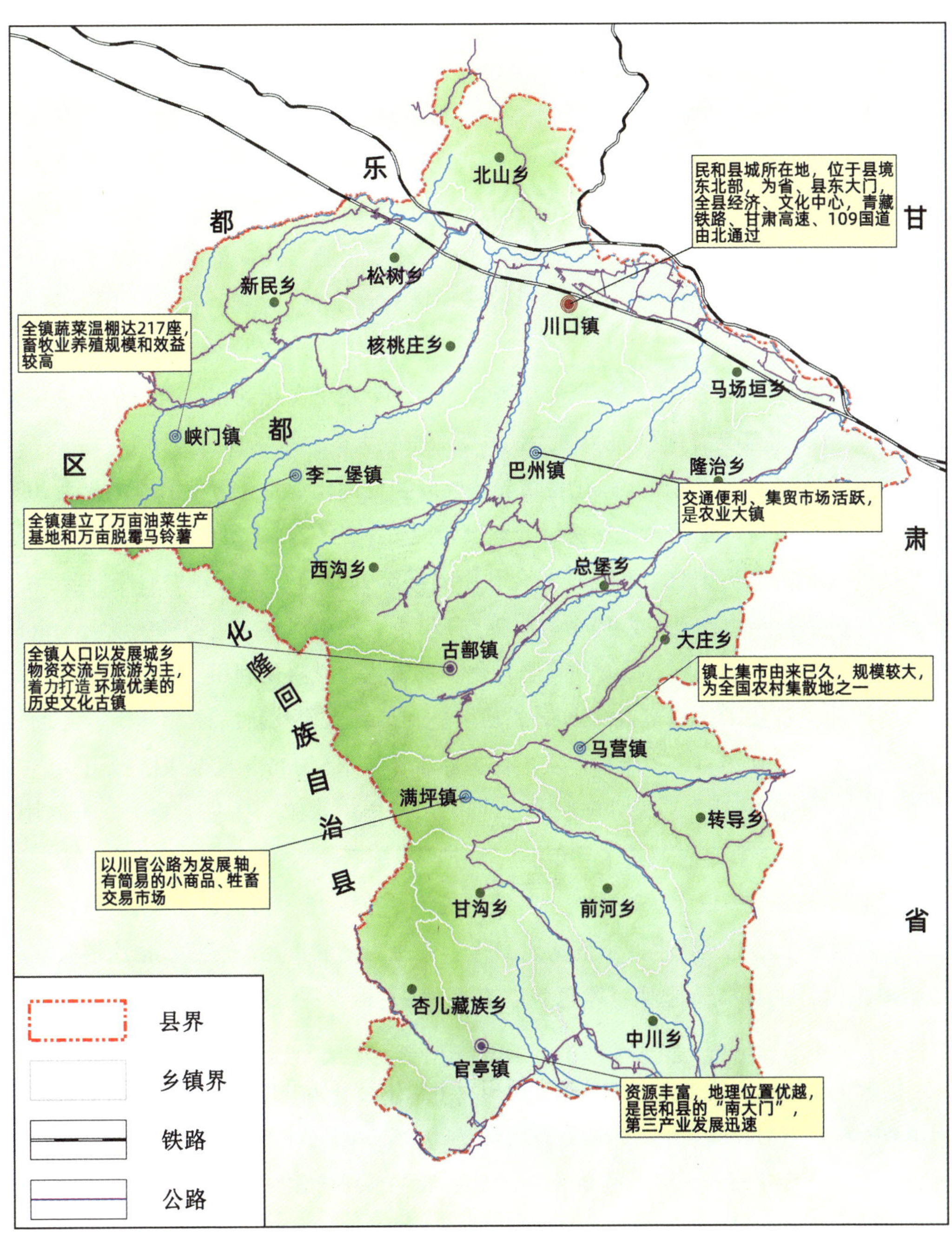

图1-50　海东市民和县城镇体系示意图

以农业示范园区、绿色产业园和土族故土园“三园”引领现代农业示范县、生态经济强县和高原旅游名县“三县”建设。互助县是农业大县、生态大县、旅游大县，耕地面积110万亩，主要耕种油菜、马铃薯、粮食作物等。打造现代农业产业园，为创业创新者提供平台和服务，带动新型农业经营主体从事农产品加工、销售等产业。在招商引资方面，引进低耗能低排放工业企业。加大了酒厂、中医药加工企业等传统产业污水排放的监管力度，推进升级改造，提高企业的环保意识。立足全域绿色有机农畜产品示范省建设，持之以恒推进绿色兴农、质量兴农。2019年，全县14个乡镇启动了化肥农药减量增效行动试点，示范面积达7.75万亩，较2018年减少化肥使用量5 070吨、农药使用量4.1吨，分别减少20.69%、21.56%。2020年建立化肥农药减量增效行动示范面积40.96万亩，其中，粮油作物35.7万亩，经济作物5.26万亩，化肥、农药使用量分别比2018年减少40%、30%。

农业面源污染治理有效。一是加强畜禽养殖废弃物资源化利用。全县划定禁养区面积435 km^2，占全县总面积的13%。对污染隐患较大的养殖场通过关闭拆除、转产、搬迁等方式进行了分类整改。强化畜禽养殖废弃物资源化利用和污染治理，截至2020年，38家正常运行的规模养殖场粪污处理设施配备率达100%、资源化利用率达90%。二是推进农膜白色污染防治和秸秆综合利用。截至2020年，全县建立残膜回收点36个，农药包装废弃物收集中心19个、收集点152个，残膜回收率达到90%以上。依托农作物秸秆综合利用项目，探索秸秆肥料化、饲料化、燃料化利用。互助县积极广泛推广新品种、新技术，截至2020年，成功引进和培育农作物新品种30多个，互助长白葱等蔬菜新品种20多个，年推广实施保护性耕作技术5万亩、机械深松12万亩、全膜覆盖栽培技术23万亩、配方施肥43万亩。示范推广水肥一体化、测土配方施肥、病虫害绿色防控等新型农业技术，年推广测土配方施肥技术94万亩以上，测土配方施肥技术覆盖率达87%以上。建立病虫害统防统治示范田15万亩，建成油菜、马铃薯、蚕豆、蔬菜等千亩标准化生产示范基地31个。积极打造农产品品牌建设，注重农畜产品品牌建设，主打“高原牌、绿色牌、有机牌”，积极深入推进大气污染防治综合治理。

加大生态村镇创建力度，动员各乡镇积极申报生态乡镇和生态村，在成功申报蓝塘川镇高羌村、东河乡麻吉村、东沟乡石窝村等20个省级生态村的基础上，又申报了2个生态乡镇、75个生态村。先后实施丹麻、加定等5个美丽城镇12个市级示范村以及145个县级高原美丽乡村建设。

加强扶贫搬迁工作。采用易地搬迁的安置方式或者分乡镇集中安置，扶贫易地搬迁涉及8个乡镇的5个村。搬迁采取群众自愿、百姓自筹、政府投资的原则，百姓搬迁之后政策不变。土地坡度在25°以上的全部退耕还林，村庄周围平坦的土地流转，房屋拆除。

互助县基本形成了“六心·双轴·一环·三组团”的规划布局、县城—中心集镇——一般集镇—美丽乡村的城乡发展格局和“一核·三带·多点”的新型城镇化发展格局（图1-51）。

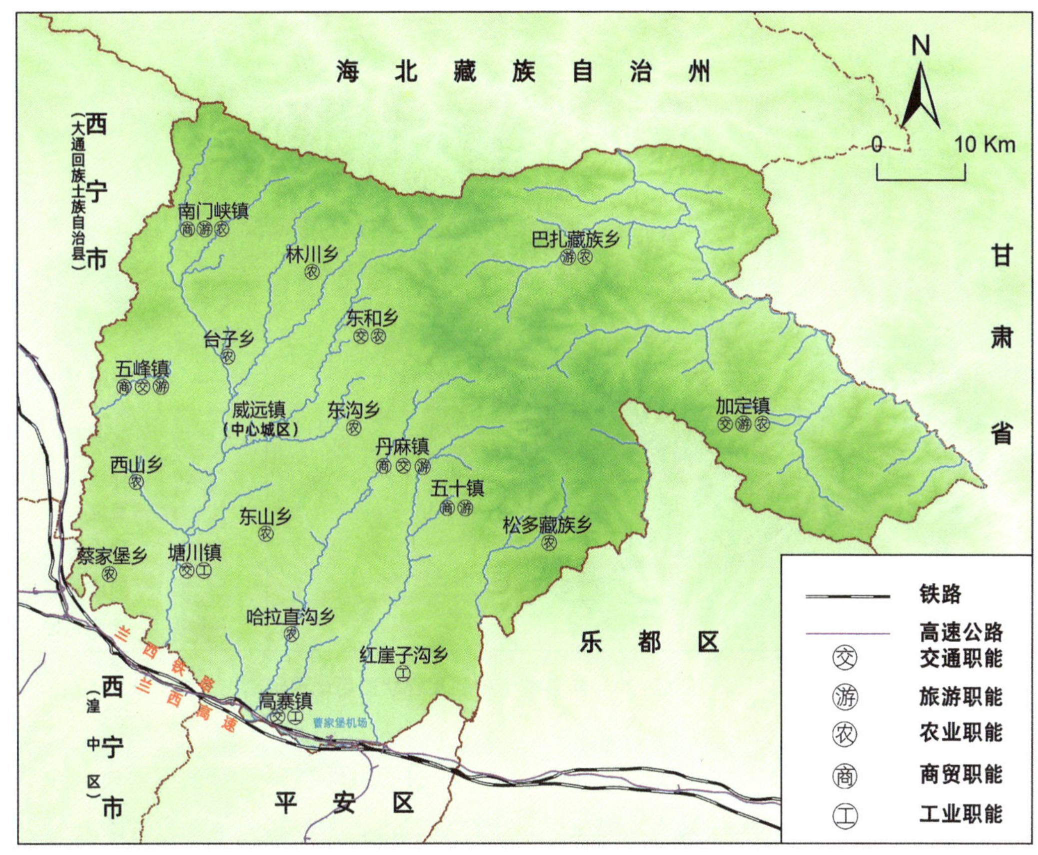

图1-51　互助县县域城镇体系现状示意图

根据2020年互助县土地利用数据显示，互助县主要用地类型以草地为主，约123.82 km²，占整个县域总面积的51%，在整个县域内都有分布。林地面积次之，为795.88 km²。耕地为644.78 km²，主要分布在县域南部的沟谷地区，这部分地区坡度较小，且水资源分布较多。未利用地为88.36 km²，河流水面为81.51 km²。建设用地面积最少为18.29 km²，主要集中分布在互助县县城所在地的威远镇和机场所在地，其余零散分布在各乡镇政府所在地（图1-52）。

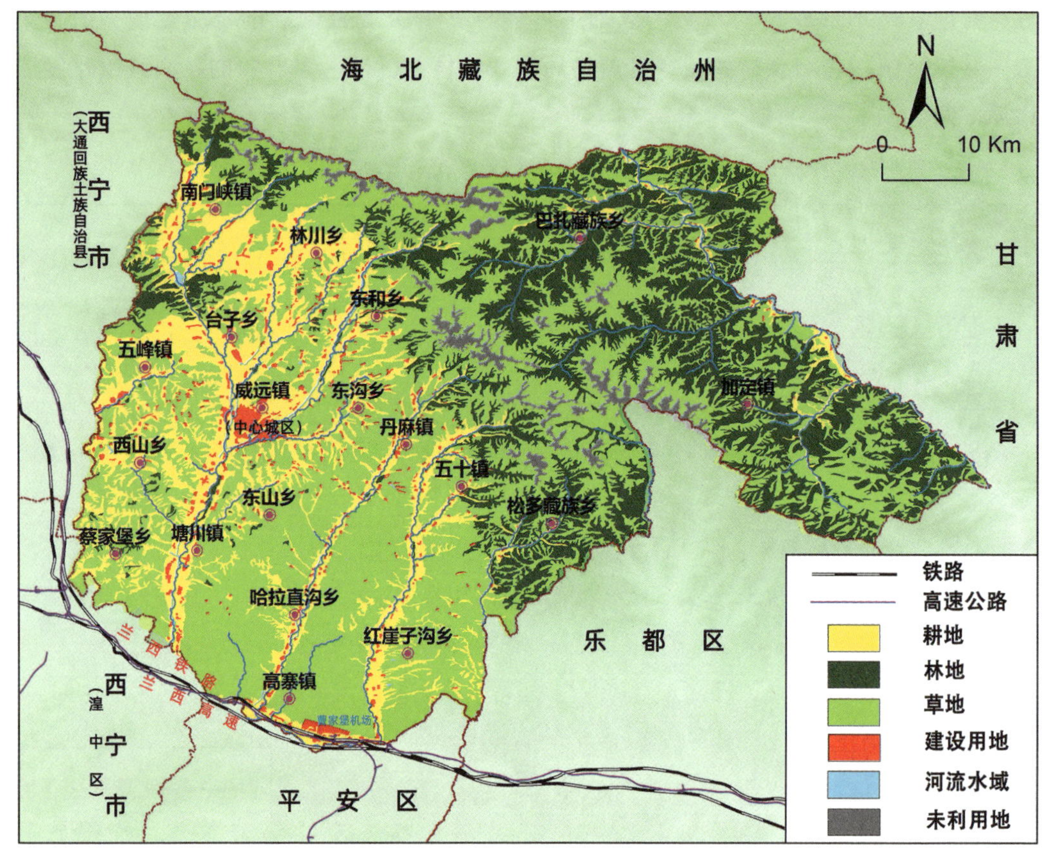

图1–52 互助县2020年县域土地利用现状图用地现状图

互助县城以鼓楼为中心，面积约11.6 km^2，外围三山环绕，三河纵穿而过，土族聚落村庄与城区相依，公共服务设施主要集中在东、西、南、北四条大街（图1–53）。经过多年的规划和建设，老城区的发展已经比较成熟，中心区人气较旺，商业气氛浓厚。互助县城的城市建设有了长足的发展，公共设施分布面较广，类型也比较齐全，档次逐步提高，市场日益繁荣。随着市政设施投资力度不断加大，城市规划理念不断提升，城市道路骨架已基本形成，对外交通状况不断改善，城市居住和环境问题日益得到重视（图1–54）。

图1-53　互助县职业技术学校、新城区—吐谷浑广场和青少年校外活动中心街景

图1-54　互助县北大街、职校实训基地和威远堡鼓楼

（3）化隆县

化隆回族自治县，东西长约98.5 km，南北宽约48.5 km，总面积为2 740 km^2，最低海拔1 884 m，最高海拔达4 484 m，呈“八分山、一分水、一分川”的特点，年平均降水量约470 mm，年平均气温约2.2℃，属高原大陆性气候。现辖6镇11乡。共有宗教活动场所407座，其中伊斯兰教清真寺351座、藏传佛教寺院56座。2020年，全县总人口达20.05万人，少数民族人口为16.57万人，其中，人口最多的乡镇为群科镇，占总人口的18.40%；人口最少的是阿什努乡，占总人口的1.45%。除群科镇、牙什尕镇、甘都镇和沙连堡乡外，其他乡镇常住人口年均增速为负，呈人口收缩现象。辖区内有回族、汉族、藏族、撒拉族等15个民族。

化隆县是一个以农业为主的农牧结合县。全县总耕地面积为54.9万亩（85%属浅脑山地区），主要以小麦、青稞种植为主，草场总面积为315.2万亩，主要以良种牛、细毛羊、半细毛羊和土鸡等养殖为主，养殖大户达2 400家。县境内黄河流径168 km，共有大中型水电站7座，库区水域面积达11万亩。目前，依照打造“万亩水域、百亩养殖、亿元产值”的目标扶持发展黄河冷水鱼养殖企业12家，养殖面积达到了65亩，形成了以虹鳟、金鳟和白鲑养殖为主的黄河冷水鱼养殖基地。化隆县城镇风貌如图1-55、图1-56所示。

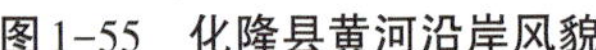

图1-55　化隆县黄河沿岸风貌

图1-56　化隆新城向东大寺

化隆县坚持以供给侧结构性改革为主线，不断推动产业融合发展。2020年，一、二、三次产业比重为16.8：40.9：42.3，产业结构趋于合理。化隆县实施了“黄河彩篮”现代菜篮子工程、冷水鱼健康养殖示范场、保护性耕作工程建设、全膜双垄栽培技术推广、标准化牛羊养殖建设、土鸡养殖、一村一品特色专业村建设、牛羊肉冷藏冷冻加工等项目。打造了化隆特色黄河鲑鳟鱼、卡日岗土鸡、蔬菜、核桃、软梨等绿色有机农业品牌。化隆县还深入推进工业强县战略，以巴燕加合经济园、群科绿色产业园区为引领，加快推进传统产业绿色转型升级，培育壮大新能源、节能环保等绿色产业，创建并推广绿色工厂，形成以循环经济工业园区为主体的现代产业发展格局，打造集约高效的生产空间，全力提升拉面产业园的核心支撑能力。已建成县镇（乡）村三级“互联网+”现代仓储智能物流网点基础设施，形成了与电子商务发展相适应的现代物流配送体系。大力引进和培育清真食品加工出口企业，建设园区对外展示和接待洽谈中心，重点实施化隆拉面产业孵化基地、拉面汤料深加工基地等项目。

化隆县作为一个劳务输出大县，靠的就是远近闻名的“拉面经济”。根据县发改委介绍，截至2020年，化隆县“拉面经济”总产值约130亿元，占农民收入的54%。全县有11万从业人员、1.8万家拉面店，有200余名经纪人在义乌、广州等地长期与中东、中亚等40多个国家和地区进行国际贸易活动。2016年，化隆县被国家发改委、工信部等10部委确定为全国农民工返乡创业试点县，群科镇被住建部确定为拉面特色小镇。拉面产业成为了化隆县各族群众的“致富面”“和谐面”“幸福面”“小康面”。近年来化隆县累计发放贴息贷款近5亿元，创出了一条由拉面产业带动农业、农村发展和农民增收的新路（图1-57）。

图1-57　青海省扶贫拉面产业培训服务中心

根据县发改委和园区负责人的介绍，化隆县工业园区为“一区六园”。化隆—巴燕工业园区是其之一。该工业园区占地1 000亩，目前仅有1家铝业和2家铜化硅企业（1-58）。

（a）巴燕镇

（b）群科新区

图1-58 化隆县街景

2017年来，化隆县各部门积极推进环境整治工作。化隆县先后建成了三级化粪池、乡镇垃圾回收站、城区污水处理厂。2020年，化隆县环境空气优良率达97.7%，地表水质优良比例达100%，黄河县域监测断面水质达到Ⅲ类，生态文明建设成果较为显著。与2015年相比，万元GDP能耗下降1.2个百分点，GDP用水量下降7.6个百分点，单位GDP二氧化碳排放降低2.4个百分点①。

化隆县立足于新型城镇化建设，坚持“双城发展”战略，统筹推进巴燕、群科新区协调发展，基本形成了“一带四轴三片区，一主一副”的空间结构。其中，群科镇于2016年7月入选首批国家特色小镇，以此来达到带动经济的发展和吸纳小镇周边部分农村劳动力就业的目的。化隆县还积极推进加工进园区、商贸进市场、养殖进小区，着力打造一批商贸物流型、旅游服务型、交通枢纽型、农牧服务型等各具特色的新型乡镇和乡风文明、村容整洁、治理有效的新农村示范村。

（4）循化县

循化撒拉族自治县位于祁连山支脉拉鸡山东端，东西长68 km，南北宽57 km，总面积2 100 km^2，高原大陆性气候，黄河流经县境约90 km。现辖3镇6乡，被称为“撒

①资料来源：调研中由县相关部门提供。

拉族之乡”，是中国唯一一个撒拉族自治县。循化县拥有丰富的黄河南岸古文化遗存，是青海省历史最长、文化类型遗存最多的县之一（图1-59、图1-60、图1-61）。2020年全县常住人口达13.43万人，少数民族人口为12.62万人，少数民族人口占全县人口的94%。各乡镇中常住人口超过4万人口的乡镇仅有积石镇，人口最少的是岗察藏族乡。

图1-59　循化县骆驼泉

图1-60　循化城市鸟瞰景观

(a) 循化县政府

(b) 草滩坝清真寺

（c）循化街景风貌

图1-61　循化县街景

循化县大力发展拉面经济、青绣产业、乡村旅游、清真食品、民族用品等产业，为全县经济高质量、可持续发展提供了坚强支撑。近年来，县政府努力推进经济转型，三次产业比重从“十二五”末的16.1∶43.2∶40.7调整为2020年的16.2∶34.3∶49.5。第一，全县的现代农业稳步发展。“黄河彩篮”基地建设提档升级，“黄河循鳟”品牌通过国家级绿色食品认证。第二，工业经济平稳向好。2020年第二产业增加值达到13.1亿元。清真食品（民族用品）产业园纳入海东工业园区统筹发展，清真食品、农畜产品加工、民族用品及旅游文化用品加工等产业发展迅速。第三，以旅游业为核心的第三产业快速发展。循化县充分利用独特的西路红军红色文化资源，打造“五位一体”的红色文化教育实践基地和集革命传统教育、休闲观光为一体的红色旅游。骆驼泉、撒拉族街子清真大寺以及撒拉尔故里民俗文化园、“撒拉人家”农家院等被精心打造为差异化发展、资源优势叠加、相互辐射影响的旅游格局，有效带动了周边区域经济的发展。总体来说，循化县仍需产业升级转型，继续提高带动能力。以“拉面经济”闻名的循化县，约有3万人经营拉面馆，个人储蓄为海东市最高，形成了“地方不养人，人养地方”的局面。

基础设施建设取得了进展。2017年10月，循化至隆务峡高速公路正式通车，结束了撒拉族没有高速公路的历史。循隆高速全长40.5 km，是青海省高速公路网路网规划“三纵、四横、十联线”中的第三横，是循化县连接西宁市和甘肃省的一条重要通道。公路建成后，循化至西宁、临夏和乐都的路程缩短了约半个小时。积岗公路的加速推进、县城南过境公路一期及部分城市断头路的全面贯通、城市内环路网的加快建设、出省通道和城乡路网的纵横交错推进等促进了城乡融合一体发展，以及靓丽县城、特色小镇和美丽乡村建设。

根据发改委的介绍，循化县开展了“五年绿化行动”，生态环境整治效果明显。生态建设方面推进重大生态工程，推进退耕还林、“三北”防护林、防沙治沙、国家重点公益林管护和自然保护区建设等项目。

第2章 西宁都市圈动态演变过程与绿色转型

从分散到集中，从松散到复杂，从低级到高级，西宁都市圈正在建构等级层次化、规模结构化、竞争协同化的组织和功能体系，促进绿色转型。

2.1 人口结构和迁移

西宁都市圈发展使人口迁移变得频繁化和常态化。人口的集聚一方面可带来经济效益，另一方面表现为集聚地区生活条件和经济基础的向好，促进了生态文明建设。由于气候环境、历史文化、经济政治等因素，西宁都市圈一直是青海省甚至青藏高原的人口集聚热点区，对周边地区有一定吸引力。2020年西宁都市圈常住人口为382.65万人，占青海省全省常住人口592.4万人的64.95%，平均密度为186人/km²，远高于青海省8人/km²的人口密度。2000—2020年，西宁都市圈常住人口呈现平稳增长态势（图2-1），常住人口中民族构成以汉族为主，其次为回族、藏族、土族、撒拉族、蒙古族。人口分布呈现以西宁市区为中心，沿湟水河以及湟水河支流辐射分布的态势。

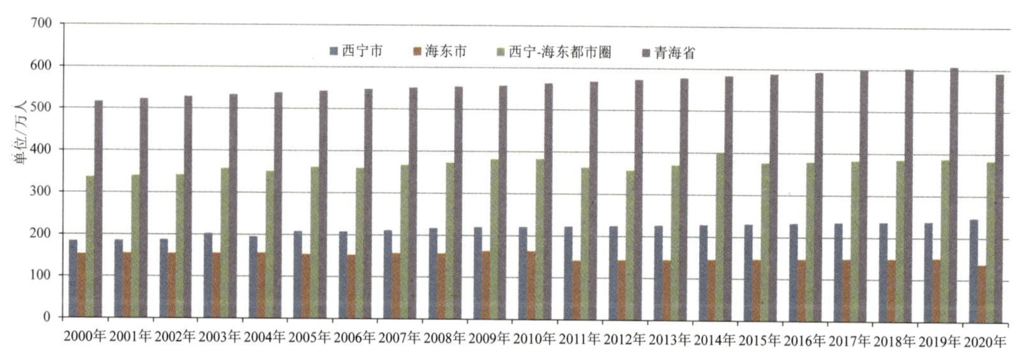

图2-1 2000—2020年西宁都市圈与青海省总人口演变情况

（数据来源：历年的《青海省统计年鉴》《西宁市统计年鉴》《海东市统计年鉴》）

2.1.1 人口结构与就业结构

西宁都市圈在发育进程中，人口的增长模式、流动结构与就业结构都在不断变化。人口增长模式已从自然增长转变为机械增长。出生人口减少、自然增长率下滑已是不争事实。2000—2019年间西宁都市圈人口主要集中在西宁市的主城区，其中以城西区和城东区的人口最为密集，导致人口密度增高的原因在于人口的迁移，即大量人口从西宁都市圈周边的农村涌入城市，并在各城市间转移流动（图2-2）。从低效率地区向高效率地区、从低效率产业向高效率产业的人口迁移在微观上增进了个人享受生活、抚养家庭的能力，在宏观上则促进了西宁都市圈发展格局的演变与城镇化进程的发展。

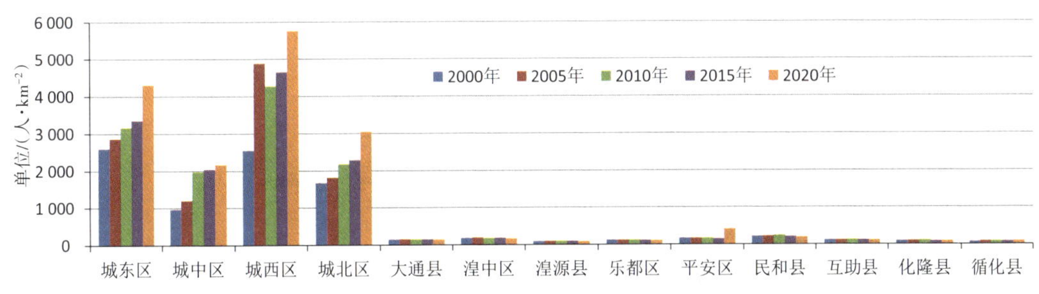

图2-2　2000—2020年西宁都市圈各县区人口密度分布

流动人口结构已演变为高知化、年轻化、均衡化。西宁都市圈流动人口的结构也在不断变化，分析近几十年来流动人口的特征，科考过程中发现了高知化、年轻化等明显趋势：一是教育结构高知化，都市圈流动人口中受过高等教育、拥有高学历的人在不断上升。小学和初中学历的流动人口占比大幅下降，大学专科、大学本科和研究生学历的流动人口比重实现大幅攀升。二是年龄结构年轻化，西宁都市圈人口流动呈现年轻人口净流入、老年人口净流出的态势，新生代流动人口逐渐替代老一代。三是性别结构均衡化，从都市圈范围看流动人口的性别比例可发现，2000—2019年间男女性别比呈逐年下降趋势。这一方面得益于女性劳动参与率的日益提高，另一方面也与日渐普遍的举家流动或家庭化流动趋势有关。

收入水平的变化是导致人口就业结构变化的重要驱动力。2000年西部大开发以来，由于经济体制改革和各地政策不断开放，大量农村剩余劳动力进入城市，人口也从低效率产业向高效率产业、从低工资就业岗位向更高工资就业岗位转移，实现了垂直流动，支撑了产业结构升级，极大提高了整个社会的劳动生产率。西宁都市圈经济的高速发展带来了更多的岗位、更高的职业形态，过去的低收入群体变成中等收入群体甚至高收入群体。经济增长下行趋势初见端倪，西宁都市圈的社会性流动逐渐向零和博弈的性质转变。

就业结构在不同类型城市存在差异。在西北地区人口净流出的大背景下，处于培育和发展阶段的西宁都市圈应着重提升政策开放度，盘活区域存量资源优势。在产业上可利用产业梯度转移的即有优势推动“筑巢引凤”，实现高质量的产业集群组团发展；在人口上应加快开放户籍制度，以本地人口就地城镇化为抓手，不断创造城镇化发展的新机会。

2.1.2 人口流动与迁移

现阶段，西宁都市圈具备的真实有效的投资需求、潜在的人口增长潜力和经济要素的集聚效率，是实现中心城市和城市群有序衔接和高质量发展的重要环节。在“新移民”争夺战中，应以中心城市为依托、以都市圈为抓手，推动形成优势互补、高质量发展的区域发展和城镇空间格局。

西宁都市圈正处于强烈的省域、圈内的双集聚发展过程，处于典型的快速发育时期。在西宁都市圈的形成过程中，最重要的动力是来自人口的流动与迁移。这一过程包括县区内的人口迁移、区域内的人口集聚、都市圈外的人口流动。

县区内的人口迁移主要指人口从乡村到城镇以及从高原、山地等生态脆弱地区搬迁到河谷地区。都市圈建设和绿色发展都要求保护生态脆弱地区，修复生态环境。都市圈以建立自然保护区、退耕还林、退耕还草的方式来修复生态脆弱地区和重点生态地区的自然环境。这些地区的居民通过“群众自愿、百姓自筹、政府投资”的方式搬迁至城镇或位于河谷、平原的乡村中，户籍和土地依旧属于村民。改善生活条件，维持村民所能享受到的福利的同时也减少了生态脆弱地区的生活、生产污染排放。土地综合价值的提升，为保护和修复生态环境提供了条件。县区内人口迁移是都市圈建设的重要动力。

区域内的人口集聚主要是各县区人口向大中城市集中。海东市和西宁市存在显著的“极化效应”，不但存在人口的“向心迁移”，而且还存在周内在县区工作，周末在（西宁）主城区生活和团聚的定期迁徙式生活模式（可观察到，循化、化隆的工作人员的私人小汽车很多都是西宁的牌照）。人口在有条件的情况下，选择“用脚投票”进入基础设施完善、城市品质较高的主城区。近十年，西宁都市圈城镇化水平显著提升，不仅农村大量剩余劳动力由于农业生产力提升及城市更多的就业机会向城市集聚，而且城市内的人才也向更高等级的城市集聚。随着人口的集中，西宁主城区形成了更大的市场规模和发展潜力，创新要素和生产要素的进一步集聚，提供了较多的非农就业岗位，从而更有力地带动了人口集聚。同时，主城区与外围县区的人口流动和交流，促进了区域一体化进程，包括基础设施一体化、政策一体化、生态管控一体化等，进一步强化了这种集聚过程（图2-3）。

图2-3　西宁都市圈人口流动及人口集聚

除了上述两种流动以外，都市圈外至都市圈内的人口流动也是一种都市圈形成的动力。对于西宁都市圈来说，圈内占据了青海省50%以上的人口，其他地区尤其是牧区内的人口也会由于经济条件的改善、子女上学的需求、医疗卫生的需求等原因，选择进入都市圈内生活。在科考过程中，西宁都市圈政府工作人员提到牧区的人口流动为西宁都市圈的房地产销售提供了重要的市场，也提到西宁都市圈的服务职能是面向全省的。可预见，青海西部诸多地区的人口流动在未来依旧会成为都市圈发展的动力。除牧区以外，位于青海省东部的甘肃地区也有一定规模的人口流动。作为兰西城市群的核心地区，西宁都市圈东部是与城市圈协调发展的桥头堡。民和县在此已经做出实践探索，其与红古区的一体化进程已经起步，兰州都市圈与西宁都市圈的人口交流是都市圈发展的方向。

由于气候环境适宜、历史文化导向、经济政治中心的地位显著等因素，省域人口一直向都市圈流动和集聚，即都市圈对周边地区的人口的吸引力逐年提升。不过，自2018年国家发展改革委和住房和城乡建设部联合发布关于《兰州—西宁城市群发展规划》提出打造西宁都市圈以来，西宁都市圈的总人口增幅并没有太大变化，这说明人口向都市圈的快速转移已基本结束，进入一个相对平稳的时期（图2-4）。

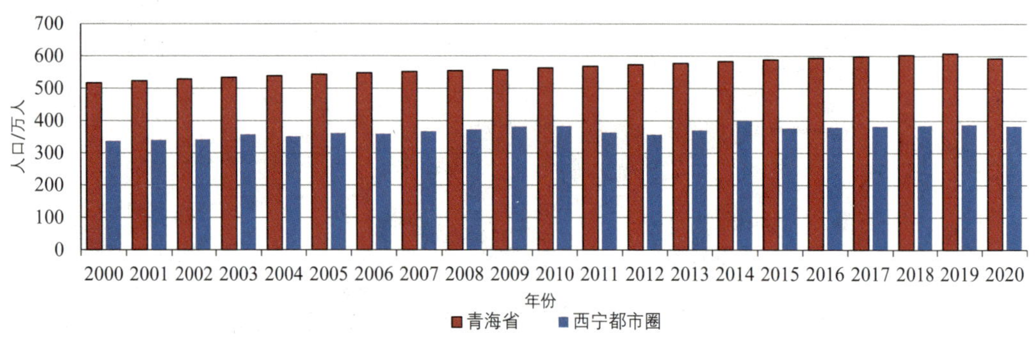

图2-4 2000—2020年西宁都市圈与青海省总人口演变情况

（资料来源：2000—2020年西宁都市圈各县区统计年鉴）

西宁都市圈依然是青海省非农业人口聚集地，所辖范围内非农业人口逐年爬升，但增长速度却十分缓慢，除2013年、2014年以外，西宁都市圈非农业人口占青海省非农业人口的比例基本稳定在50%～55%（图2-5）。

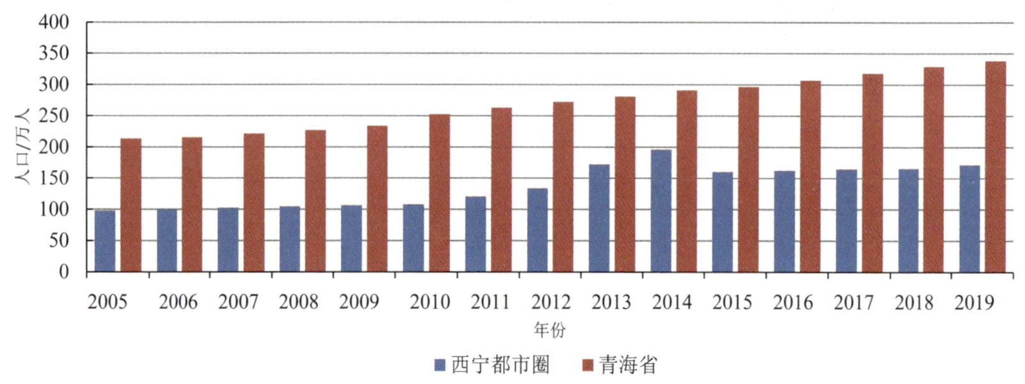

图2-5 2005—2019年西宁都市圈与青海省非农业人口演变情况

（资料来源：2005—2020年西宁都市圈各县区统计年鉴）

历年的人口迁移数据可动态地反映区域人口的流动趋势，间接反映区域的发展态势及问题。青海省近几年人口流失比较严重，西宁都市圈整个区域虽然在除2010年、2013年、2015年三年以外的其余年份人口均处于净流入状态，但波动较大，吸引的净流入人口增幅较小，西宁都市圈整体对人口的吸引力仍有待提升（图2-6）。

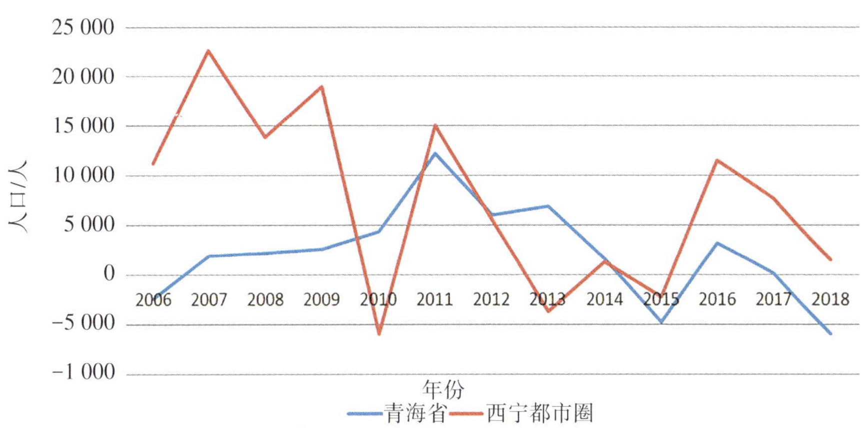

图2-6　2006—2018年西宁都市圈与青海省人口净流入状况

（资料来源：2006—2020年西宁都市圈各县区统计年鉴）

青海省内其他地区的人口流动主要向西宁都市圈集聚，且西宁市对人口的吸引力较强。但是整个西宁都市圈吸引的省内人口的数量大体上处于下降的态势（图2-7）。西宁市内部各县区对省内人口的吸引力存在差异，其中西宁主城区对人口的吸引力较大，青海省内人口多向此地流动，大通县、湟源县和湟中区在2010年以来，人口多以净流出趋势为主（图2-8）。

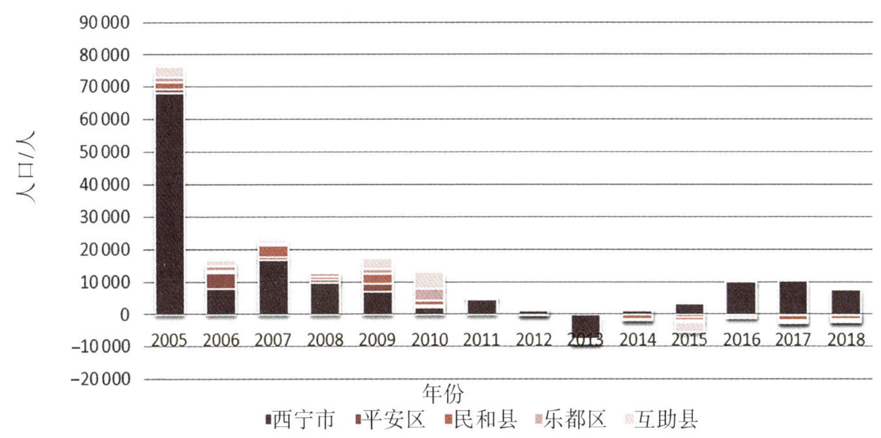

图2-7　2005—2018年西宁都市圈内各市县吸引青海省内地区人口情况

（资料来源：2005—2020年西宁都市圈各县区统计年鉴）

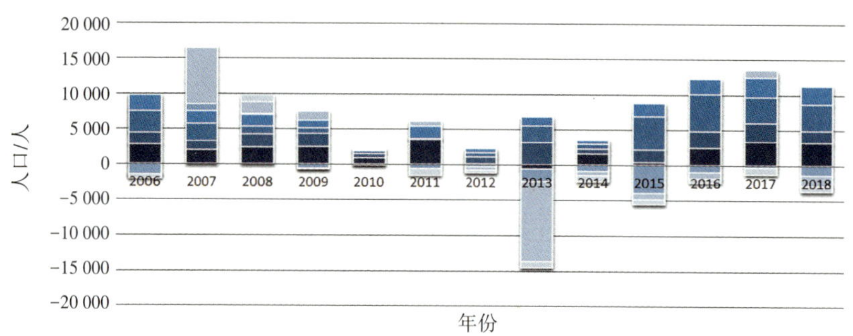

图2-8 2006—2018年西宁市各县区吸引青海省内地区人口情况

（资料来源：2006—2020年西宁都市圈各县区统计年鉴）

西宁都市圈与青海省外的人口交流并不显著，更多的是与青海省内其他地区的人口交流活动，且西宁都市圈内除西宁以外其他县区多以人口向省外流动为主（图2-9）。西宁与西宁都市圈其他市县相比，其对青海省外人口具有一定的吸引力，从近几年的迁移数据来看，省外人口多选择西宁主城区和湟中区作为迁移目的地，这与主城区发达的经济发展水平和湟中区的旅游业等因素密不可分（图2-10）。

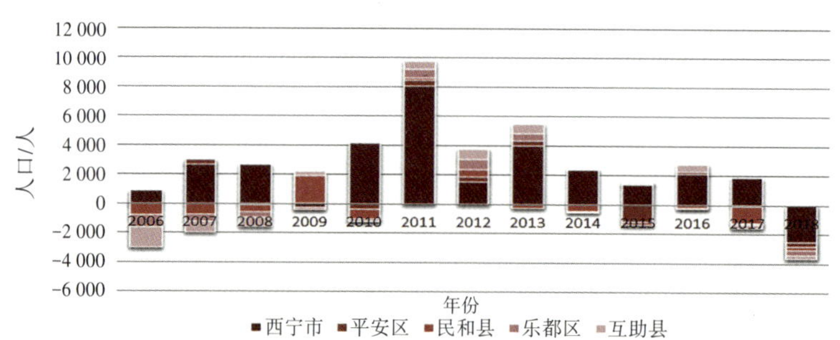

图2-9 2006—2018年西宁都市圈各市县吸引青海省外地区人口情况

（资料来源：2006—2020年西宁都市圈各县区统计年鉴）

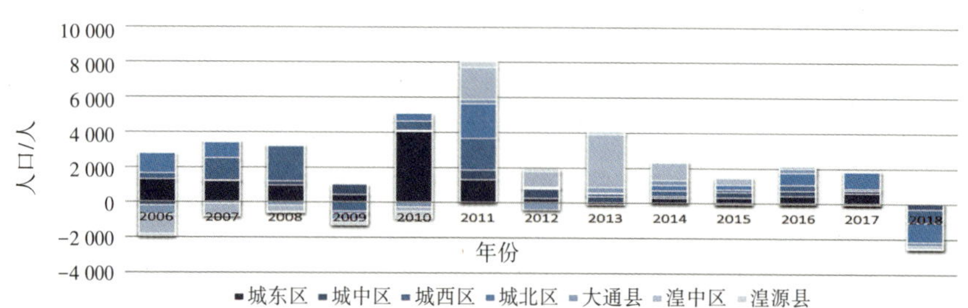

图2-10 2006—2018年西宁市各县区吸引青海省外地区人口情况

（资料来源：2006—2020年西宁都市圈各县区统计年鉴）

2.2　规模等级结构及演化

2.2.1　人口规模

1.结构现状

人口规模的等级结构及其演化反映了都市圈的人口增长、空间分异以及吸引力强弱。2019年西宁都市圈常住人口为388.03万人，但人口分布的空间集中度和不均衡度呈上升态势，呈现以西宁市区为中心，沿湟水河以及湟水河支流辐射分布的态势。即人口集中程度远大于土地集中程度的乡镇主要分布在连接西宁、海东两市市区的中轴线上，呈现出“带状集聚”特征和“中心—外围”结构。这是一种比较合理的组织结构。采用自然断点法分级，西宁都市圈人口规模等级结构大致可分为以下三级（图2-11）：

①第一级。西宁市的主城区，含城东区、城中区、城北区、城西区。西宁都市圈的人口主要集中在西宁市所辖的主城区，且人口主要为城镇人口，集聚程度呈上升态势。高等级产业和服务均集中在此，是都市圈最高核心等级地区。

②第二级。西宁市的湟中区、海东市的乐都区、平安区、民和县。海东市乐都城区是市政府所在地，平安区是海东市的市委所在地，海东市的乐都区与平安区共同组成了都市圈的次等级中心。其总人口在缓慢增加，城区人口集中趋势比较明显。湟中区在2020年撤县建区，西宁市主城区的部分功能向湟中区转移。民和县毗邻甘肃省的红古区，发展基础较好，人口基数较大。这些县区新产业发展良好，新城建设颇有成效，如河湟新区定位为国家级新区，湟中区所辖的多巴新城，吸引了较多的就业人口。

③第三级。影响范围相对较小的县区，包括西宁市所辖的湟源县、大通县，海东市所辖的化隆县、循化县、互助县。其主要承载本县区尺度的中心职能，人口密度相对较低。

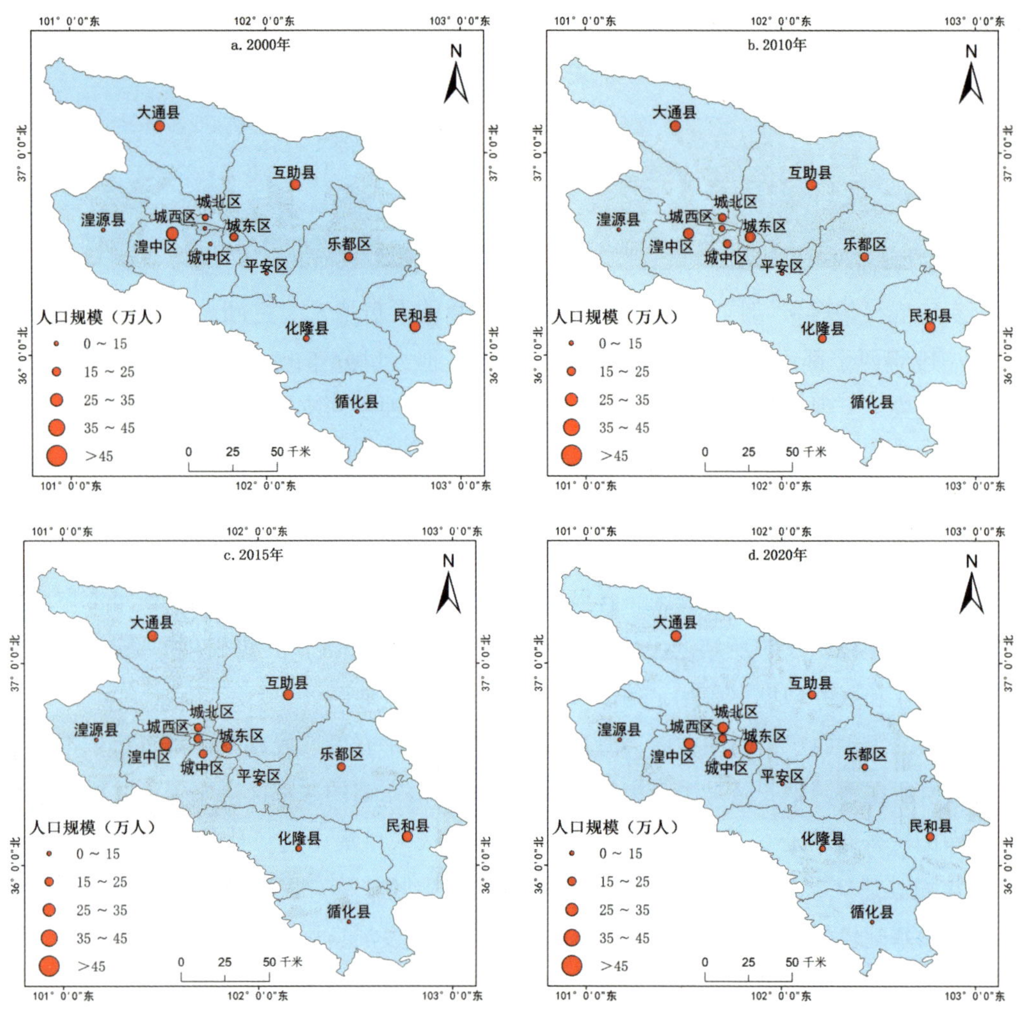

图2-11　西宁都市圈常住人口规模及其演化

（数据来源：历年的《青海省统计年鉴》《西宁市统计年鉴》《海东市统计年鉴》）

2. 演化过程

西宁市是全省的人口集聚核心。其主城区（城中区、城东区、城西区和城北区）的人口增速远大于西宁和海东的其他县区。2000—2019年都市圈常住人口增长率为254.50%。其中，西宁市常住人口增长率为267.95%，海东市常住人口增长率却为-13.45%。而且，西宁市人口集聚程度大于海东市，且集聚程度呈上升态势，集中度和不均衡度呈上升态势的县区数量较多，人口的空间分布区域不均衡，且西宁市人口随着时间推移，其集中程度越来越显著，人口分布的不均衡性持续加深。海东市人口的集中程度则随时间推移在下降，人口分布趋于均衡。因此，都市圈人口分布呈现“强核心，弱外围”的基本特征。2001—2019年，西宁市主城区是人口密度的高值区，其原因在于主城区作为青海省的政治经济文化中心，在自然地理条件、社会公共服务等方面都具有显著的优势，从而吸引区域人口整体不断向主城区迁移和集聚，使得中心呈现绝对高密度状态，人口密度超过了1500人/km²（图2-12）。外在表现为：该区具有丰富的消费市场和高效便捷的社会生活服务；人口、产业、公共资源等核心要素和主要城市功能均在西宁主城区集聚；社会经济效益显著，生产力和竞争力较强，能带动和刺激周边地区的发展，吸引周边地区的人口、信息、技术等资源向该区集中。在广大的外围地区，市政府所在地、重要的县区政府和新城/开发区所在地等，逐渐成为城镇人口的次级集聚中心。

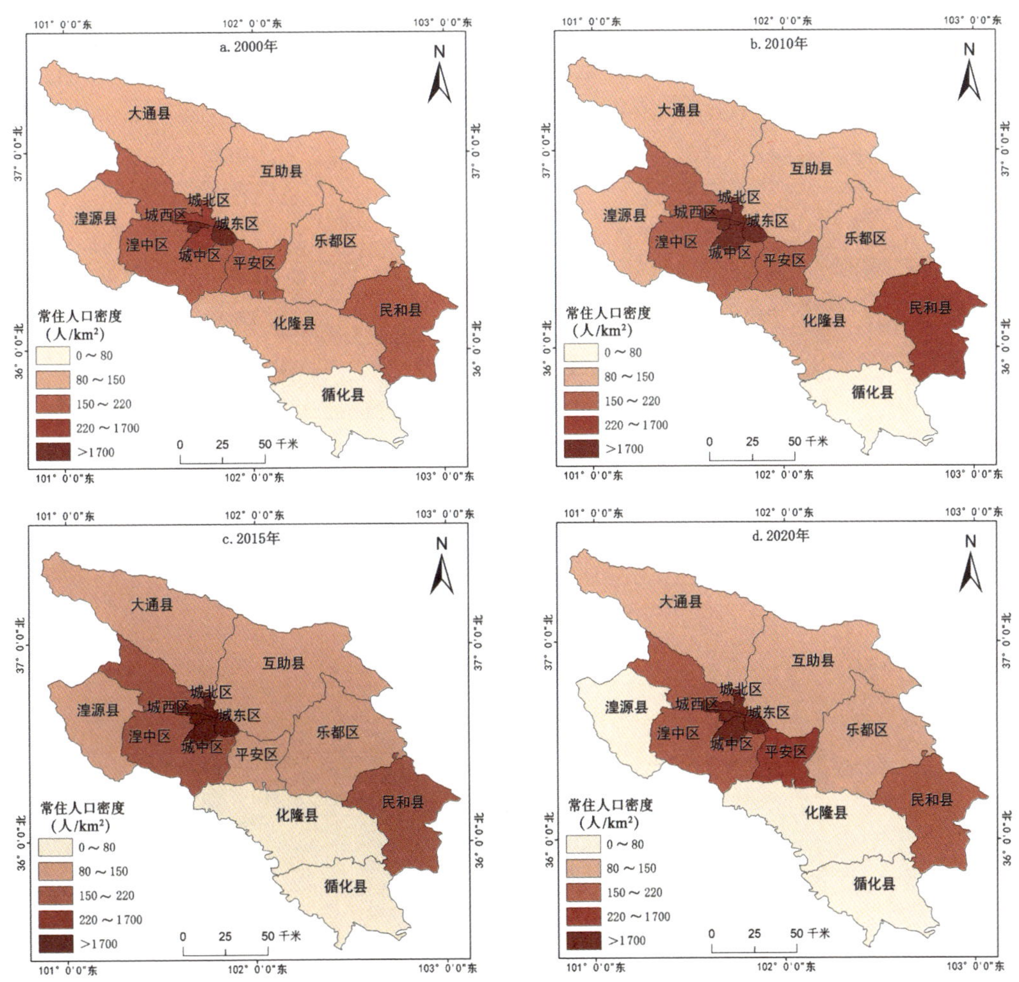

图2-12　西宁都市圈常住人口密度及其演化

（数据来源：历年的《青海省统计年鉴》《西宁市统计年鉴》《海东市统计年鉴》）

2.2.2 经济规模

1.结构现状

经济规模是衡量都市圈发展水平的基本指标。当都市圈经济规模达到一定程度才能有效参与更大范围和更高层次的竞争。西宁都市圈的经济活动主要集中在西宁市所辖的主城区以及湟水河谷沿线的区域，呈现出典型的点—轴空间结构模式。综合地区生产总值和人均地区生产总值来看，西宁都市圈的经济规模等级结构大致可分为以下三级（图2-13）。

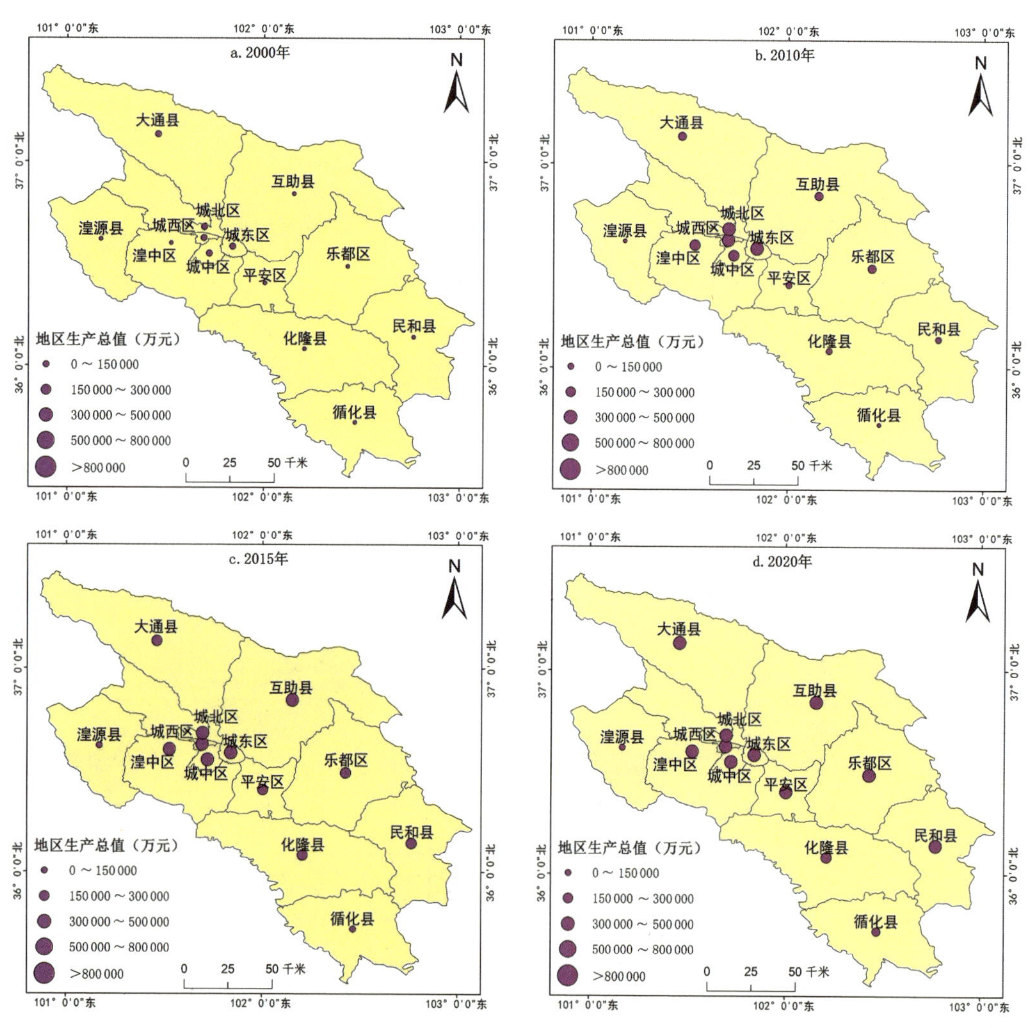

图2-13 西宁都市圈生产总值等级规模及其变化

（数据来源：历年的《青海省统计年鉴》《西宁市统计年鉴》《海东市统计年鉴》）

第一级。区域增长极，指西宁主城区及湟中区。这是都市圈甚至青海省的经济集中地和增长极，都市圈的经济活动主要集中在西宁主城区，且集聚程度呈上升态势。

第二级。重要的经济中心，包括海东市的乐都城区、平安城区、大通县、互助县以及河湟新区、多巴新区等。这些城镇依托产业园区，成为都市圈重要的或地区性的经济中心。

第三级。县区级的经济重镇，包括民和县、湟源县、化隆县和循化县。民和县作为西宁都市圈东部的门户城市，是兰西城市群协调发展的重要节点城市，可承接产业转移；湟源县是都市圈的西部门户城市，能够承接西宁市的能源化工、机械制造等部分产业转移；化隆县和循化县地区生产总值和人均地区生产总值均较低，并且属于西宁都市圈的外围圈层，与都市圈核心城镇的经济联系较弱。

2. 演化过程

西宁都市圈整体上的经济发展水平在20年来显著提升，具体表现为以西宁市主城区为核心辐射带动周边地区的空间态势。同时，各县区的经济发展水平不均衡。

从地区生产总值来看（图2-14），西宁都市圈中只有湟中区的地区生产总值规模等级提升，平安区、乐都区、湟源县、大通县、民和县和化隆县的规模等级下降，城西区、城东区、城北区、城中区、互助县和循化县的规模等级不变；从人均地区生产总值来看（图2-4），城东区、湟中区、平安区、乐都区、民和县和化隆县的人均地区生产总值规模等级提升，城中区和大通县的等级下降，城西区、城北区、湟源县、互助县和循化县的等级不变；从地区生产总值地均强度来看（图2-5），各县区的地区生产总值地均强度等级未有提升，除城中区和大通县的等级下降外，其余各县区的等级均不变。

过去的20年，随着非均衡发展政策的实施，伴随着新区建设、开发区设立、主城区外向扩展和内部重构、第三产业在城区的集中式扩张等，西宁主城区作为区域增长极，其经济规模快速增长和集中；产业园区、县城等经济中心发生了较大变化，产业特色日益鲜明；县区级一般城镇以及乡镇级经济中心虽经济规模有所增长，但通常处于地方服务中心的职能，非农产业发展受到一定程度的限制。

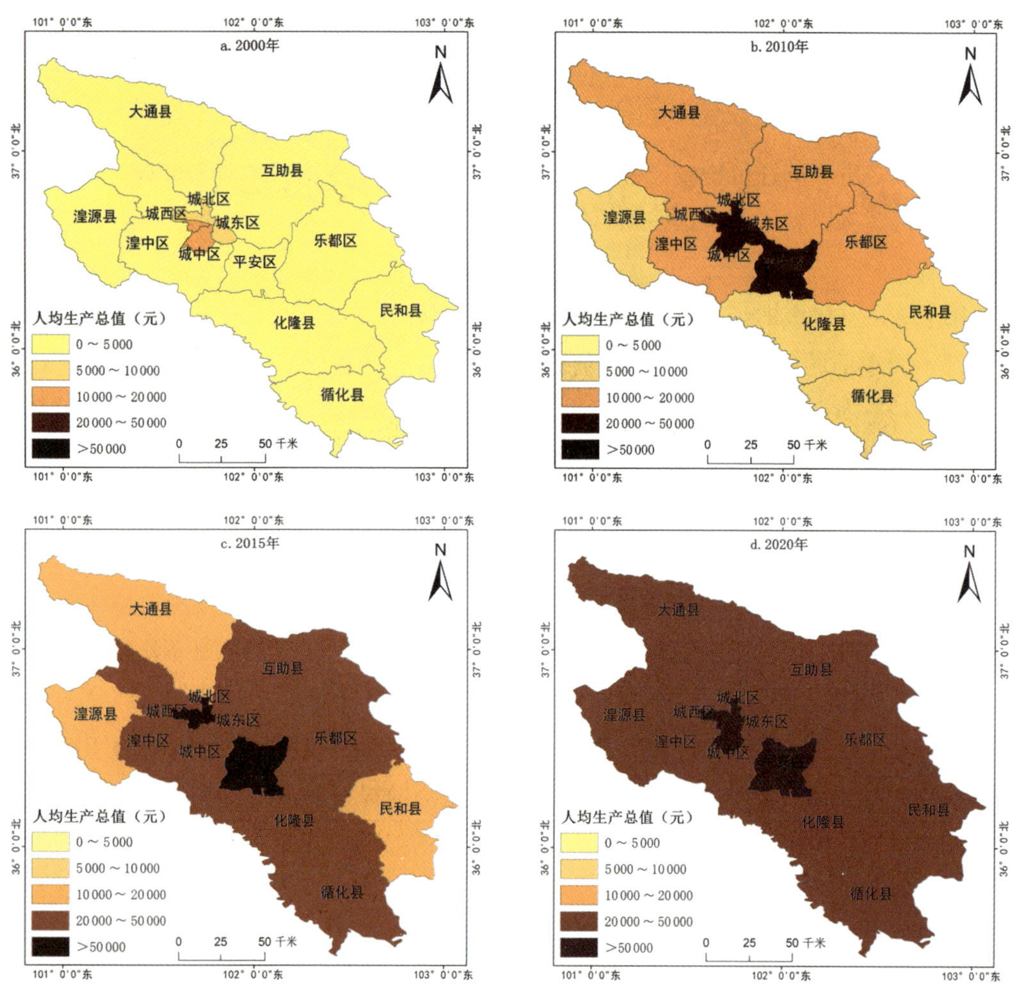

图2-14 西宁都市圈人均生产总值等级规模及其变化

（数据来源：历年的《青海省统计年鉴》《西宁市统计年鉴》《海东市统计年鉴》）

2.3 空间格局与外部形态

2.3.1 空间分层

2019年2月19日，国家发展改革委发布的《国家发展改革委关于培育发展现代化都市圈的指导意见》提出，“都市圈是城市群内部以超大、特大城市或辐射带动功能强的大城市为中心、以1小时通勤圈为基本范围的城镇化空间形态”。基于以上考虑，再结合西宁都市圈实际发展水平（当前以西宁主城区为中心的城际轨道、铁路客运专线还基本没有覆盖周边县区，主城区和周边地区的交通联系还是以高速公路为主），将当前现状和未来发展结合起来，对西宁都市圈的空间结构进行分层。

1.西宁都市圈的“点要素”特征

本研究通过综合指标评价法来衡量城市的中心性水平。从西宁都市圈内各县区的特点出发构建城市中心性水平评价指标体系。研究数据主要来源于2020年的《西宁统计年鉴》和《海东统计年鉴》。首先对指标值进行极差标准化处理，从而消除量纲对计算结果的影响。同时，由于各指标的重要性及其作用程度存在差异，故采用变异系数法对指标进行赋权（表2-1）。

表2-1　城市中心性评价指标体系及权重

目标层	准则层	指标层	权重
城市中心性水平	城市经济发展水平	地区生产总值/万元	0.092 1
		人均地区生产总值/元	0.125 1
		非农产业产值比重/%	0.053 9
		社会消费品零售总额/万元	0.122 3
	城市物质要素建设水平	常住人口城镇化率/%	0.051 4
		全社会固定资产投资额/万元	0.056 9
		建筑业总产值/万元	0.136 3
		等级公路总里程/千米	0.084 2
	城市公共服务与居民生活水平	地方公共财政支出/万元	0.070 4
		中小学在校人数/人	0.071 5
		城镇职工平均工资/元	0.057 9
		金融机构人均存款/元	0.078 1

西宁都市圈内各县区的城市中心性强度存在显著差异（表2-2）。西宁主城区的城市中心性显著强于其他县区，且城西区中心性强度最大；其余各县区的城市中心性存在显著差异且极不均衡。显然，西宁主城区的经济发展水平、社会发展水平以及居民生活水平均高于周边县区，并且正处于加速集聚阶段，对周边地区的吸引仍在加强，在经济、政治、文化、社会等诸方面具有显著高于其他县区的优势，因此可将其作为都市圈

的核心圈。除了西宁主城区以外，西宁市的大通县、湟中区和海东市的民和县、乐都区的城市中心职能强度处于都市圈内的中上水平，虽未达到西宁主城区的经济发展水平，但由于具有一定的区位优势，发展基础较好，且与西宁主城区的联系较为紧密。可通过加深其与西宁主城区的经济联系程度，带动周边地区发展，从而实现都市圈的协调发展。因此可将西宁市的大通县、湟中区和海东市的民和县、乐都区这四个县区作为西宁都市圈发展的次中心。

表2-2　西宁都市圈各县区中心性综合得分情况

市(州)	县区	综合得分	县区	综合得分
西宁市	城西区	0.135	湟中区	0.061
	城北区	0.110	湟源县	0.037
	城中区	0.110	大通县	0.074
	城东区	0.125		
海东市	平安区	0.046	民和县	0.056
	互助县	0.051	化隆县	0.036
	乐都区	0.054	循化县	0.034
黄南藏族自治州	尖扎县	0.024	同仁县	0.028
海北藏族自治州	海晏县	0.029		
海南藏族自治州	贵德县	0.028	贵南县	0.018
	共和县	0.018		

2.西宁都市圈的圈层结构

由于西宁主城区之间联系十分紧密，甚至在多数情况下，难以明确地进行划分，因此可将西宁市的主城区之城西区、城北区、城中区和城东区统一作为西宁都市圈的中心区。通过整理计算周边县区到西宁主城区的空间距离以及通勤时间，得出各乡镇到西宁主城区的经济距离，在此基础上通过引力模型计算西宁主城区对周边县区的引力强度(表2-3)。

表2-3　西宁都市圈中心城市与周边县区之间的经济距离和引力强度

市州	县区	经济距离/km	引力强度
西宁市	湟中区	13.0	309.207
	湟源县	41.6	6.191
	大通县	19.0	115.848
海东市	平安区	9.8	300.851
	互助县	47.0	13.792
	乐都区	13.4	169.373
	民和县	92.5	4.722
	化隆县	220.0	0.296
	循化县	401.0	0.070
黄南藏族自治州	尖扎县	186.0	0.139
	同仁县	375.0	0.041
海北藏族自治州	海晏县	155.0	0.108
海南藏族自治州	贵德县	133.5	0.363
	共和县	352.5	0.018
	贵南县	924.0	0.003

通过上文对经济距离和引力强度的计算，可看出西宁都市圈具有明显的空间圈层特征，是因核心区对周边地区的影响力及辐射带动力逐渐减小而形成的圈层结构地域。其主要表现在周边地区人口对向核心区流动的意愿差异以及中心城市对周边地区的经济吸引能力。国内对都市圈的空间结构主要是以三个基本圈层来划分，如将都市圈划分为核心圈、紧密圈和机会圈三个圈层。基于西宁都市圈的发展情况，可将西宁都市圈划分为四个圈层，分别是核心层、紧密层、半紧密层和辐射层（表2-4）。

①核心区：西宁主城区，包括城西区、城东区、城中区和城北区这四区。

②紧密层：与核心区联系最为密切的都市圈的第二圈层，引力强度 $T \geq 100$，主要包括西宁市的湟中区、大通县和海东市的平安区、乐都区。

③半紧密层：与核心区联系较紧密层稍弱的都市圈的第三圈层，引力强度 T 介于1～100，主要包括西宁市的湟源县和海东市的互助县、民和县。

④辐射层：与核心区联系最弱的都市圈的第四圈层，引力强度 T 最小，介于0～1，主要包括海东市的化隆县、循化县以及黄南藏族自治州的尖扎县、同仁县，海南藏族自治州的贵德县、共和县、贵南县，海北藏族自治州的海晏县。

表2-4 西宁都市圈的圈层划分

	核心层	紧密层	半紧密层	辐射层
县区	西宁主城区（城西区、城东区、城中区、城北区）	湟中区、大通县、平安区、乐都区	湟源县、互助县、民和县	化隆县、循化县、尖扎县、同仁县、海晏县、贵德县、共和县、贵南县

虽然半紧密层和辐射层与都市圈的核心区联系较弱，但是其具有较好的区位条件和经济基础，可作为西宁—海东都市圈未来发展的广阔腹地。

由于按县区级尺度对西宁—海东都市圈的圈层结构划分太过粗犷，且各县区内部的经济社会发展情况也存在较大差异，所以为提升准确性，将上述西宁都市圈圈层结构分析中的核心层、紧密层和半紧密层作为研究对象，按乡镇级尺度对其圈层结构进行更细致的划分。

通过整理计算周边县区内各乡镇到西宁主城区的空间距离以及通勤时间，计算出各个乡镇到西宁主城区的经济距离，接着在计算经济距离的基础上，通过引力模型计算西宁主城区对周边乡镇的引力大小，最后根据引力模型的推导公式，计算西宁都市圈周边乡镇对西宁主城区的经济隶属度。

西宁主城区依然作为都市圈的核心层，但紧密层、半紧密层和辐射层由于计算尺度的细化则有所变化。

①紧密层。将经济距离小于50 km、引力强度大于100、经济隶属度大于0.01的乡镇归为西宁—海东都市圈的紧密层，包括西宁市湟中区的鲁沙尔镇、西堡镇、上新庄镇、田家寨镇、多巴镇、拦隆口镇、李家山镇、海子沟乡；西宁市大通县的桥头镇、黄家寨镇、长宁镇；西宁市湟源县的城关镇；海东市平安区的平安镇、小峡镇；海东市乐都区的碾伯镇、雨润镇。

②半紧密层。将除紧密层和辐射层的剩余乡镇归为都市圈的半紧密层，包括西宁市大通县的城关镇、塔尔镇、东峡镇、景阳镇、多林镇、新庄镇、青林乡、青山乡、逊让乡、极乐乡、石山乡、宝库乡、斜沟乡、良教乡、向化藏族乡、桦林乡、朔北藏族乡；西宁市湟中区的甘河滩镇、共和镇、上五庄镇、群加乡、土门关乡、汉东乡、大才乡；西宁市湟源县的大华镇、东峡乡、日月乡、和平乡、波航乡、申中乡、巴燕乡、寺寨乡；海东市平安区的三合镇、洪水泉乡、石灰窑乡、古城乡、沙沟乡、巴藏沟乡；海东市乐都区的寿乐镇、高庙镇、洪水镇、高店镇、瞿昙镇、共和乡、中岭乡、下营乡、芦化乡、马营乡、蒲台乡、中坝乡、峰堆乡、城台乡、达拉乡；海东市互助县的威远镇、丹麻镇、高寨镇、南门峡镇、加定镇、塘川镇、五十镇、五峰镇、台子乡、西山乡、红崖子沟乡、巴扎藏族乡、哈拉直沟乡、松多藏族乡、东山乡、东和乡、东沟乡、林川

乡、蔡家堡乡；海东市民和县的川口镇、古鄯镇、马营镇、巴州镇、满坪镇、李二堡镇、峡门镇、马场垣乡、松树乡、西沟乡、总堡乡、隆治乡、核桃庄乡、新民乡。

③辐射层：将经济距离大于100 km、引力强度在0～1、经济隶属度在0～0.001的乡镇归为西宁—海东都市圈的辐射层，包括海东市乐都区的李家乡、马厂乡；海东市民和县的官亭镇、北山乡、大庄乡、转导乡、前河乡、甘沟乡、中川乡、杏儿乡。

3.西宁都市圈的“线要素”特征

城市之间的引力常可反映出经济交流的密切程度。通过西宁都市圈的周边乡镇与西宁主城区之间经济联系强度的大小，可反映都市圈发展的轴线特征。大通县—西宁主城区—湟中区、西宁主城区—平安区—乐都区—民和县是整个都市圈内经济活动最活跃，联系最紧密的两个主要轴线。通过打造高质量发展的都市圈发展轴，可进一步增强都市圈协调发展能力，推动西宁主城区与周边县区的联系。

从西宁市内部联系的紧密情况来看，与西宁主城区联系较为紧密的县区主要为湟中区和大通县。这两个县区作为发展的次中心城市与西宁主城区即发展的中心城市之间的经济等方面的交流与联系十分紧密。湟中区—西宁主城区—大通县可作为支撑西宁市统筹发展的轴线，即将作为发展极核点的西宁主城区与其他发展基础较弱、经济水平不太高的县区通过发展中的次中心进行联系，进而强化各县区之间的联系度。

从西宁—海东都市圈建设角度看，连接西宁市与海东市的轴线才是支撑都市圈统筹协调发展的关键。从两市联系情况来看，与西宁主城区联系较为紧密的县区主要有海东市的平安区、乐都区和互助县，其中与平安区和乐都区的联系最为紧密。西宁主城区—平安区—乐都区可作为连接西宁市和海东市统筹发展的主要轴线。同时，虽然西宁主城区与海东市民和县的联系强度不太显著，但因民和县（与兰州市的红古区一起）是连接兰州都市圈和西宁都市圈的枢纽地，因此，在推动西宁都市圈乃至兰西城市群建设的过程中，可将西宁主城区—平安区—乐都区—民和县作为西宁—海东都市圈统筹协调发展的主轴线。这样不但可深化西宁—海东两市的一体化进程，还可接轨兰州，共同打造兰西城市群建设。通过这个发展轴的带动作用，可将西宁都市圈各县区与西宁主城区连接起来，激发轴线沿线各地区的经济活力，推动都市圈尺度的协调一体化进程。

4.圈层划分结果

基于此，通过梳理西宁都市圈周边各乡镇到西宁主城区的交通方式和通勤时间，再对通勤距离进行校正，将西宁都市圈划分为四个圈层：核心圈、紧密圈、机会圈和辐射圈（图2-15）。

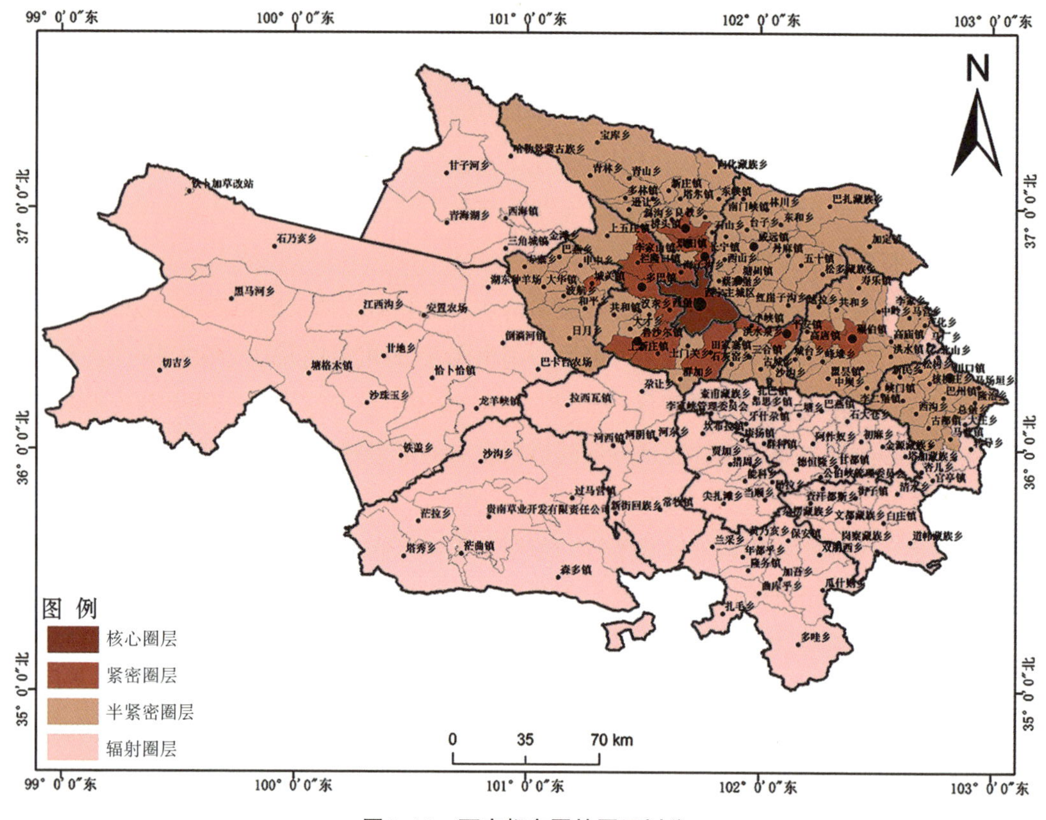

图2-15 西宁都市圈的圈层划分

①核心圈。西宁市所辖的城东区、城中区、城西区和城北区，其人口密度均比周边地区大。该圈层具有丰富的消费市场和高效便捷的社会生活服务，人流密集且具有一定的活力。

②紧密圈。西宁都市圈的紧密圈指普通公路、高速公路、快速列车和动车一小时以内能到达的地区，包括西宁市湟中区的鲁沙尔镇、西堡镇、上新庄镇、田家寨镇、多巴镇、拦隆口镇、李家山镇、海子沟乡；西宁市大通县的桥头镇、黄家寨镇、长宁镇；西宁市湟源县的城关镇；海东市平安区的平安镇、小峡镇；海东市乐都区的碾伯镇、雨润镇。该圈层与中心城市联系紧密，在社会经济等方面接受中心城市的辐射，且与中心城市相互作用强烈。该圈的重点在于承接核心圈非中心功能的外溢并且强化与核心圈在多领域的合作，加强与核心圈之间综合交通的一体化建设。由于在经济社会发展过程中，紧密圈是最先接受核心圈辐射的地区，因此紧密圈需逐步加强扩散功能，着力带动机会圈的发展。

③机会圈。该圈层包括西宁市大通县的城关镇、塔尔镇、东峡镇、景阳镇、多林镇、新庄镇、青林乡、青山乡、逊让乡、极乐乡、石山乡、宝库乡、斜沟乡、良教乡、

向化藏族乡、桦林乡、朔北藏族乡；西宁市湟中区的甘河滩镇、共和镇、上五庄镇、群加乡、土门关乡、汉东乡、大才乡；西宁市湟源县的大华镇、东峡乡、日月乡、和平乡、波航乡、申中乡、巴燕乡、寺寨乡；海东市平安区的三合镇、洪水泉乡、石灰窑乡、古城乡、沙沟乡、巴藏沟乡；海东市乐都区的寿乐镇、高庙镇、洪水镇、高店镇、瞿昙镇、共和乡、中岭乡、下营乡、芦化乡、马营乡、蒲台乡、中坝乡、峰堆乡、城台乡、达拉乡；海东市互助县的威远镇、丹麻镇、高寨镇、南门峡镇、加定镇、塘川镇、五十镇、五峰镇、台子乡、西山乡、红崖子沟乡、巴扎藏族乡、哈拉直沟乡、松多藏族乡、东山乡、东和乡、东沟乡、林川乡、蔡家堡乡；海东市民和县的川口镇、古鄯镇、马营镇、巴州镇、满坪镇、李二堡镇、峡门镇、马场垣乡、松树乡、西沟乡、总堡乡、隆治乡、核桃庄乡、新民乡。这个圈层的发展重点在于承接都市圈的核心圈和紧密圈的共同辐射带动，是上两圈的资源储备库。该圈层在经济发展等方面具有一定潜力，在未来发展方向上，需加强优势培育，强化与核心圈和紧密圈在多领域方面的合作，加快现代化交通体系的建设，使西宁都市圈内部的联系程度进一步加强，促进区域的协调一体化发展。

④辐射圈。该圈层包括海东市乐都区的李家乡、马厂乡，民和县的官亭镇、北山乡、大庄乡、转导乡、前河乡、甘沟乡、中川乡、杏儿乡，循化县和化隆县以及青海省黄南藏族自治州所辖的尖扎县和同仁县，海南藏族自治州所辖的贵德县、贵南县和共和县，海北藏族自治州所辖的海晏县。此圈是西宁都市圈未来发展的腹地，与中心城市有着一定联系，也是中心城市辐射作用的最远距离。

2.3.2　总体结构与外部形态

克鲁格曼在其《地理与贸易》一书中指出，在市场的作用下，需求的区位决定了生产的区位，生产的区位又决定了需求的区位，这种循环关系也可能是股非常保守的力量，它将任何业已形成的中心—外围格局锁定。西宁都市圈以西宁、海东为主体，辐射周边城镇，整体的经济实力和中心带动力相比较弱。改革开放以来，因为工业化的推动，工业中心和服务中心的叠加，促成了都市圈各个层级中心的增长和体系演化，形成了大致为单核心的空间组织模式。同时，沿湟水河谷及其支流形成了“雏形”阶段的发展轴线，沿线主要城镇也在成长。很明显，西宁都市圈已大致呈现出典型的单中心都市圈的结构和河谷川道模式的外部形态。

1.总体格局与外部形态

1949年以后，伴随着工业革命的推动，尤其是计划经济时期的现代产业的迁移建设和改革开放以来制造业的快速发展，西宁主城区逐步成为都市圈内的绝对核心，并通过不同时期的集聚过程促成了都市圈核心的崛起，逐渐成为支配都市圈乃至青海省的中心——区域性增长极。这导致西宁都市圈迅速演化为中心—外围模式，即单中心结构形态，因为这是青海省唯一一个超过百万人口的城区，且第二位的城镇与其差距甚大。同时，西宁都市圈的生产要素空间集聚分了层次，并重构了圈内城市与城市之间的关系。通过外围腹地对中心发展的稳定的和可持续的支撑，以及中心通过辐射力带动外围一起发展，都市圈建立了适合自身这个发展阶段的较为合理的层级体系或空间结构。

西宁都市圈形成了“一核多心·两轴·四片区”的空间格局。一核多心：西宁主城区为都市圈的“主核”，以乐都区、平安区等市、县政府所在地等为多个中心；两轴：沿湟水河谷地发展的主轴和沿南川河—北川河发展的副轴，两轴交叉的节点是西宁都市圈的核心；四片区：南部黄河上游生态涵养区，包含化隆县、循化县以及民和县和湟中区的部分地区；北部祁连山南麓生态休闲区，包含大通县北部、互助县及乐都区北部地区；东部现代特色农业综合片区，包括民和县大部、乐都区东部、循化县东部；西部循环绿色农牧业片区，主要为湟源县（图2-16、图2-17）。根据功能分区要求以及区域分区的协调互补要求，西宁都市圈迄今的绿色发展正在驱动都市圈的功能分区与职能结构更加合理化，各地区资源优势正在有机结合起来，开始形成高质量、绿色化的生产、生活、生态空间。

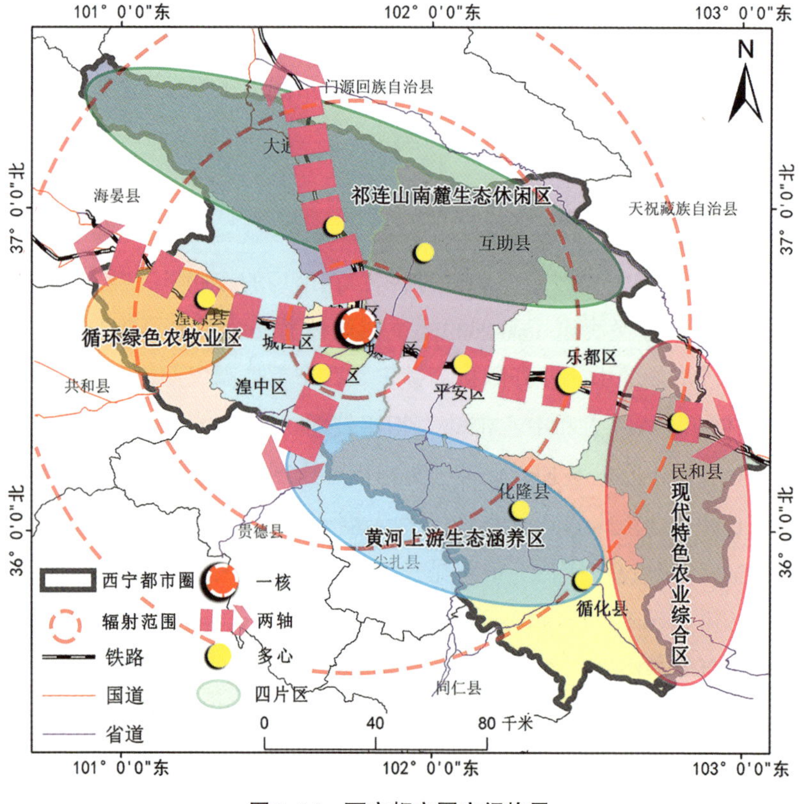

图2-16 西宁都市圈空间格局

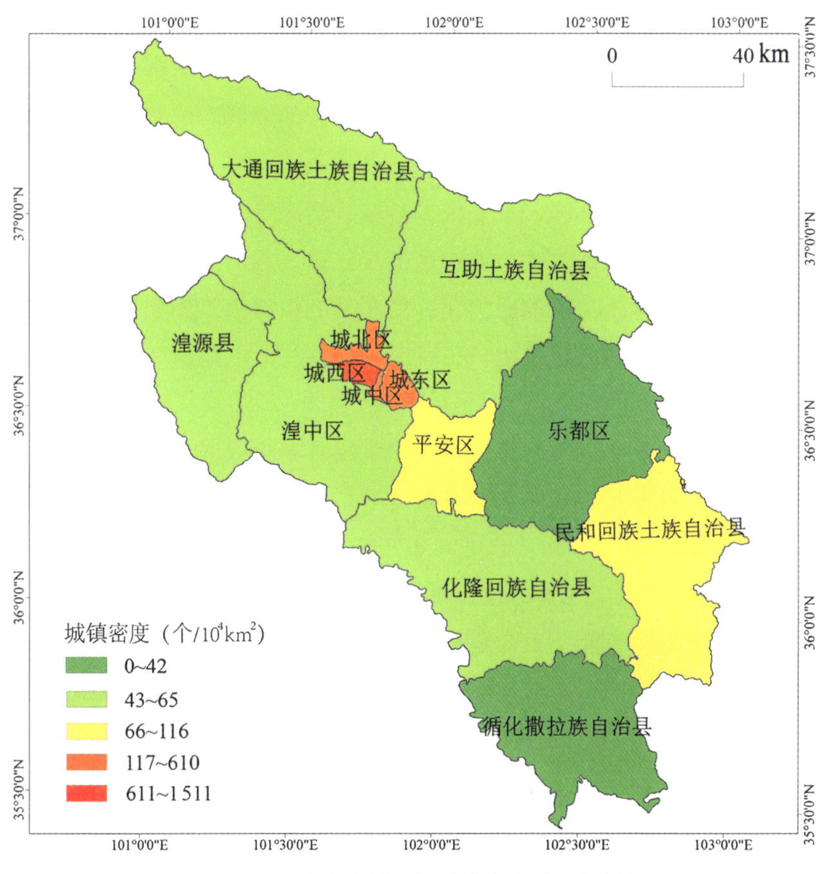

图2-17　西宁都市圈不同城镇密度的空间差异

2. 一核多心

目前，西宁主城区为都市圈的“主核”，乐都区、平安区等市、县政府所在地等为多个中心，其共同组成了都市圈的点状结构功能体系。其中，西宁主城区的首位度较高且不断提升。

西宁主城区（或称中心城区）是西宁都市圈的空间核心，位于两轴交叉的节点上，人流、物流、资金流在此汇集，形成了西宁都市圈的核心。中心城区人口规模大、城市化水平高，承担省会职能，是都市圈的经济、科教、文化、金融、信息中心，交通枢纽、高端商贸和服务业基地，旅游开发和旅游服务基地。该区为周边地区提供公共服务和高端职能，辐射和带动周边县区发展。总体上，西宁都市圈仍处极化阶段，大量资源、技术、资金都因虹吸效应而流向西宁主城区，这与其他西部省份的强省会的集聚过程相似。西宁主城区是西宁都市圈的医疗教育、居住休闲、行政办公、现代商务、金融信息、高新技术研发的综合性服务型功能区和信息金融产业区，其主要功能是行政管理、经济、商贸、金融、交通运输、邮电通信、科技信息、文教卫生、文化娱乐、创新、教育、信息交流、居住、旅游休闲的中心，以服务业和高新技术产业为核心。近十多年来，主城区的扩散效应在逐步增强，如基于“退二进三”的部分低端产业正相应迁移至郊县区，提升了自身土地价值并带动了周边县区的发展。但是由于西宁核心区集聚能力太强，功能依然稍显复杂和混乱。

都市圈的多中心包括乐都区、平安区、县城、新区等。这些都市圈的关键支撑点为湟源县的城关镇，大通县的桥头镇，湟中区的多巴镇、甘河滩镇和总寨镇，平安区的平安镇，互助县的塘川镇，乐都区的碾伯镇，民和县的川口镇，循化县的积石镇，化隆县的群科镇以及河湟新区、多巴镇等。

多巴新城 打造高原生态文明新城、西宁市城市副中心、湟中政治文化中心。通过推动行政区划调整，规划建设西宁新区，打造多巴城市副中心，筹建西川新城拓展支撑城市发展的战略性新空间。多巴区域是一个十字形区域，全区面积126 km^2，全镇一共13万人口，加上流动人口约15万。目前面临的最大问题是产业导入。青海省“十三五”规划中提出西宁都市空间重构，以“城市绿芯森林公园”为一芯，西宁主城和多巴新城为“双城”，与东川、西川、南川、北川、甘河、鲁沙尔、长宁片区共同构建“一芯双城、环状组团发展”的生态山水城市。多巴新城树立“生态优先、功能集聚、组团布局、城乡统筹”的建设理念，发挥生态水脉、河湟文化、资源要素和区位交通等综合优势，彰显“山水美、体育优、文化特”的城市特色（图2-18、图2-19）。

多巴新城作为城市副中心，打造区别于主城区综合职能的特色化职能，有助于分担主城区压力，成为服务业转型升级的主战场，同时打造城市发展新的增长点。

以全新的设计理念改变千城一面的发展模式，以环境特质打造宜居环境。以“1+1+4”发展模式打破线性城市发展格局，以组团化发展建立生态隔离带，打造青藏高原的文化旅游门户。具体包括：1个综合服务小城，主打科技创新服务、旅游集散服务、教育培训服务、特色商务服务；1个行政副中心；4个特色产业功能小镇，①生命健康小镇以高原医药科技、高原药材种植、高原健康养生为主，②有机农业花卉小镇主打园博园、有机农业、特色花卉、农业科技，③高原极限运动小镇主打高原极限运动、高原特色旅游、高原体育训练，④现代物流小镇主打综合仓储物流、供应链管理、跨境电子商务。

目前，多巴新城23条道路全面开建。按照规划多巴新城要形成包括东西向五四大街、昆仑大道和南北向多巴西路等为主的“三横三纵”主干路网和公交优先道路，以及“两横三纵”的快速路网。目前昆仑大道西延段纵横交错的双寨路、华联路、风情东路已基本建成。这三条路是多巴东片区内的重要“干线”，三条路向北通往海湖新区、109国道，向南至103省道、柴达木路，是多巴连接南北的重要通道。十余条基本建成和正在加紧收尾建设的道路已撑起多巴新城的路网骨架。

多巴新城以生态优先推动新城绿色发展。为有效地保护高原山谷自然生态特征，将人工环境对自然的影响降至底限，多巴新区规划基于总体城市设计的思维反馈，并综合交通、市政设施、海绵城市等系统规划，将多巴划分为4个生态功能分区。水源涵养区为水源、河流、河岸生态系统的保护缓冲地带，该区禁止毁坏水体环境的建设行为。环境整治区主要为城市建成区，该区要完善市政环卫设施，加强环境绿化建设。控制建设区为城市建设用地新区，该区应有计划地开发利用，防止乱占乱建。山体保育区指周围山体，该区应进行植树造林、封山育林等措施。

多巴新城重点项目之一是新华联国际旅游城。作为“文化+旅游+新型城镇化”的文旅综合体项目，该项目目标总投资近150亿元，目前已投资70亿元，占地面积约200 hm^2，总建筑面积约170万 m^2。项目位于西宁市城市副中心，距市区约20 km，距机场约45 km，交通便捷。其中新华联童梦乐园是新华联国际旅游城的核心部分，投资近40亿元，有高原海洋世界、嬉水乐园、海洋主题度假酒店、丝路小镇、民族风情街、丝路传奇、摩天轮等配套游乐设施。同时，梦想城北区、梦想城南配套了低密度生态住宅、文化创意产业园、生态体育中心、国际双语教育中心等，力求通过完善的硬件设施打造出全方位、现代化的新型社区。

（a）新华联童梦乐园街景

（b）新华联童梦乐园大门

（c）新居住区景观

（d）山水韵·御澜湾低密度生态住宅

(e) 多巴新城街景

图2-18　多巴新城的新华联国际旅游城和新居住区

图2-19　多巴镇高原国家体育基地

海东市的乐都区和平安区，共同承担都市圈东部地区的市级服务功能。其中，乐都区为市级政治、文教、金融中心，也是都市圈的服务中心；互助县为西宁都市圈提供农业生产、生态服务、休闲旅游服务，为西宁都市圈的后花园。大通县近年来迁入了许多城北区原有的传统产业，与湟中区甘河工业园区内的产业一起承担西宁都市圈传统产业和重工业生产的职能，大通县还承担着西宁都市圈的北部门户，具备一定的商贸职能。民和县依托其大规模、特色、绿色的农产品成为全省粮食生产基地（2019年粮食产量占全省粮食产量的20%），也是甘青一体化的先锋城市，西宁都市圈的对甘门户，中东部游客进入青海的集散地。湟源县承担西宁都市圈与西部牧区交流的职能，作为农产品加工重点区域，其从牧区获得原材料，加工后销往全国，是西宁都市圈特色农产品贸易中心，青海省城市化地区与牧区的枢纽，西宁都市圈与青海西部地区联系的桥头堡。

3.双轴

西宁都市圈实际上形成了主轴和副轴交汇的“十字”型空间格局，这是都市圈的骨干轴线框架。

主轴指湟水河—兰西高速—西和高速沿线，是西宁都市圈的精华地带。民和县、乐都区、平安区、西宁市城东区、城西区、湟源县沿交通线和湟水河从东到西分布，主要连接了西宁主城区和湟源县的城关镇、湟中区的多巴镇、平安区的小峡镇和平安镇、乐都区的碾伯镇和民和县的川口镇。这个轴线集中了都市圈主要的生产、生活活动及其设施。

副轴是指北川河—南川河沿线。大通县、城北区、城西区、城中区、湟中区沿交通线从北到南分布，主要连接了湟中区的鲁沙尔镇和大通县的桥头镇，是西宁市“十字”型城市形态的扩张和延伸，是一个城市尺度的短轴线（图2-20）。

图2-20　西宁市城北区大堡子镇小寨村的滨河林带①

①2020年8月15日，科考队前往城北区大堡子镇小寨村，发现很多居民在一片临河的树林野餐、娱乐。

4.多功能片区

西宁都市圈主要形成了两大区域、两大功能片区的区域格局。两大区域可分为湟水片区和黄河干流片区两部分。因为交通条件的限制和社会经济活动的现状，循化、化隆两县所在的黄河干流部分“相对独立”，与甘肃临夏的社会经济联系比较强。两大功能片区大致分为河谷地带和山区丘陵地带两部分。主要城镇及其生产、生活活动基本分布在河谷地区，而山区丘陵地带则分布了少部分的城镇和人口以及典型山地农业活动。现因强调生态修复和保护，部分山区丘陵地带已转化为生态保护区和修复区。例如，互助县以山水自然风光旅游和休闲、绿色现代化农业及土族历史文化为主题，重点发展绿色现代化农业和旅游产业，建成国家级现代农业示范区和河湟地域文化特色、民族地域文化特色旅游度假基地，成为西宁都市圈的后花园。

5.综合工业区

西宁都市圈的工业空间组织当前正发生历史性的转型，形成了典型的综合工业区。该区主要包括西宁都市圈内的湟中区、大通县以及西宁主城区外围地区（与平安、大通、湟中交界地区）。该工业区是以化工、煤炭、金属冶炼、光伏、生物制药、锂电产业等为核心，发展方向为不断提高技术水平的重工业区和经过技术升级的综合性产业区。这个工业区主要分布在西宁主城区的外围地区，包括东川工业园区（以多晶硅、太阳能电池、光伏组件等为主体的光伏生产企业）、南川工业园区（横跨城中区和湟中区，以锂电产业为主，比亚迪和时代新能源两家的产能接近20亿，锂电产业的配套产业齐全）、大通县与城北区的组团（以生物制药为主，是全省重要的生物制药基地）、甘河工业园区（传统产业聚集地，拥有一条产业带，主要进行金属冶炼、新材料生产加工，高端材料生产）。

2.3.3 土地利用空间结构

1.基本结构与变化趋势

根据遥感解译的土地利用数据①，2020年西宁都市圈土地总面积为20 543.59 km^2，其中耕地面积4 083.85 km^2，占土地总面积的19.88%；林地面积3 679.5 km^2，占土地总面积的17.91%；草地面积11 561.45km^2，占土地总面积的56.28%；水域面积131.39 km^2，占土地总面积的0.64%；建设用地面积549.19 km^2，占土地总面积的2.67%；未利用土地面积538.2 km^2，占土地总面积的2.62%。通过对西宁都市圈各时期的土地利用数据统计分析，总结出2000—2020年西宁都市圈土地利用变化的主要特征如下，一是耕地、林地以及未利用土地面积均有减少。其中，耕地面积从4 188.33 km^{2}减少到4 083.85 km^2，土

①西宁都市圈土地利用数据来源于中国科学院资源环境科学数据中心（http://www.resdc.cn），将土地利用类型归并为林地、草地、耕地、水域、建设用地和未利用地6种类型，空间分辨率为30 m。

地流失面积最多；未利用地面积从567.73 km²减少到538.2 km²；林地面积从3 684.21 km²减少到3 679.50 km²，总体变动不大（表2-5，图2-21）；草地面积从11 554.71 km²增加到11 561.45 km²，面积总量增加幅度较小，草地仍是西宁都市圈最主要的土地利用类型。二是城镇建设用地总体稳步增加，该类型土地变动较为剧烈。2000—2020年，西宁都市圈城镇建设用地面积从434.53 km²增加到549.19 km²，共增加了114.66 km²，年均增加1.22%，为各土地利用类型中变动面积与变动幅度最大的类别，其主要分布在河湟新区、乐都新城区等。

表2-5　西宁都市圈土地利用类型及其面积变化

指标	年份	耕地	林地	草地	水域	建设用地	未利用地
面积/km²	2000年	4 188.33	3 684.21	11 554.71	114.08	434.53	567.73
	2005年	4 139.70	3 683.08	11 559.22	124.27	468.93	568.38
	2010年	4 134.52	3 682.22	11 566.02	129.12	493.56	538.15
	2015年	4 086.90	3 681.96	11 552.60	130.09	549.93	542.11
	2020年	4 083.85	3 679.50	11 561.45	131.39	549.19	538.20
面积占比/%	2000年	20.39	17.93	56.24	0.56	2.12	2.76
	2005年	20.15	17.93	56.27	0.60	2.28	2.77
	2010年	20.13	17.92	56.30	0.63	2.40	2.62
	2015年	19.89	17.92	56.23	0.63	2.68	2.64
	2020年	19.88	17.91	56.28	0.64	2.67	2.62
变化量/km²	2000—2005年	-48.63	-1.13	4.52	10.19	34.40	0.65
	2005—2010年	-5.18	-0.85	6.80	4.84	24.62	-30.23
	2010—2015年	-47.62	-0.26	-13.42	0.98	56.37	3.96
	2015—2020年	-3.05	-2.46	8.85	1.30	-0.74	-3.91
	2000—2020年	-104.48	-4.71	6.75	17.31	114.66	-29.53
变化率/%	2000—2005年	-1.16	-0.03	0.04	8.94	7.92	0.11
	2005—2010年	-0.13	-0.02	0.06	3.90	5.25	-5.32
	2010—2015年	-1.15	-0.01	-0.12	0.76	11.42	0.74
	2015—2020年	-0.07	-0.07	0.08	1.00	-0.13	-0.72
	2000—2020年	-2.49	-0.13	0.06	15.17	26.39	-5.20

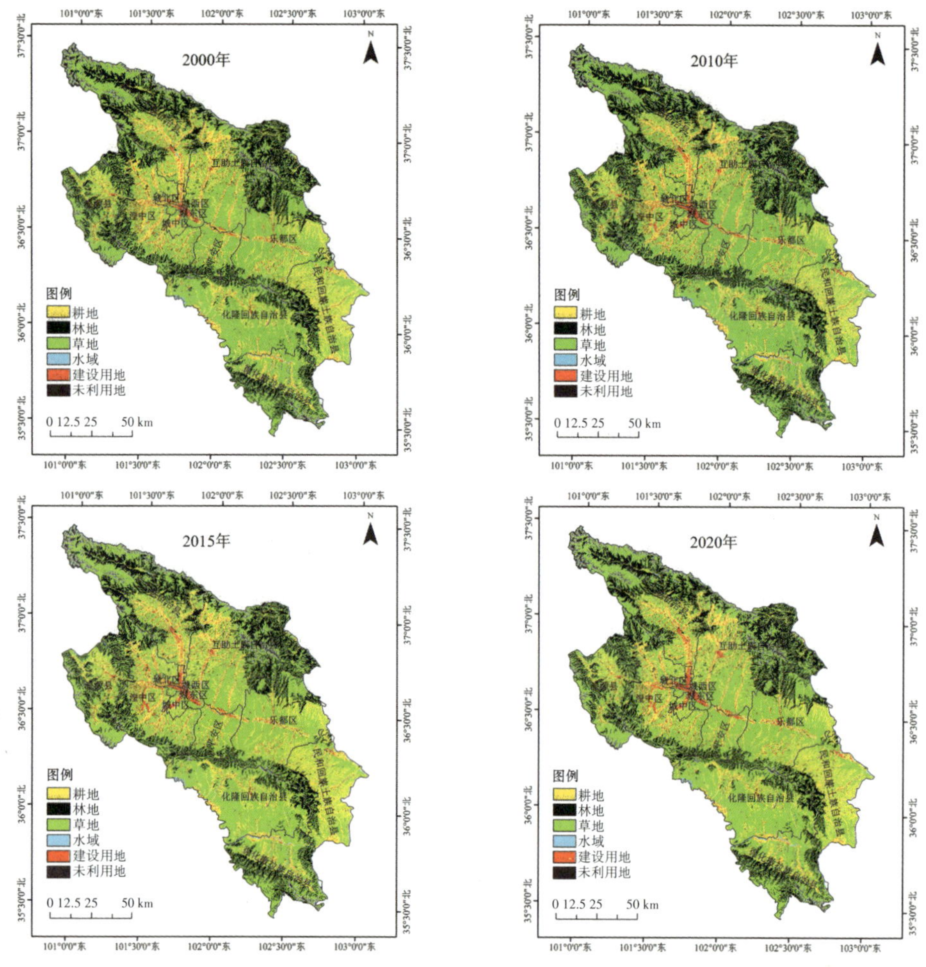

图2-21 2000—2020年西宁都市圈土地利用分布图

2.土地利用转移

通过建立土地利用转移矩阵来分析西宁都市圈土地利用转化趋势。结果表明,一是耕地减少而转变为其他用地类型是西宁都市圈土地利用变化的一个重要特征（表2-6、表2-7）。2000—2020年，耕地面积的总流出量为248.59 km²，其中流向草地和建设用地的面积最大，分别为101.19 km²和119.52 km²，共占耕地面积总流出量的88.79%。耕地面积在2000年至2010年间流失幅度最大，其中较大比例流向草地、林地与水域等类型。这表明在2000年后西宁都市圈退耕还林、退耕还草政策的实施较为有力。耕地流向林地和水域的面积分别为8.86 km²和18.59 km²，分别占耕地面积总流出量的3.56%和7.48%。而耕地的增加量主要从草地转换而来，表明西宁都市圈在绿色有机农畜产品示范省建设工作中积极投入了高标准农田建设，有力地推动了绿色农业产业的发展。二是在建设用地的变化过程中，耕地流向建设用地的趋势最为明显。土地用地性质的转变按照草地、耕地、建设用地的顺序流动，反映了西宁都市圈城市化过程是随着人类活动增加，部分草地被开发为农用地，随后大量农用地再转变为非农用地的过程。三是草地和耕地间的转移趋势明显，耕地既是草地转入的主要来源同时也是草地流出的主要方向。2000—2020年共有101.19 km²的耕地退耕还草，同时有114.41 km²的草地被开辟为耕地。四是水域面积从114.08 km²逐年稳步增长到131.39 km²，所占区域面积比重有所提升，同时期的流入土地主要来源于耕地。这表明西宁都市圈对应对水资源紧缺的问题做出了相应调整，保证了生态环境的良好发展。五是草地、林地及耕地中各有12.01 km²、0.51 km²以及0.43 km²的土地转化为未利用地，这也反映出存在着一定的土地退化的情况。未利用土地中有41.84 km²转化为草地，说明西宁都市圈土地荒漠化整治取得了一定的成效。

表2-6　2000—2020年不同时间段内西宁都市圈土地利用类型转移矩阵

年份	转移前用地类型	转移后用地类型						转移前合计/km²
		耕地	林地	草地	水域	建设用地	未利用地	
2000—2005年	耕地	4 115.64	2.70	28.96	7.10	33.72	0.21	4 188.33
	林地	1.76	3 663.67	17.58	0.70	0.44	0.07	3 684.21
	草地	20.73	16.48	11 509.55	3.20	1.98	2.76	11 554.71
	水域	0.58	0.06	0.23	113.17	0.04	0.00	1 14.08
	建设用地	0.91	0.07	0.68	0.11	432.75	0.00	434.53
	未利用地	0.08	0.09	2.22	0.00	0.00	565.34	567.73
	转移后总计/km²	4 139.70	3 683.08	11 559.22	124.27	468.93	568.38	20 543.59
2005—2010年	耕地	4 076.36	2.77	27.26	7.64	25.62	0.06	4 139.70
	林地	2.43	3 662.09	16.87	0.89	0.44	0.36	3 683.08
	草地	50.65	17.11	11 483.09	2.11	2.66	3.61	11 559.22
	水域	1.21	0.10	0.56	118.20	4.20	0.00	124.27
	建设用地	3.76	0.11	4.16	0.28	460.63	0.00	468.93
	未利用地	0.11	0.06	34.09	0.00	0.00	534.12	568.38
	转移后总计/km²	4 134.52	3 682.22	11 566.02	129.12	493.56	538.15	20 543.59
2010—2015年	耕地	4 052.31	3.11	26.23	2.15	50.59	0.12	4 134.52
	林地	2.43	3 653.99	25.20	0.12	0.34	0.14	3 682.22
	草地	26.86	24.34	11 487.39	0.51	10.88	16.04	11 566.02
	水域	1.14	0.24	0.41	127.19	0.13	0.00	129.12
	建设用地	4.03	0.20	1.23	0.12	487.97	0.00	493.56
	未利用地	0.12	0.07	12.14	0.00	0.01	525.81	538.15
	转移后总计/km²	4 086.90	3 681.96	11 552.60	130.09	549.93	542.11	20 543.59
2015—2020年	耕地	3 928.15	7.38	90.02	5.75	55.19	0.40	4 086.90
	林地	9.51	3 589.45	79.24	0.98	2.57	0.22	3 681.96
	草地	87.52	81.48	11 355.90	1.99	6.15	19.56	11 552.60
	水域	5.39	0.32	1.45	122.04	0.88	0.01	130.09
	建设用地	52.96	0.51	11.44	0.63	484.38	0.00	549.93
	未利用地	0.32	0.37	23.40	0.00	0.01	518.01	542.11
	转移后总计/km²	4 083.85	3 679.50	11 561.45	131.39	549.19	538.20	20 543.59

表2-7　2000—2020年西宁都市圈土地利用类型转移矩阵

年份	转移前用地类型	转移后用地类型						转移前合计/km²
		耕地	林地	草地	水域	建设用地	未利用地	
2000—2020年	耕地	3 939.73	8.86	101.19	18.59	119.52	0.43	4 188.33
	林地	9.10	3 595.11	73.91	2.24	3.34	0.51	3 684.21
	草地	114.41	74.43	11 338.19	6.49	9.18	12.01	11 554.71
	水域	4.22	0.30	1.29	103.29	4.98	0.01	114.08
	建设用地	16.14	0.41	5.04	0.78	412.16	0.00	434.53
	未利用地	0.25	0.39	41.84	0.00	0.01	525.24	567.73
	转移后总计/km²	4 083.85	3 679.50	11 561.45	131.39	549.19	538.20	20 543.59

2.4　功能结构与绿色转型

2.4.1　产业结构及其变化

都市圈空间结构的演变实质就是产业在不同等级城市内的重组。一定程度上，都市圈内产业结构调整以及地域分工优化，是推动都市圈健康发展的重要因素（陈红霞，2018）。进入21世纪，西宁都市圈各城镇依靠自身的区位和资源优势，不断地探索实现新型工业化和城市化的推进方法，促进绿色发展。

1.基本特征

2000—2020年，西宁都市圈三次产业产值结构发生了历史性变化：第一产业产值比重呈缓慢下降趋势，第二产业产值比重呈先上升后下降趋势；2007年第二产业比重首次超过第三产业，产业结构变为“二、三、一”结构；第三产业产值比重呈先下降后上升趋势，且2017年第三产业比重反超第二业产（图2-22）。整体上，西宁都市圈第一产业产值占比低，第二、三产业占主导地位，且第二、三产业发展关系密切，大致呈现相反的变化趋势。2017年以来，都市圈的三次产业结构总体呈现出“三、二、一”的结构特征，区域产业结构趋于优化，体现出绿色发展态势。

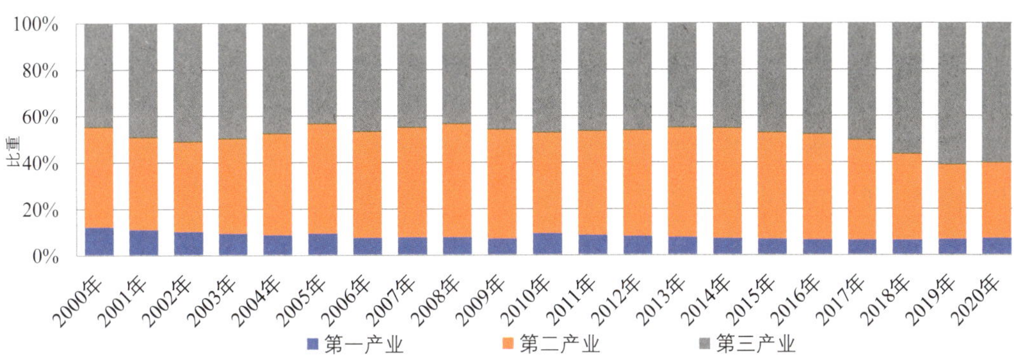

图2-22　西宁都市圈2000-2020年产业结构变化情况

（资料来源：西宁都市圈各市、县相关年份的统计年鉴和公报）

根据我国《战略性新兴产业分类（2012）（试行）》，战略性新兴产业分类包括节能环保产业、新一代信息技术产业、生物产业、高端装备制造产业、新能源产业、新材料产业、新能源汽车产业七大产业。西宁都市圈的战略新兴产业主要包括节能环保产业、新一代信息技术产业、生物产业、高端装备制造产业、新能源产业、新材料产业六大类。从产业结构的变动中可以看出，战略新兴产业、服务业、金融业逐渐成为西宁都市圈的主导产业（图2-23）。

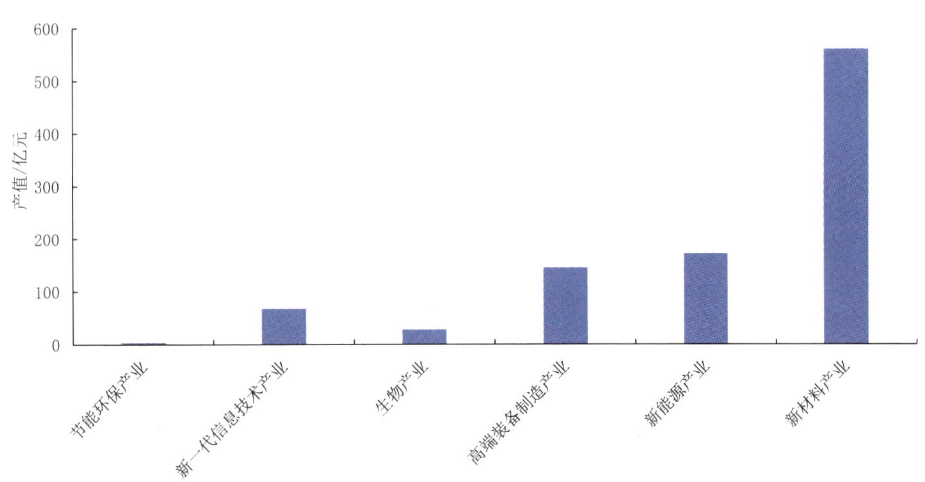

图2-23　西宁都市圈2018年新兴产业产值

西宁作为都市圈的中心城市，有强大吸引力和发展活力，其产业结构变化与都市圈基本一致，即第一产业缓慢下降，第二产业先上升后下降，第三产业先下降后上升。2016年以来，西宁市产业结构呈现出“三、二、一”的结构特征，这与西宁市“巩固一产、二产转型、大力发展三产”的产业政策调整有很大关系。“十三五”期间，西宁市产业结构持续优化，三次产业加快融合，战略性新兴产业加快布局，现代服务业加快壮大，都市现代农业加快发展，现代产业体系加速构建；规模以上工业增加值年均增长7.4%，其中新能源、高技术产业增加值年均分别增长54.4%和19.8%。战略性新兴产业占规模以上工业比重由5.1%提高到24.7%[①]（图2-24、图2-25）。

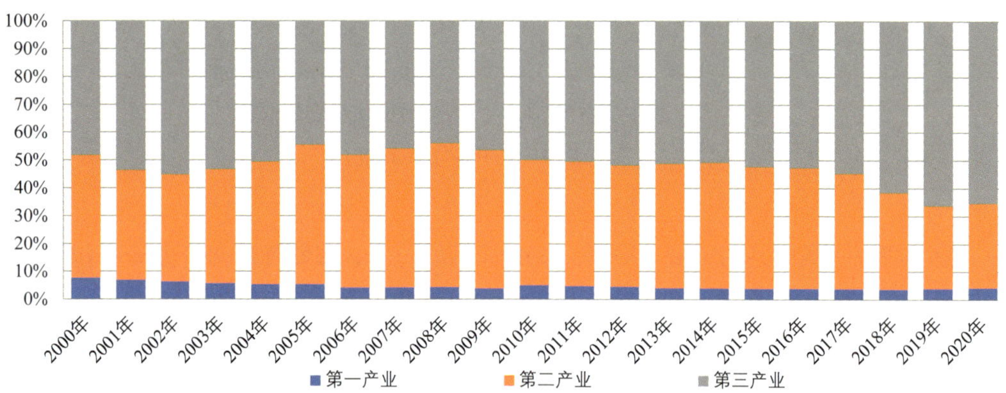

图2-24　西宁市2000—2020年产业结构变化情况

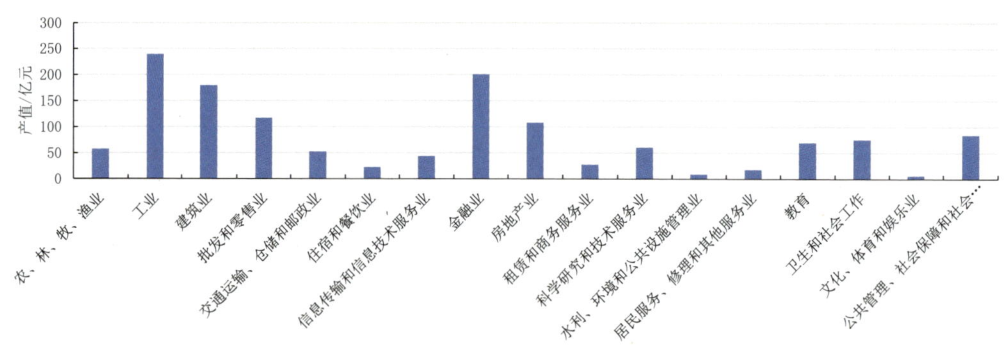

图2-25　西宁市2019年主要行业生产总值

1978年建区以来，海东市经济总量不断增长，经济结构明显优化，特色产业和优势产业正在培育和形成。海东市第一产业产值比重整体呈下降趋势，第二产业呈先上升后下降趋势，2010年第二产业产值比重首次超过第三产业，产业结构变为“二、三、一”结构，第三产业大致呈先下降后上升趋势。2018年海东市产业结构由“二、三、一”转变为“三、二、一”结构（图2-26）。根据《海东市国民经济和社会发展第十四个五年规划和二〇三五年远景目标纲要草案》，海东市“十三五”期间的三次产业结构

①数据来源：2021年西宁市人民政府工作报告。

持续优化，三次产业比重由“十二五”末的13.8∶50.1∶36.1调整为“十三五”末的15.1∶37.9∶4。农业基础地位持续巩固，青海东部特色种养十大基地初具规模，特色农作物种植比重达到86.1%；新型工业化进程不断加快，“高新轻优”产业发展方向日趋成熟，金属冶炼、建筑材料、水力发电、农副加工四大传统产业逐步转型升级，新能源新材料、信息产业、装备制造、食品医药四大新兴产业培育壮大，青稞酒、拉面、青绣、富硒等特色产业加快推进，重点带动、多点支撑的现代化产业格局基本形成；第三产业动能更加强劲，文旅商融合发展，商贸流通体系逐步形成，交通运输、房地产、金融、商贸服务、住宿、餐饮、信息咨询等服务业发展势头良好（图2-27）。

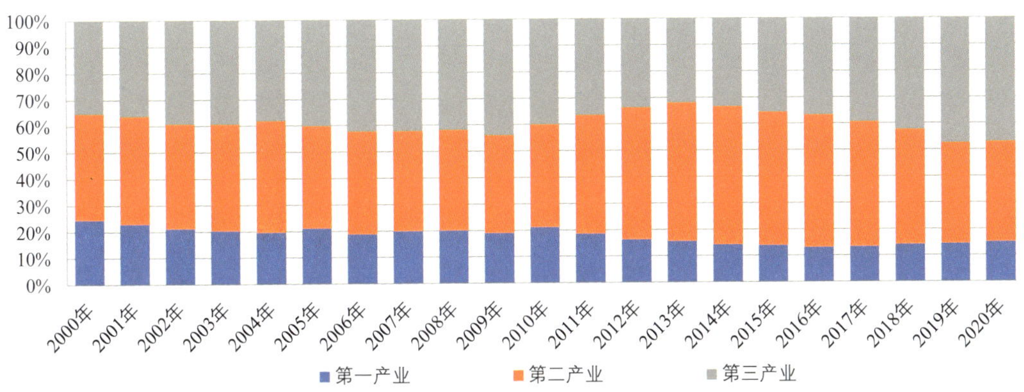

图2-26　海东市2000—2020年产业结构变化情况

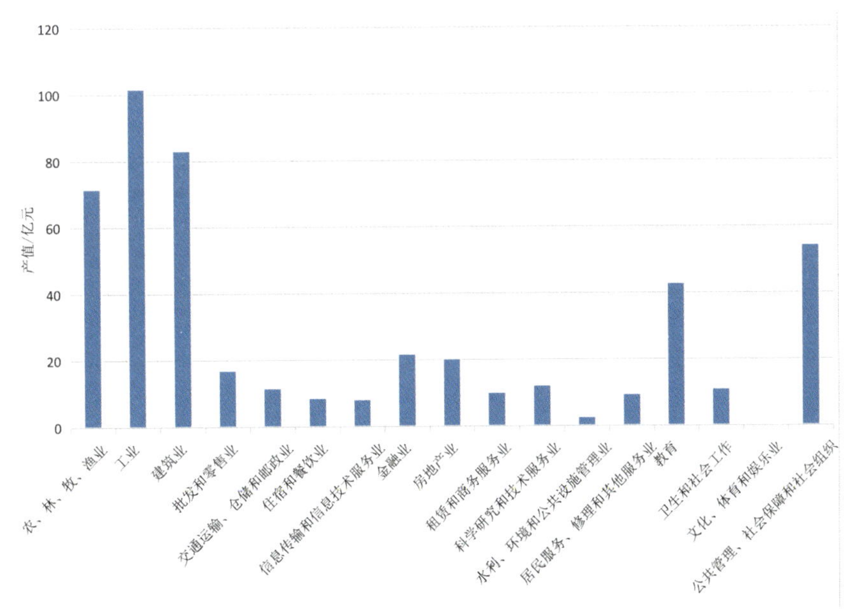

图2-27　海东市2019年主要行业生产总值

2. 专门化水平

为进一步研究西宁都市圈内13个县区的产业结构特征①，运用区位熵②刻画各县区三次产业的专门化水平，用以反映各县区产业在西宁都市圈中所处地位。

第一产业。都市圈中的湟源县、大通县、湟中区、互助县的第一产业始终是专门化产业。其中，湟源县和大通县的第一产业专门化水平总体呈上升趋势，并且自2007年起上升趋势明显；湟中区的第一产业专门化水平呈现先下降后上升趋势，2019年在各县区中排第三位；互助县的第一产业专门化水平较为稳定；循化县和乐都区的第一产业分别在2008年和2012年成为专门化产业；化隆县的第一产业专门化水平自2017年起超过1.00；民和县第一产业专门化水平在2017年后低于1.00；城东区、城中区、城西区、城北区、平安区的第一产业始终不是专门化产业（图2-28）。

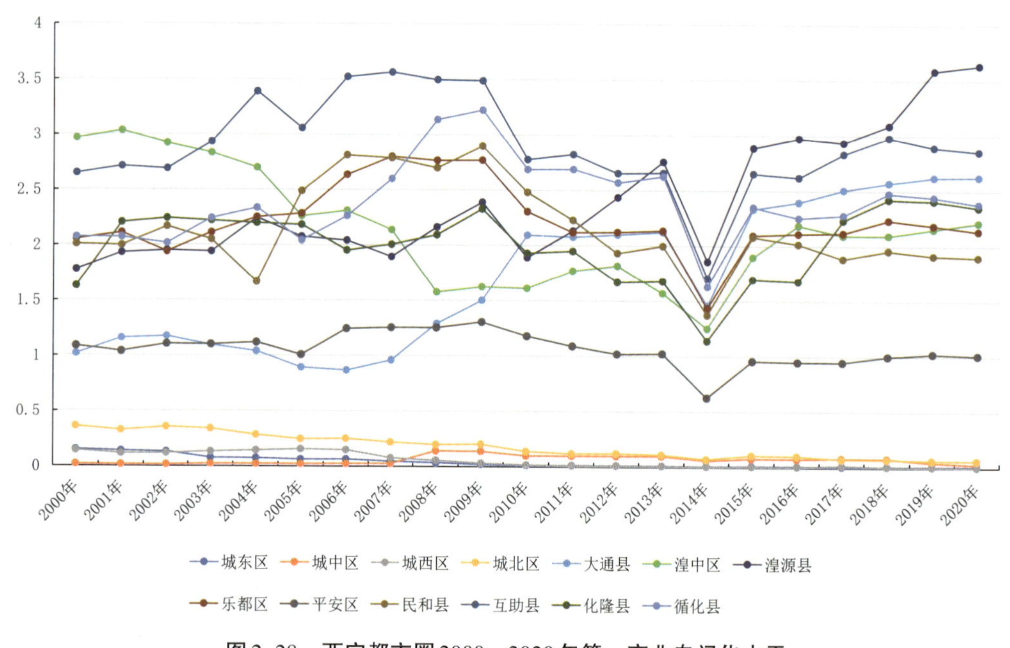

图2-28 西宁都市圈2000—2020年第一产业专门化水平

第二产业。都市圈各县区的第二产业专门化水平变动较大，这与各县区产业结构调

①由于西宁都市圈内部分县区2020年产业结构数据缺失，因此在对各县区进行产业结构统计分析时，起止时间为2000—2019年。

②区位熵具体公式如下：$Z = x_i / X_i$。式中：x_i表示某县区产业部门i在产业结构中所占的比重，X_i表示某县区所在的区域产业部门i在产业结构中所占的比重。若$Z>1$，则某县区i产业部门是区域内专门化部门；$Z \leqslant 1$则某县区该产业部门不是区域内专门化部门；Z越大，则某县区i产业部门专门化水平越高。

整密切相关。城北区、大通县、平安区、化隆县的第二产业始终是专门化产业。其中城北区、化隆县第二产业专门化水平总体呈下降趋势；大通县第二产业专门化水平呈先下降后上升趋势；平安区第二产业专门化水平变化幅度不大。城东区、湟源县、湟中区、民和县的第二产业在多数年份属于专门化产业，其中城东区与民和县自2018年起第二产业不再具有专门化水平；湟中区自2002年起第二产业成为专门化产业；湟源县第二产业专门化水平在2019年上升至1.25。乐都区和互助县自2003年起第二产业不具有专门化水平。循化县自2008年起第二产业不再是专门化产业。城西区和城中区的第二产业始终不是专门化产业（图2-29）。

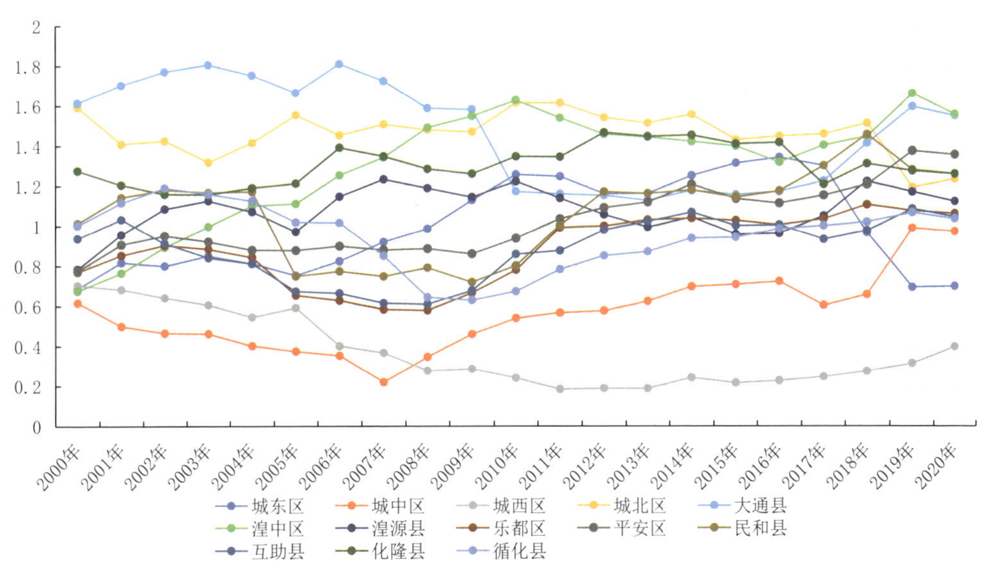

图2-29　西宁都市圈2000—2020年第二产业专门化水平

第三产业。只有城中区、城西区和平安区的第三产业始终是都市圈层面的专门化产业。其中，城中区和城西区第三产业专门化水平整体均呈现先上升后下降趋势，平安区变化幅度较小；城东区在2010—2017年期间第三产业专门化水平低于1.00，2019年回升至1.18；乐都区和循化县的第三产业分别自2001年、2008年起成为专门化产业；民和县和互助县的第三产业专门化水平在2019年均低于1.00；城北区、大通县、湟源县、湟中区、化隆县的第三产业始终不是专门化产业（图2-30）。

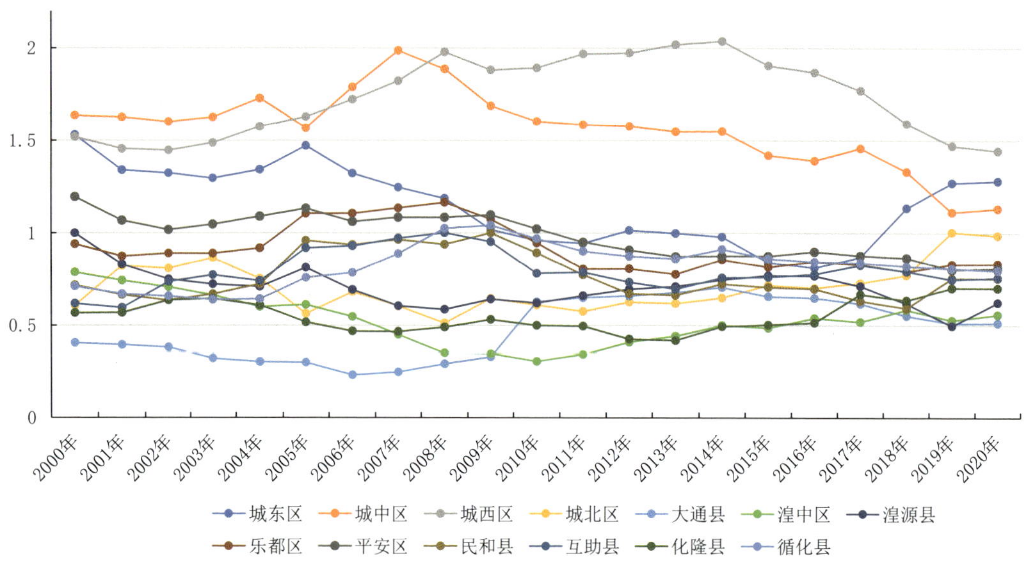

图2-30　西宁都市圈2000—2020年第三产业专门化水平

3.高度化水平

产业结构高度化是指产业结构从产业低端形态向高端形态转变的过程，是推动一个国家或地区经济发展方式转型和升级的一种重要工具和手段。选择最具代表性的第三产业与第二产业比值来刻画，并用G表示，G的数值越大，意味着产业结构高度化的程度越高（付丽娜 等，2020）。

西宁都市圈产业结构高度化水平整体偏低，并且2000—2019年期间变化幅度较小，大致呈现先下降后上升趋势。其中，城中区和城西区的产业结构高度化指数远远高于其他县区，并且均呈现先上升后下降趋势。城中区自2007年起产业结构高度化水平开始下降，但是在2016年后开始有所回升。2003—2011年，城西区的产业高度化水平快速提升至10.11，但自2011年起产业结构高度化水平呈持续下降趋势。西宁都市圈内其他县区的产业结构高度化指数较低，且在2011—2016年均呈下降趋势。主要原因可能是在这期间西宁都市圈主要发展诸如有色（黑色）金属生产、基础化工、食品加工、藏毯绒纺、建材等传统产业，而第三产业发展缓慢，吸引劳动力就业能力不足，导致产业结构高度化指数一直在下降。2017年以来，西宁都市圈内多数县区的产业结构高度化水平有所上升，产业结构有所优化，这与西宁都市圈工业结构不断调整密切相关。除了提升原有的传统产业，西宁都市圈还大力培育发展新兴产业，加快发展现代服务业，壮大优势产业集群，加快建设现代产业体系，构建产业高质量发展新格局（图2-31）。

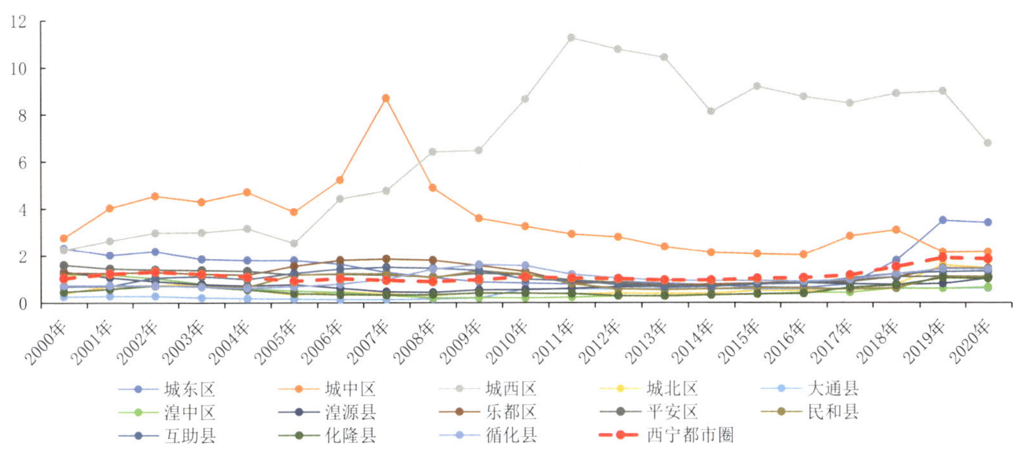

图2-31　西宁都市圈及其各县区2000—2020年产业结构高度化水平

2.4.2　县区尺度的产业类型调整

1.西宁主城区

随着城市化进程的快速推进，因之西宁独特的地形（典型的高原河谷城市），西宁十分注重第二、三产业的发展，经济发展迅速，产业结构不断调整升级，城市发展面貌欣欣向荣（高晓辉，2017）。《西宁市2030年城市空间总体发展规划》中明确提出了西宁市“引领区域、主动转型、彰显特色”的城市发展战略，总体目标定位是将西宁市打造成“更加繁荣、更加美丽、更加宜居”的青藏高原中心城市，带动区域发展的西北经济高地，自然人文有机融合的区域服务中心，具有国际知名度的高原旅游名城（图2-32）。

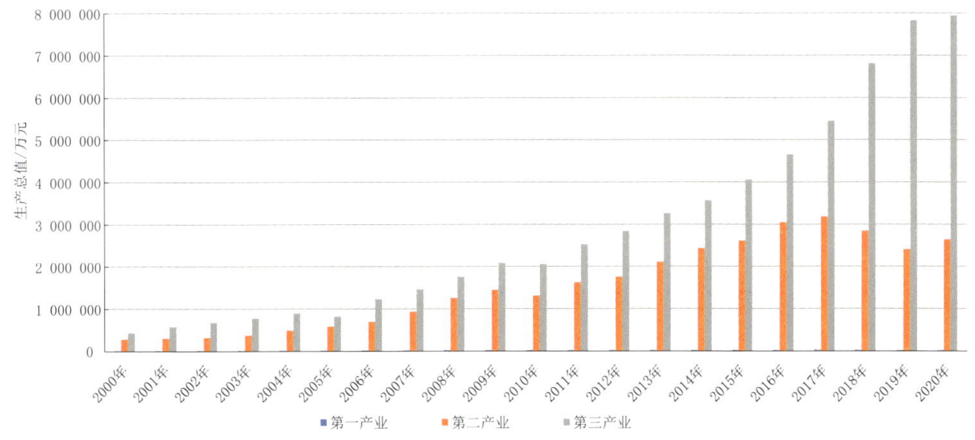

图2-32　西宁市2000—2020年主城区三次产业产值变化情况

西宁市主城区第一产业所占比重很小，主要集中在城郊。农业类型以观光农业和生态农业为主，农业现代化和机械化生产达到了较高的水平。分区来看，西宁市主城区第一产业生产总值主要集中在城北区和城中区，2019年城中区和城北区第一产业生产总值分别为0.58亿元和0.95亿元（图2-33）。由于海湖新区的成立，城西区注重行政办公、文化娱乐等职能的建设，第一产业所占的比重将会越来越小。由于东川工业园区的建设，城东区主要以高新技术产业区建设为定位，重点发展青藏高原特色产业项目，第一产业的比重可能会逐步减小（姜维旗，2019）。

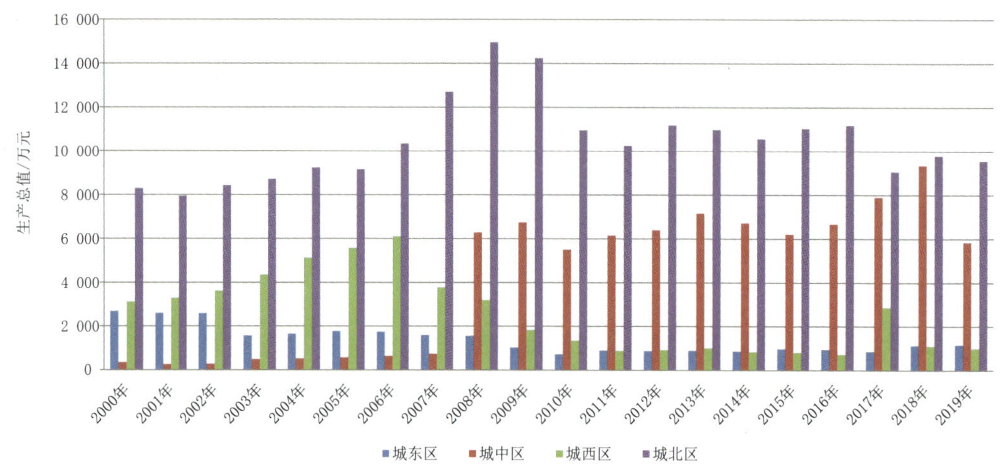

图2-33 西宁主城区2000—2019年第一产业生产总值变化情况

西宁市主城区第二产业发展迅速，但不同城区第二产业的发展速度有所不同。其中城北区第二产业生产总值增长量最大，增加了77.85亿元，表明城北生物园区的不断完善和西钢的发展对城北区第二产业起到了极大的推动作用；第二产业生产总值增长量其次的是城中区，2000—2019年共计增长59.88亿元，这与近些年南川工业园内高新技术企业数量增加有着很大关系；城东区在2000—2017年内第二产业生产总值增长较快，但是近两年来呈下降趋势，主要由于城东区着力优化产业结构，推动发展旅游业、商贸物流业等现代服务业；城西区在2000—2019年内第二产业生产总值增长最慢，总共增长29.94亿元，这与城西区的发展定位有关，城西区注重文化娱乐、行政办公、科研文教等职能的发展（图2-34）。

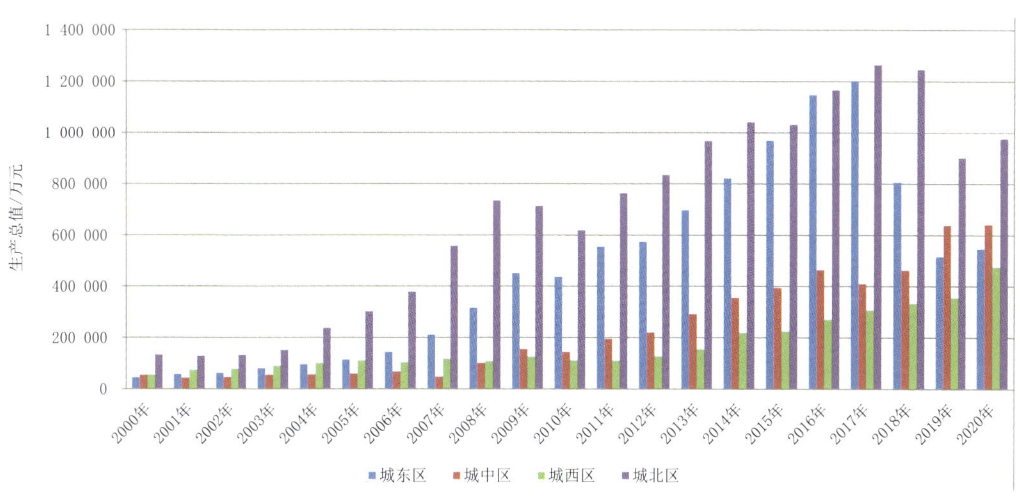

图2-34　西宁主城区2000—2020年第二产业生产总值变化情况

西宁市主城区第三产业生产总值呈上升趋势，2000—2019年西宁市主城区第三产业生产总值共计增长738.7亿元。其中城西区第三产业生产总值增量最大，2019年共计增长307.24亿元；其次是城东区，共计增长172.7亿元；再者是城北区，增加值为136.87亿元；城中区的增加值最少，这与城中区功能定位有密切关系，即城中区以第二产业尤其以高新技术产业为主。从第三产业各行业的调整变化情况来看，2001—2017年西宁主城区第三产业中金融业生产总值增长规模最大，其次是批发和零售业，住宿和餐饮业变化幅度较小，交通运输、仓储和邮政业生产总值所占比重有了很大提高（图2-35）。

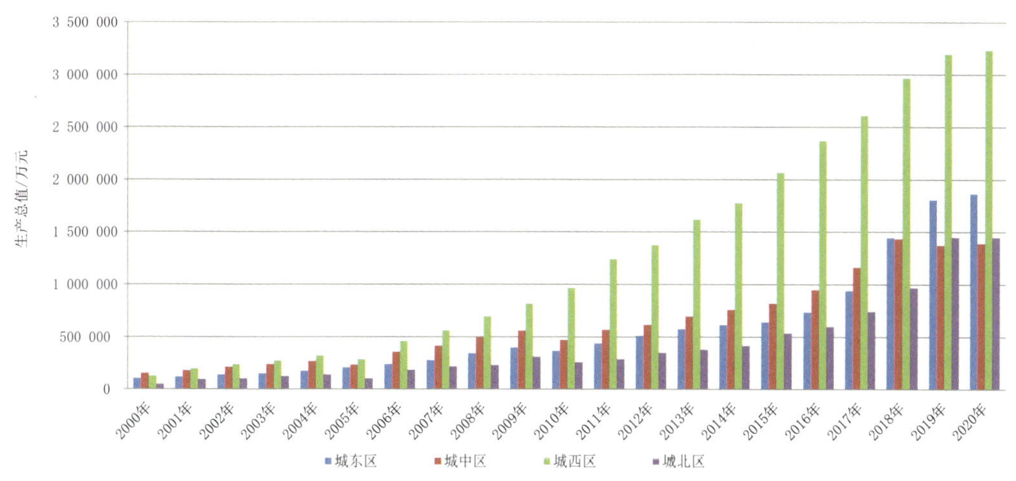

图2-35　西宁主城区2000—2020年第三产业生产总值变化情况

城东区 产业结构持续优化，2020年第三产业占比71.21%，增速达9.7%，经济发展韧性更强。商圈经济繁荣发展，围绕建国路、火车站、互助路沿线规划商圈建设，高品质打造特色鲜明、类型多样的消费集聚区。新型业态竞相发展，2020年全年登记注册网络经营场所93家，网商平台入住商户12 000余家。加快推进“旅游+多产业”发展，2020年全年接待游客量、旅游综合收入分别同比增长32.4%和20.4%。加快传统商业街环境品质提升，协调推进商业综合体开发建设进度，抓好专业市场升级改造。鼓励引导商贸流通企业线上线下互动创新，培育壮大平台经济、夜间经济、假日经济、小店经济、屋顶经济等新业态。鼓励发展新兴服务业，加大企业升规入限培育扶持力度，增强产业发展后劲。

城中区 现代农业扎实推进。实施西宁雯豪养殖生态牧场、中和标准化养殖场建设项目，创新生态养殖循环模式，大幅提升牲畜存栏数和出栏率。工业经济平稳运行。以加快转变工业发展方式为主线，以科技创新与经营创新为动力，大力培育科技型、成长型可持续发展企业。借助南川工业园区辐射带动优势，以藏毯、绒纺为主导的产业集群逐步形成，以锂电、光电为核心的新能源、新材料产业规模不断扩容。服务业蓬勃发展。加快培育互联网电子商务等新业态，青海瀚祥电商储配中心等项目进展顺利，西大街百货、解放商场、大十字百货等传统商贸业提档升级。推进南门大世界、香榭里商业中心、麒麟名都等商业体二次招商项目，教育培训、卫生健康、居家服务、社区养老服务等产业链得到不断延伸。

城西区 “十三五”期间，启动“四大集聚区”建设，建成城西区总部经济大厦，万科等145家企业设立区域性总部。光大银行、大地保险、国泰君安证券等全省56%以上金融机构集聚西区，现代金融占区域生产总值比重从2015年的17.3%提高到2020年的24.6%。一批商业综合体竞相发展，新华联、万达、大象城等商贸综合体核心地位更加凸显，现代产业体系初步形成。第三产业总量位居全省县区首位，唐道637成为国内旅游网红打卡地，城市窗口作用已然显现。

城北区 近年来，城北区坚持把建设生态宜居区和“双创”聚集区作为区级战略，充分发挥生态比较优势、产业竞争优势、物流覆盖优势、人才绝对优势、文化独特优势，把产业和城市转型升级作为地区经济发展的主动力，将北区打造成了全省人文高教、创业创新、康养服务、生物医药发展的前沿阵地。突出发展生活性服务业，青藏高原生活用品冷链分拨中心等项目顺利实施，新城控股、万科公园里等高品质城市综合体置业北区。扎实开展“优化营商环境年”活动，支持民营企业和中小微企业发展。

2.大通县

大通县以发展低碳、循环、绿色经济为指导，以建设“繁荣、和谐、生态、宜居”

新大通为奋斗目标，立足生态资源、制造业基础和综合保税区，着力推进农业现代化、新型工业化和城镇化进程，发展生态旅游产业，丰富拓展现代制造业，突出发展第三产业，建设三产协同发展的全省经济强县（图2-36）。

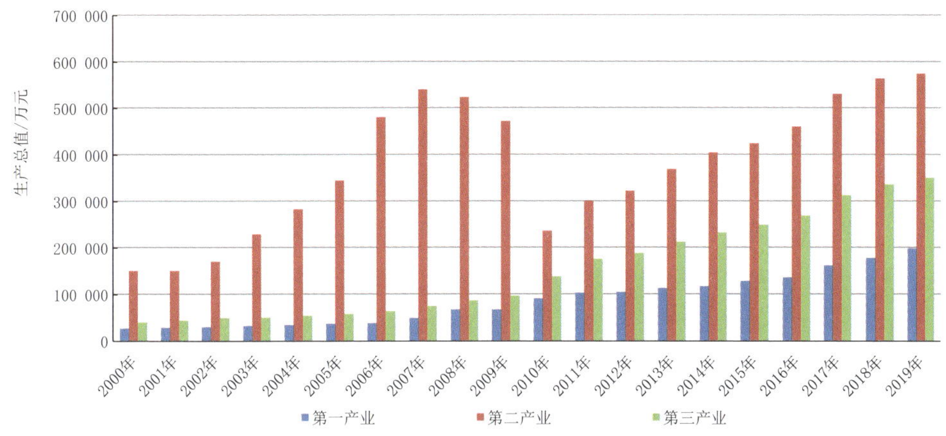

图2-36　大通县2000—2019年三次产业产值变化情况

以北川工业园区为工业项目投资创业平台，以双新公路、宁大铁路以西、东峡公路沿线和城关食用菌产业带“三线一带”为农业产业化项目投资创业平台，以国家森林公园鹞子沟、察汗河景区和老爷山“六月六”花儿会等民俗文化旅游资源为载体开发旅游文化产业，以桥头地区循环经济圈为商贸、房地产、科教卫生体育项目投资创业平台。依托区位优势、自然资源优势、绿色农牧业资源优势和电解铝、有色金属冶炼、机械装备、新型建材、化工等大中型企业相对集聚优势，建设以机械制造、新型建材、物流仓储、化工、有色金属冶炼及其精深加工为主的重点产业（图2-37）。商贸、餐饮、电子商务、养老健康等现代服务业不断壮大。

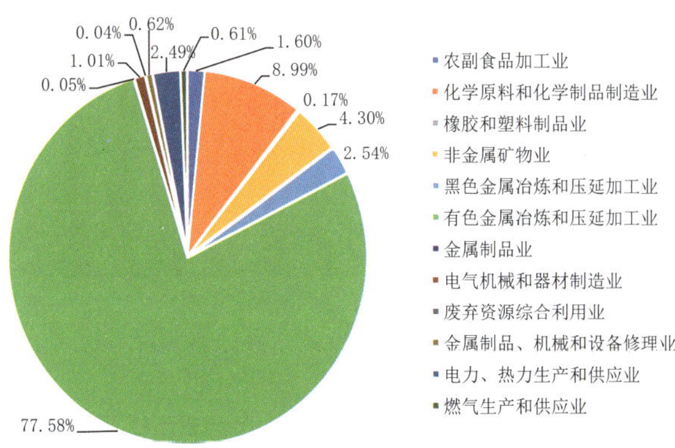

图2-37　大通县2019年主要工业行业产值占比

（资料来源：2019年大通回族土族自治县国民经济及社会发展统计资料）

3. 湟中区

湟中区立足县域特色资源，积极调整产业结构，夯基础、补链条、促转型，着力促进三次产业深度融合。一是打牢发展基础。2019年，投资2.16亿元实施召荣、卡约初禾等14个蔬菜生产基地水电配套、云谷川特色种植产业园等项目，推广种植优质饲草25万亩，新建肉牛养殖基地2个，西纳川农业产业园被认定为省级现代农业产业园。2019年，多巴滑雪场、西宁新华联童梦乐园等重大旅游基础设施建设项目完成投资9.04亿元，西纳川、鲁沙尔等4条市级乡村旅游示范带通过验收，上山庄等3个村入选首批全国乡村旅游重点村名录，全县乡村旅游接待点总数达到159个。二是延伸产业链条。2019年，认定绿色农产品70个，发展新型农业经营主体35家，班仲营农产品物流配送中心建成运营，蔬菜产销链条逐步形成，农业总产值较上年增长11.7%。推动绿色工业发展，正德中草药种植加工基地、3 000吨青稞麦纤素生产线建成投产，县属工业增加值增长5%（图2-38）。旅游产业链条进一步延伸，云谷川印象小镇、佛光酒店等旅游项目建成运营，八瓣莲花非遗中心被评为国家3A级景区，2019年旅游业总收入达26.58亿元、增长17.2%。三是促进产业转型。根据《青海省西宁市湟中区2019年政府工作报告》，湟中区持续加快绿色农业发展，推广化肥农药减量增效试点5.2万亩，建立绿色蔬菜高效示范区1.2万亩，新培育小微企业546家，贵强物流园入驻企业38家，金融、快递、家政、健康服务等产业快速壮大，新建电商体验店4家，改造升级村级电商站点120个，覆盖率达90%，电商交易额同比增长119%。

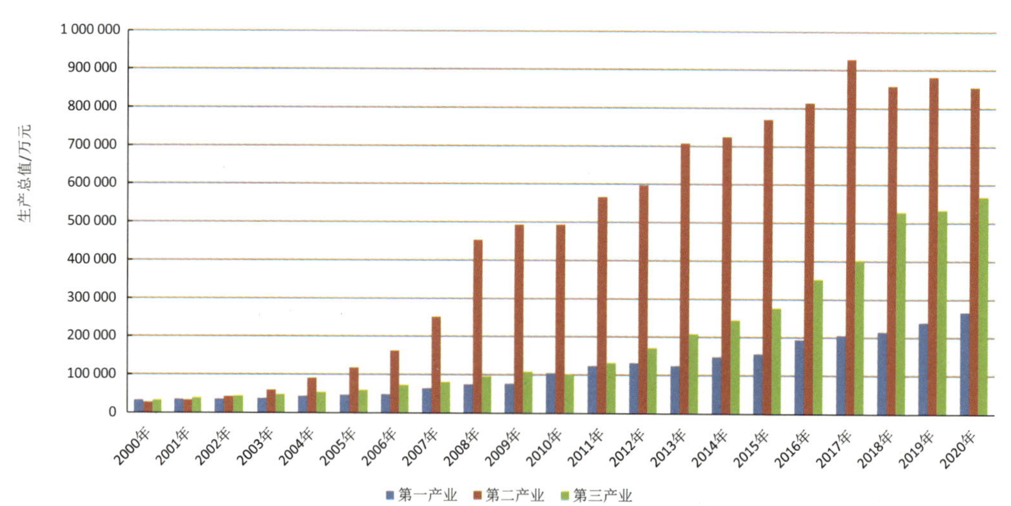

图2-38 湟中区2000—2020年三次产业产值变化情况

4. 湟源县

湟源县立足海藏咽喉区位和生态循环农牧业基础，大力发展绿色有机农畜产品加工产业，培育全省涉藏州县物资中转服务基地，建设湟水上游生态强县。“十三五”期间，湟源县坚持绿色发展提档升级，产业聚能取得新突破。突出提升产业质量效益和竞争力，积极调整产业布局，三次产业结构比优化为25.9∶36.5∶37.6（图2-39）。基本形成粮食、蔬菜、饲草、畜禽养殖四大特色产业，特色经济作物比重达到88%。依托青藏高原原产地特色聚集园，结合《青海省牦牛和青稞产业发展三年行动计划》，加快青稞种植及食品开发，开拓牦牛养殖及加工产业，抢占牦牛藏羊精深加工产业制高点。推动发展以文化、民俗、生态等为主的文体旅游产业，不断拓展旅游产业链。继续打造“西部排灯之乡”，抓好树莓山庄等乡村旅游产业建设，打好“小高陵精神”牌、“丹噶尔民俗”牌、“昆仑文化”牌，打造西部一流的文化旅游目的地。

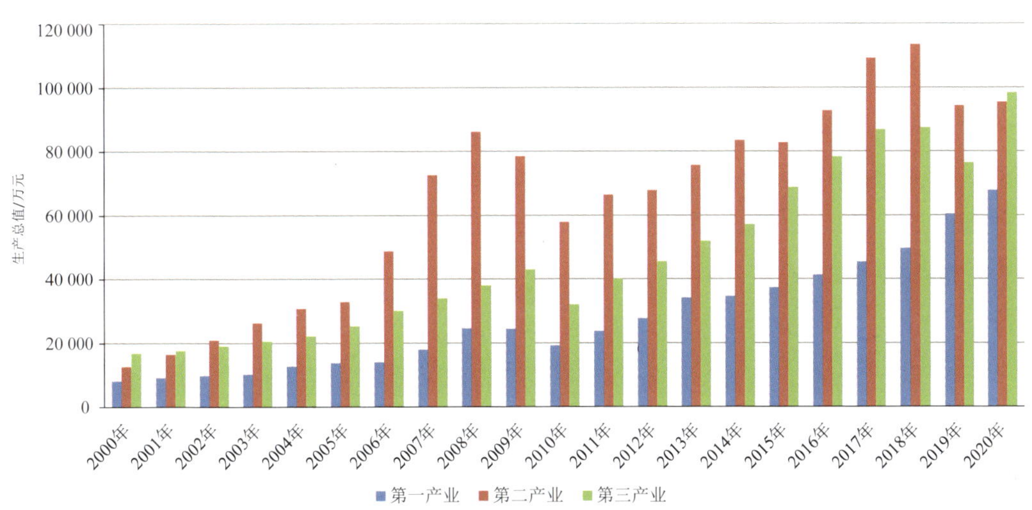

图2-39　湟源县2000—2020年三次产业产值变化情况

5. 乐都区

“十三五”期间，乐都区三次产业比重由2015年的14.4∶47.0∶38.6调整为2020年的15.2∶34.5∶50.3，总体呈现“一稳二优三增”的特点（图2-40）。现代农牧业趋优增效，乐都长辣椒、紫皮大蒜、大果樱桃、藏香猪等特色农畜产品知名度不断提升。“十三五”期间，乐都区获批创建全国农村一二三产业融合发展先导区，建成省级乡村振兴战略示范试点村2个，乐都果蔬产业园成功获认省级现代农牧业产业园，3家合作社荣获“国家合作社示范社”，9个村镇成功入选全国“一村一品示范村镇”。第一产业增加值由2015年的11.38亿元跃升为2020年的17.17亿元，农业产业链的增值潜力得到充分挖掘。"高新轻优"新型工业化进程不断加快，工业园区转型发展迈出坚实步伐。水泥、玻璃、铁合金等传统行业技术升级改造进度加快，装配式建筑、高端装备制造、光电等新兴产业实力不断扩大，贵强锂离子、鹭江光伏等新兴产业项目建设快速推进，新型产业集群已现雏形。

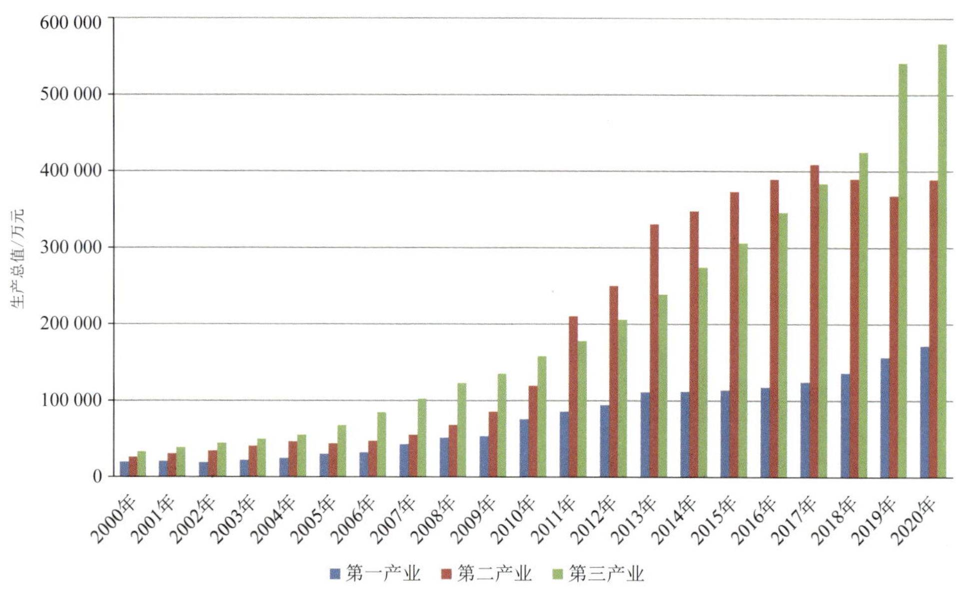

图2-40　乐都区2000—2020年三次产业产值变化情况

"十三五"期间，乐都区以旅游业为龙头的现代服务业发展机制不断完善，多元化的第三产业发展格局基本形成。全域旅游多点开花，深入推进国家级全域旅游示范区创建，瞿昙寺景区建设取得实质性进展，卯寨成功创建3A级旅游景区，成为全省乡村旅游"领头雁"。扎碾公路获评青海最美生态公路，成为生态旅游亮丽名片。成功获评全国休闲农业与乡村旅游示范县，荣登"2019中国最美县域榜单"。"北山赛马""洪水火龙舞"成功申报国家级非遗名录，全国太极拳（剑）交流活动、"青海年·醉海东"等重大文旅活动成功举办，"河湟古都·人文乐都"知名度显著提升。旅游带动经济潜力大幅释放，2020年全区接待游客232万人（次），实现旅游收入7.05亿元。贵强物流园、华为大数据中心、海东假日广场等项目建成投运，服务业发展动能不断增强。

6.平安区

"十三五"以来，平安区坚持推动传统产业转型升级，加快新兴产业发展，经济发展质量显著改善。三次产业结构由"十二五"末的7∶52∶41调整为"十三五"末的7∶44∶49（图2-41）。

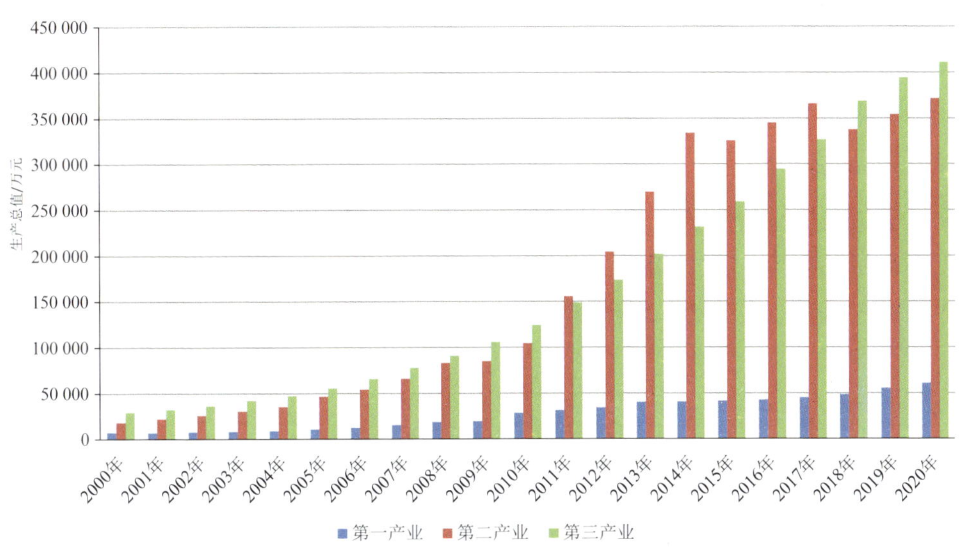

图2-41　平安区2000—2020年三次产业产值变化情况

富硒特色农业优势显现。“十三五”期间，平安区荣获“中国十大富硒之乡”称号，成功举办高原富硒产业发展论坛，“高原硒都”品牌影响持续增强，建成27处高标准富硒农作物种植示范基地、1处农作物聚硒效应实验基地、4处千亩以上饲草示范种植基地；全区特色优势作物播种面积占到总播种面积的90%以上，金丝皇菊、中药材、苦荞等高附加值特色经济作物种植呈逐年上升趋势；以现代生态牧场为代表的畜禽规模化养殖水平不断提高，规模养殖场户达1 673户。

工业经济企稳向好。“十三五”末全区规模以上工业企业13家，西沟峡绿色矿山生态治理、凯瑞生物科技富硒饲草料及草种综合加工生产线、金阳富硒生猪冷链加工等项目基本建成。

现代服务业发展迅猛。旅游业成为全区产业发展的新支柱，平安驿荣获中国最具民俗文化特色旅游目的地称号、国家4A级旅游景区和省级特色步行街，平安驿特色小镇为代表的全域旅游蓬勃发展，平安柴火鸡、平安月饼、平安牛头等品牌效益叫响，全区接待国内外游客和实现旅游总收入于2019年达到历史最高峰，分别为233万人（次）和6.26亿元，均是“十二五”末的3倍，旅游对全区产业发展的带动作用逐步显现。现代商贸、现代物流稳步发展，健康养老、电子商务等新业态日益兴起。

7.民和县

“十三五”期间，民和县突出持续“做优一产、做大二产、做活三产”的发展理念，抓效益、调结构，协调推进三次产业，产业转型升级步伐不断加快。三次产业结构比重由“十二五”末的14.25∶52.32∶33.43调整为“十三五”末的13.54∶40.95∶45.51（图2-42）。

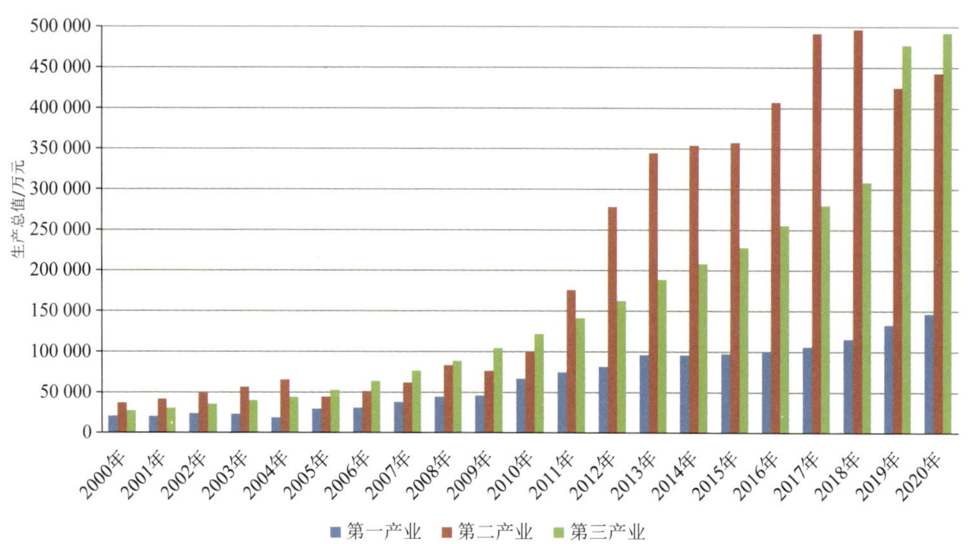

图2-42　2000—2020年民和县三次产业产值变化情况

农业结构持续优化。“十三五”末，以高原、生态、循环、高效为内涵的“民和模式”不断充实，民和县实现农业总产值24.69亿元，较“十二五”末的17.06亿元增长44.72%。不断探索农业产业转型，着力发展中川核桃、隆治苹果、西沟油用牡丹等一批特色经济林种植基地，培育了一批新型林业经营主体。

工业经济平稳增长。“十三五”末，全县实现工业总产值170亿元，年均增长10.66%，完成全部工业增加值36亿元，规模以上企业数量达到18家，逐步形成以水电、铝材、水泥、碳素、氧化镁、复混肥为主，以牛羊肉深加工、饲草产业、淀粉制品、乳制品、软饮料等特色轻工业为辅的工业体系。

第三产业显著提升。“十三五”以来，第三产业发展迅猛，超越第二产业比重成为民和县经济发展的主导产业。“十三五”末，全县年游客接待量达到267.68万人次，年均增长15.08%，旅游总收入达到8.73亿元，年均增长19.68%。成功创建省级全域旅游示范县、喇家国家考古遗址公园和大禹故里园，永录民俗博物馆升级为国家4A级旅游景区，以七里花海、南垣牡丹休闲园、排子山花海为主的乡村旅游方兴未艾，排子山花海被评为3A级旅游景区，古鄯镇山庄村、官亭镇喇家村被列为全国乡村旅游重点村。电子商务、家政服务、健康养老、金融中介、汽车租赁等服务业协同推进，地摊经济、夜间经济规范发展，拉面产业总体保持平稳发展。

8.互助县

近年来，互助县产业结构不断优化，三次产业比重从2015年的18.2：45.8：36优化为2020年的20.4：33.9：45.7，产业结构优化转型成效显著（图2-43）。

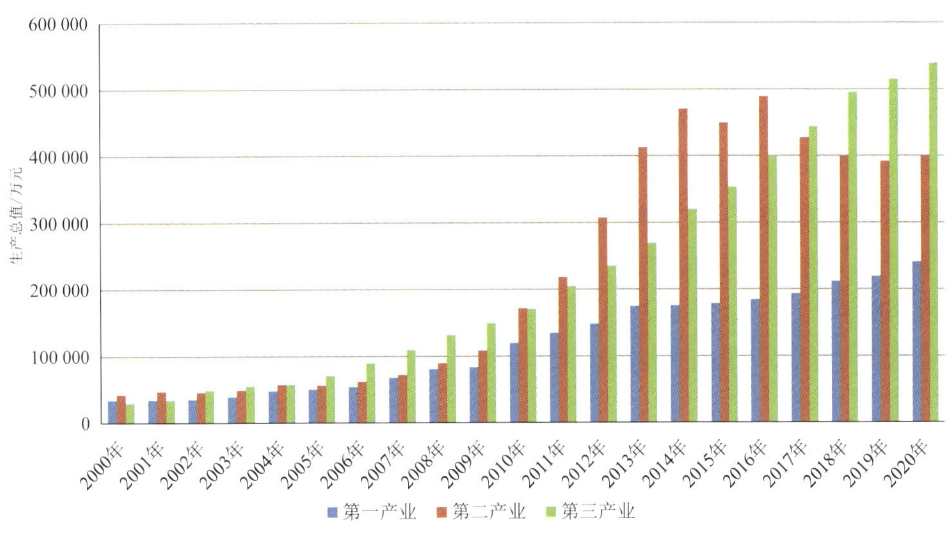

图2-43　互助县2000—2020年三次产业产值变化情况

特色农业提质增效。以“双国家级”农业示范园区为引领，大力发展绿色生态循环农牧业，建成了一批特色制繁种基地、循环农业示范点、休闲观光农业示范基地，“互助当归”“互助黄芪”“互助大黄”成功申报国家农产品地理标志。塘川农业产业园被认定为第一批省级现代农业产业园。建成了北方最大的春油菜杂交油菜制种基地、全国最大的八眉猪保种繁育基地、全省重要的脱毒马铃薯繁育基地和“菜篮子”基地，荣获“第一批国家级农产品质量安全县”“全国农村创业创新典型县”“全国农村一二三产业融合发展先导区”“全国休闲农业和乡村旅游示范县”等国家级荣誉称号。

工业经济转型升级。以绿色发展为目标导向，坚持走“低碳、绿色、聚集、循环”的新型工业发展之路，全县轻、重工业结构比由“十二五”末的23∶77优化为“十三五”末的54∶46。绿色产业园食品饮料加工基地和“双创”基地基本建成，国立药业建成全国最大的胆酸胆粉生产线，千草堂、德宏、咏茂祥、国力药业、花宝蜂业、百德等一批重点企业成功入驻园区，成为全省工业转型升级15个重大产业基地和丝绸之路新经济带上的特色轻工业基地。青稞酒振兴计划全面启动，培育形成了以青稞酒酿造、生物制药、绿色农畜食品、文旅产品为重点的新兴产业集群。

第三产业蓬勃发展。主动融入国家河湟文化生态保护区、国家全域旅游示范区、国家文物保护利用示范区建设，加快全国全域旅游示范区创建步伐，成功入选全省首批全域旅游示范区名单，“一核一线一廊两翼”的旅游发展格局初步形成。土族故土园成为全省第三家国家5A级旅游景区，建成全省首条景观性观光索道——浪士当景区圣母天池观光索道。乡村旅游发展势头强劲，麻吉村等7个村被国家林业和草原局命名为“国家森林乡村”称号，五十班彦和卓扎滩村荣获“中国美丽休闲乡村”称号。“十三五”

期间，全县接待游客1 506万人次，实现旅游收入76.1亿元，分别是“十二五”时期的1.5倍和2.2倍。商贸流通发展快速，产业规模日益扩大，产业层次不断提升，“十三五”期间，培育限额以上商贸流通企业3家，培育具有外贸进出口资质企业8家，建成地标性商业综合体2个，累计实现外贸进出口总额1.5亿美元，特别是2017年外贸进出口交易额首次突破6 000万元。网购快递行业快速发展，电商产业发展迅猛，已建成1个县级服务中心、18家镇级物流中心、232个村级服务点。

9.化隆县

化隆县坚持以供给侧结构性改革为主线，不断推动产业融合发展。到2020年，三次产业比重为16.8：40.9：42.3，产业结构趋于合理（图2-44）。

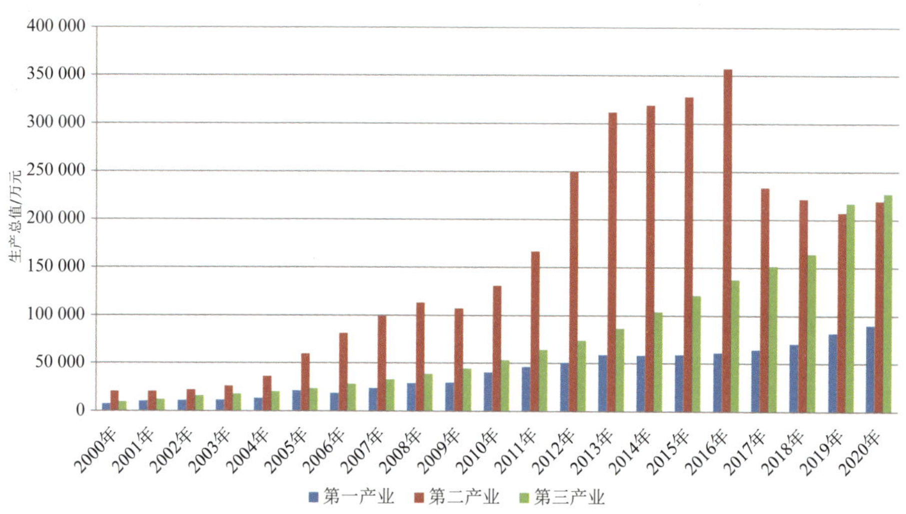

图2-44　化隆县2000—2020年三次产业产值变化情况

特色农牧业加快发展。全县农业生产总值达到7.9亿元，年均增长5.1%。高原特色农业示范园建设进展顺利，到2020年累计完成投资4.36亿元。实施了“黄河彩篮”现代菜篮子工程、冷水鱼健康养殖示范场、保护性耕作工程建设、全膜双垄栽培技术推广、标准化牛羊养殖建设、土鸡养殖、一村一品特色专业村建设、牛羊肉冷藏冷冻加工等44个项目。打造了化隆特色黄河鲑鳟鱼、卡日岗土鸡、蔬菜、核桃、软梨等绿色有机农业品牌。

深入推进工业强县战略。以巴燕加合经济园建设为重点，培育龙头企业，改造提升传统优势产业，大力发展战略性新兴产业，推动资源循环利用，初步形成了以水电、冶炼、农机具加工、农畜产品加工、民族服饰加工、有色金属等为主的产业体系和“一园两区”的发展格局（表2-8）。“十三五”期间，规模以上工业增加值年均增长8.5%，主要实施工业项目63项，完成投资30亿元。

表2-8　2019年化隆县规模以上产业工业产值

产业	工业总产值/万元	同比增长/%
化学原料和化学制品制造业	10 614	34.46
非金属矿物制品业	3 444	-17.01
有色金属冶炼和压延加工业	78 891	0.35
电力、热力生产和供应业	162 404	3.79

服务业加快发展。已建成县镇（乡）村三级“互联网+”现代仓储智能物流网点基础设施，形成了与电子商务发展相适应的现代物流配送体系。实施缸山生态旅游景区、餐饮开发、世纪公园、农贸市场等商贸旅游项目，全县接待游客和旅游收入在“十二五”的基础上年均分别增长35%和30%以上。拉面产业不断发展壮大。在组织机构、政策扶持、品牌推广、市场开拓、产业链条、产品研发、园区建设、教育培训、金融服务、政务服务、脱贫攻坚等十个方面综合施策，推动拉面产业提档升级，加快智慧拉面大数据信息化服务平台建设，促进牛羊肉冷链物流配送、拉面汤料研发、加工包装等全产业链发展。

10. ***循化县***

循化县加快产业结构调整，努力推进经济转型，三次产业比重从“十二五”末的16.1∶43.2∶40.7调整为16.2∶34.3∶49.5（图2-45）。循化县注重发挥资源禀赋、特色优势，大力发展拉面经济、青绣产业、乡村旅游、清真食品、民族用品等产业，为全县经济高质量、可持续发展提供了坚强支撑。

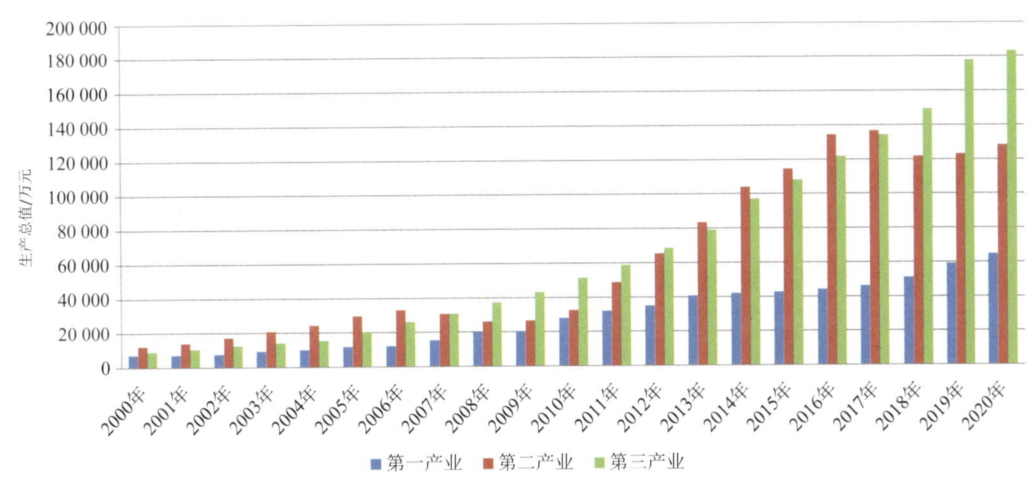

图2-45　循化县2000—2020年三次产业产值变化情况

现代农业稳步发展。“十三五”期间，“黄河彩篮”基地建设提档升级，以“一核两椒”为主的特色作物种植面积达到18.9万亩，占播种总面积的85.9%，生态绿色畜牧业发展基础不断夯实，草食畜饲养总量达到132万头只。“黄河循鳟”品牌通过国家级绿色食品认证。工业经济平稳向好，2020年二产增加值达到13.1亿元。清真食品（民族用品）产业园纳入海东工业园区统筹发展，清真食品、农畜产品加工、民族用品及旅游文化用品加工等产业发展迅速。

服务业加快发展。以“创建国家5A级景区”为目标，大力实施“旅游+”战略，全域旅游发展步伐加快。黄河水上旅游上马运营，成功举办国际男篮争霸赛、国际抢渡黄河极限挑战赛、丝路花儿艺术节暨河湟民俗文化节等重大活动。借助“魅力中国城”，加大旅游推介力度，持续打造“青藏之旅·首游循化”品牌，旅游产业不断壮大。“十三五”期间，五年累计接待游客1 270.04万人（次），年均增长11.0%，实现旅游收入74.3亿元，年均增长11.6%，“多彩循化”知名度不断提升。积极打造“中国淘宝村”，电子商务进农村综合示范县创建成效明显。

2.4.3 城镇功能空间结构

1.主导产业及其调整

近年来，西宁都市圈各城镇加快改造提升传统产业，立足盐湖化工、有色金属、能源化工、特色化工等传统产业基础牢、潜力足的优势，加快转型升级、提质增效。积极发展壮大新兴产业，以新能源制造、新材料、生物制药、高端装备制造、电子信息等产业为支点，全力推动有基础、有优势、有竞争力的新兴产业做大做强，逐步成为引领西宁都市圈工业经济发展的主导产业。

“十二五”期间，西宁都市圈各县区的支柱产业大多是金属冶炼、建工建材等，具有很大的相似性，各地区的优势产业并不明显。“十三五”期间，西宁都市圈各县区科学开发战略性特色资源，壮大提升支柱性产业，优化升级优势产业全产业链，形成更高附加值、更强创新力的产业链，打造具有地方特色的产业生态化和生态产业化金字招牌（表2-9）。

表2-9　西宁都市圈2000—2020年各县区的主要行业及其调整方向

县区	主要类型	主导产业调整方向
西宁主城区	有色金属、电力、建材、化工和机械装备制造	现代农牧业、藏毯、绒纺、锂电、光伏光热、有色金属精深加工、特色化工、生物医药、高原动植物资源精深加工、文化旅游、商贸会展服务业、现代制造业、现代商贸物流、金融商务、文化创意产业

续表2-9

县区	主要类型	主导产业调整方向
湟中区	有色金属加工、建工建材、毛毯地毯制造	蔬菜、饲草、肉牛养殖、农副产品加工等现代农业，中草药种植加工、青稞麦纤素生产等绿色工业，以文化旅游、生态旅游、现代物流、电子商务为主的现代服务业
大通县	有色金属、电力、建材、化工和机械装备制造	特色农业、农副产品精深加工、新型建材、节能环保产业、装备制造业、有色金属精深加工、化工产业、生物食品产业、旅游业
湟源县	建工建材、食品酿造、金属冶炼、塑料制品、毛毯地毯制造	粮食、蔬菜、饲草、畜禽养殖等现代农业，以风电、锂电子为主的新能源、新材料产业，以旅游业和商贸流通为主的第三产业
乐都区	农畜产品、建工建材、机械零配件加工、煤焦化工	以农副产品加工业、生态及保健食品生产、金属铸造、装备制造业、建材、冶炼、机械加工业、矿产品加工业、盐化工为主的生态循环产业，以商务金融、旅游服务、商贸流通、职业教育为主的现代服务业
平安区	金属冶炼、农产品加工、建工建材	新能源、新材料、高新技术、有色金属基础产业和精深加工、富硒及农副产品加工等现代新型工业，商务金融、教育科研、文化旅游、现代物流、房地产等第三产业
民和县	电石、特种铝合金、铁合金	以奶牛、肉牛肉羊、饲草、马铃薯、果蔬、林业为主的现代农业；以水电、铝材、水泥、碳素、氧化镁、复混肥为主，以牛羊肉深加工、饲草产业、淀粉制品、乳制品、软饮料等特色轻工业为辅的现代工业；商贸物流、文化旅游、电子商务、金融服务等服务业
互助县	金属冶炼、碳化硅、建工建材、食品酿造	现代生态绿色农业，食品加工、农副产品深加工、民族特色产品加工、医药保健品等轻工产业，建材、冶炼、石膏等资源型产业，土族民俗文化旅游、生态休闲旅游、房地产、商务商贸等现代服务业
化隆县	强电解铝、硅铁	以油料作物种植、花卉种植、高原冷水鱼养殖为主的第一产业，以高端复合材料生产、铝业铝型材加工、碳化硅生产、铁合金冶炼、农畜产品加工、食用油加工、花卉加工、旅游纪念品加工等为主的第二产业，以休闲生态旅游为主的第三产业
循化县	有色金属、建工建材	现代特色农业，以民族食品、民族服饰、民族用品、民族旅游纪念品加工、牛羊肉类、奶制品加工等为主的民族特色的轻工业，以民俗文化、黄河风情及宗教旅游为主的现代旅游业

（资料来源：各县区政府工作报告、统计公报及相关规划）

塘川镇 塘川镇是海东市互助土族自治县发展蔬菜产业最早的乡镇。2020年，全镇的蔬菜面积达2.3万亩，占全镇耕地总面积的33%以上，建成了全省单体面积最大的塘川设施农业基地，蔬菜产业已成为全镇支柱产业之一。在政府资金支持下，通过高原夏菜的引领和带动，互助县近几年重点实施了以规模化、标准化为主的设施蔬菜生产基地。同时，着力发展集约化种苗繁育中心，蔬菜新品种、新技术示范基地，以带动全县蔬菜产业向集约化、标准化、订单化方向发展，实现了由过去注重数量向现在注重品质的转变。

塘川镇依托青海凯峰农业科技股份有限公司、高羌村设施农业基地等，建立了“产业园区+公司+合作社+易地搬迁户”的发展模式，提升了产业发展水平，促进农民增收。2020年，占地面积4 670亩的塘川蔬菜产业园区，已建成高标准日光节能温室1 036栋，2 000 m^2的智能连栋温室1栋，还有5 000 m^2的分级包装车间和蔬菜保鲜库，并配套科研、培训、育苗、仓储、物流等设施。2020年生产各类果蔬品5 000多吨，实现产值2 000多万元。园区基地将结合塘川产业强镇项目，建设蔬菜初加工生产线3条、精深加工生产线1条，年可实现果蔬品加工量5万多吨，加工转化率将达到70%以上。

大华镇 湟源县大华镇以饲草为主导产业，2019年成为全国农业产业强镇。从发挥资源最大效益出发，大华镇以饲草标准化生产基地为基础、二、三产业融合发展为核心，加工龙头企业带动为关键，按照“饲草种植→饲草加工→牛羊养殖→有机肥加工→饲草种植”的种养加一体化生态循环模式为模板，着力构建草产业生产体系、加工体系、经营体系。通过大华镇产业强镇项目的实施，西宁富农草业生物开发有限公司，采取“公司+基地+合作社+农户（贫困户）”的运作模式，以“土地流转”“订单种植”等方式带动农户增收，并以高于市场价10%的价格，优先收购贫困户鲜草、种子等。如今的大华镇，已初步建成产业特色鲜明、要素高度聚集、设施装备先进、生产方式绿色、经济效益显著、辐射带动有力的草产业体系，树起乡村振兴的样板。

寿乐镇 寿乐镇位于乐都区北部引胜沟内，属沟岔地区，交通畅通便捷，镇辖30个行政村，耕地面积2.4万亩，是乐都区主要的设施蔬菜生产基地和休闲观光农业基地。2020年，寿乐镇蔬菜种植面积1.87万亩，占全镇耕地面积的77%；形成了3个集中连片蔬菜种植示范区，蔬菜产量3.83万吨，占乐都区蔬菜播种的17.1%。为实施蔬菜产业兴村强镇，持续富民惠民，夯实产业基础，寿乐镇引导农户绿色种植，规范管理区域内的企业、协会、合作社等经营主体，积极聘请省内外农业专家进行产品开发与技术指导。兴农农产品产销协会聘请了省上和市区13名农业技术专家、培养了89名种植领域的“土专家”；宏恩科技有限公司外聘了8名高级技术顾问，开发出系列富硒产品；禾韵种植专业合作社，聘请专家开发出了虎皮辣椒等系列产品；青海兴农实业有限公司，通过“公司+协会+基地+农户”的发展模式，集蔬菜收购、净菜加工和配送于一体，让乐都

“菜园子”插上金翅膀，走进千家万户的餐桌；青海宏恩科技有限公司通过“公司标准+农户种植+基地加工+市场营销”的模式，努力提高农民的大蒜种植技术水平，利用网络和专卖店拓展销售渠道，初步形成了富硒农产品种植、加工、市场营销的完整产业链。现在的寿乐镇初步形成了以高原特色蔬菜种植为主的第一产业，以净菜加工、大蒜产品精深加工为主的第二产业以及以农业生态休闲观光、交易物流配送为主的第三产业。

2.空间功能结构

从产业功能的空间结构现状来看，西宁都市圈形成以西宁为核心，以周边城镇等为外围区域的核心—外围产业联动结构（图2-46）。

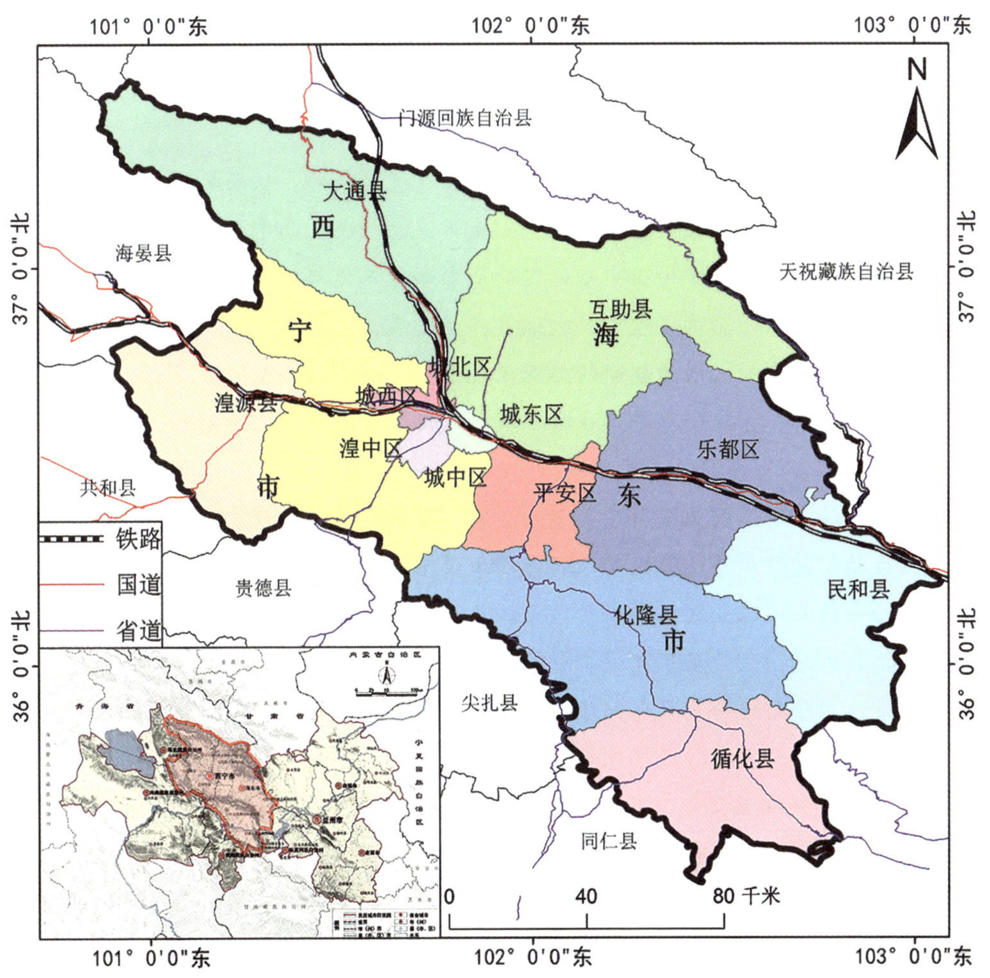

图2-46　西宁都市圈的现状功能空间结构

核心区以比较发达的第二产业、第三产业为主，外围区域以高原农业和具有资源优势的产业为主。从经济联系与地缘经济关系来看，根据王海飞的研究结论（王海飞，2020），西宁与周边的大通、湟源、湟中、乐都、互助是强联系的互补关系，与平安是强联系的较强竞争关系，与循化、化隆是一般联系但有较强互补性，与民和是一般联系且地缘关系不明。因此，未来需要进一步整合西宁与其外围区域产业发展格局，形成相互促进、相互补充、错位发展的合作共赢关系。

西宁市的一体化难题：集聚发展阶段下“虹吸效应”与“灯下黑” 大通县作为西宁市北面门户，毗邻西宁市城北区，未来发展与西宁市息息相关。在未来发展过程中，如何与西宁接轨接力，通过交通网、信息网、物流网对接西宁，调整空间布局融入大西宁建设，是大通县未来发展需要考虑的问题。西宁市主城区对大通县的虹吸效应在于中心城区有着更好的软硬件条件，会持续吸引周边地区的人才、资本等。一个区域的中心城市吸收了周边城市的各种资源越做越强，和周边城市的差距会越来越大，而随着资源的聚集，中心城市的吸引力会越来越强，就形成了虹吸效应。

第一，西宁具备市场规模大及经济实力较强等优越条件，从而对周边的自然和经济要素产生较大的吸引力，比如劳动力向中心城市流动、企业向中心地区扎堆、资本向中心地区集聚等。第二，西宁由于中心地区的资本和生产优势，大量吸引了外围地区的劳动力和资本进入，从而影响了湟中、大通等县区发展，使得西宁发展更快，而湟中、大通等县区发展受到影响。因为创新的起源来自于空间中少数几个地区或者地块，只有通过西宁的优先创新，才能使得早期在资源有限的情况下做到必要的创新，最后创新也会通过相应的路径扩散到湟中、大通等县区。第三，西宁城市群拥有较好的地理环境基础，水资源比较丰富，因此吸引了大量人口在此集聚。由于人口集聚，城市规模不断扩大，加上城镇化进程加快，随之而来的是城市群生态环境质量变坏，粉尘污染和水污染严重。如西宁的北川工业园区，由于污染排放量大，往北迁移到大通县境内后，既使西宁的污染排放达标，又带动了大通工业的发展。第四，进一步加强西宁虹吸效应的一个重要点就是，西宁要进一步吸引人才，特别是吸引对产业园区有特殊作用的人才，在教育上更要大力投资，吸引青海在外人员回青创业，为青海做贡献。

湟源县过道效应显著。湟源县土地利用效率不高，与西宁的区域交通，如高速公路、国道等严重切割了城市空间，未来与西宁的城际铁路建成通车后会一步压缩城市建设用地进。另外，西宁与青海省西部的高速公路建成通车后，会将原属于109国道沿线的人流、资金流、物流吸引到高速公路上，且由于强烈的“过道效应”，将会对原有道路沿线的服务业产生很大的冲击。如何向上级政府申请高速公路、城际铁路等在湟源县留下出口是湟源县发展的重要任务。湟源县经济实力较差，在现行的国家政策下，地方政府项目的投资需要上级和当地共同出资，但由于湟源县的财政收入较低，无法拿出相应的地方配套资金，所以很多项目不能落地，故而进入城市发展的恶性循环。对于湟源县来说，当务之急是发展产业，引进绿色企业，提高财政利税收入，同时，应积极申请上级政府给予政策帮扶。

西宁都市圈矿产资源丰富，核心区与外围城镇形成了一种基于原料供需的产业关系，西宁通过整合周边资源，发展矿产资源的加工产业，形成矿业加工产业集群。此外，西宁周边农牧业发达，是西宁居民日常生活用粮油、蔬菜等生活必需品的来源。

核心区周边旅游资源丰富，外围区域在生态旅游、休闲农业和服务业等方面具有优势。农业发展方面，外围大多数县区基础良好，各县区应立足特色、放大优势、加强合作，在高原青稞、中药、油菜、蔬菜种植等领域，探讨农业发展规模化和产业化经营的模式；旅游服务业方面，外围城镇需要进一步整合旅游资源，融合各地自然山水、民族风情特色，联手创新旅游精品路线，打造高原旅游品牌，让高原旅游成为区域经济增长点（王海飞，2020）。

从产业发展的增长格局来看，西宁市在“十三五”期间优化了产业布局，重点发展了城北—大通高新技术产业增长带、甘河—鲁沙尔—南川优势特色产业集群、多巴城市副中心等。城镇功能进一步得到提升，空间格局得到了一定程度的优化（图2-47）。

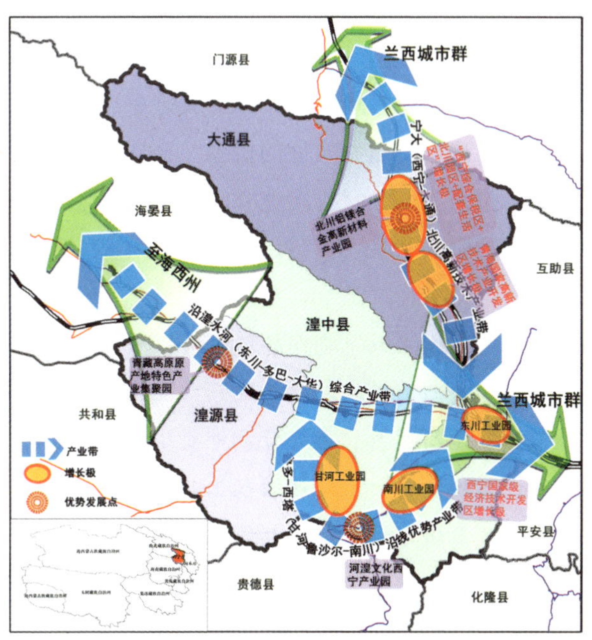

图2-47　西宁市产业发展增长格局示意图

（资料来源：《西宁市国民经济和社会发展第十三个五年规划纲要》）

2.4.4 产业发展转型与园区功能

1.产业发展转型

都市圈是以经济辐射、产业空间为特征的城市空间形态，本质在于淡化行政区划，从区域角度强化城市间的经济联系，形成经济、市场高度一体化的区域格局。产业作为经济活动的主体，它在空间上的分布与迁移对于都市圈的形成和发展有着重要的连接作用。没有产业空间，都市圈就无法形成密切的经济联系，无法协调城镇之间的发展，更无法推进区域基础设施共建共享。保护并统筹利用各类资源，改善人居环境和投资环境，是都市圈的主要职能。

为改善西宁都市圈产业布局不均衡和西宁市极化效应带来的区域发展不均衡的问题，将西宁中心城区的双高产业、第二产业和相似产业转移到西宁都市圈外围工业园区，如海东和西宁交界的河湟新区、甘河工业园区等，或转移到边缘县，如城北区将部分产业转移到大通县，将屠宰业转移到湟源县等。对于高新产业和绿色产业则选择产业入园的空间策略。

产业转移是西宁都市圈发展的有力措施，西宁都市圈按“一区四园”进行产业布局。为绿色产业和高新产业提供较好的园区条件，促进其形成集聚效应和规模效应，创新推动都市圈发展；将不适合在核心区布局的劳动密集型和资源密集型产业迁至有工业用地指标的县区，发挥核心—边缘结构的扩散带动作用，提升核心区经济效益，带动都市圈整体发展。

产业转移形成的产业空间连接是形成都市圈的关键一点。产业空间形成连接可以在更大区域整合资源和市场，提供创新和发展的机会。全球化竞争也要求以核心城市及其城市集团或城市区域为单位来参与，只有产业空间相连接，才能有助于区域内部产业合作、结构互补、生态共治、服务共享。

湟源县产业发展转型 “十三五”期间按照市委市政府的总体规划，着力构建绿色发展体系。县政府坚持以加快新旧动能转换为统领，优化企业帮扶机制，工业经济持续健康发展；加大中小微企业培育力度，新增小微企业199户；优先保护生态环境，对于高耗能，高污染的产业进行淘汰，大力发展绿色工业及服务业。但目前转型升级后的企业产能较低，在税收贡献及产值方面都有较大的提升空间。

乐都区产业发展转型 “十三五”期间，乐都区引入宝恒产业公司，主要发展绿色制造业，同时引进手机制造业、装备制造业；和沈阳中泰开展项目合作，实现年利润3 000万～5 000万。以工业园区为载体，进行产业布局，北区引进中泰装备制造有限公司，开展铸造磨具精加工；西区开展玻璃产业、精深加工建材主导产业、碳化硅等黑色有色金属产业；其他地区通过淘汰落后产能等形式，逐步向绿色发展推进。同时，乐都区历史悠久，旅游资源丰富，近年来大力发展旅游业，2019年接待游客人数238万人，旅游收入达到7.3亿元。

日渐衰落的甘河工业园区　甘河滩镇位于青海省湟中区北部，矿藏资源主要有石灰石、砂石、红黏土等10多种。甘河工业园区占据甘河滩镇域大部分，是青海省重点发展的工业区之一，面积84.88 km^2，距离西宁市35 km、湟中区6 km。

甘河工业园于2002年7月由青海省政府批准设立，2006年整合并入西宁（国家级）经济技术开发区，2014年被确定为全国循环化改造示范试点园区，2015年被确定为全国（首批）低碳工业园区试点，是青海省重点建设的工业园区之一。2018年，园区规模以上工业增加值增长9.39%。“十三五”期间，园区内共引进各类工业企业96家，建成投产54家，其中规上企业达到31家，形成了以电解铝、电解锌、电解铜为主的有色金属产业，以铬铁、硅铁、铁精粉为主的黑色金属产业和以PVC、甲醇、复合肥为主的特色化工产业。其中，有色金属产业达到155万吨电解铝、115万吨铝深加工、10万吨电解锌、10万吨电解铜、4 000吨镁合金压铸件的产能规模；黑色金属产业达到100万吨硅铁和铬铁的产能规模；特色化工产业达到24万吨PVC、80万吨甲醇的产能规模。同时，园区还建成了年发电量72亿度的火电机组和10万吨绿色建筑钢构件项目，产业布局初具规模，集群效应逐步显现（图2-48、图2-49）。

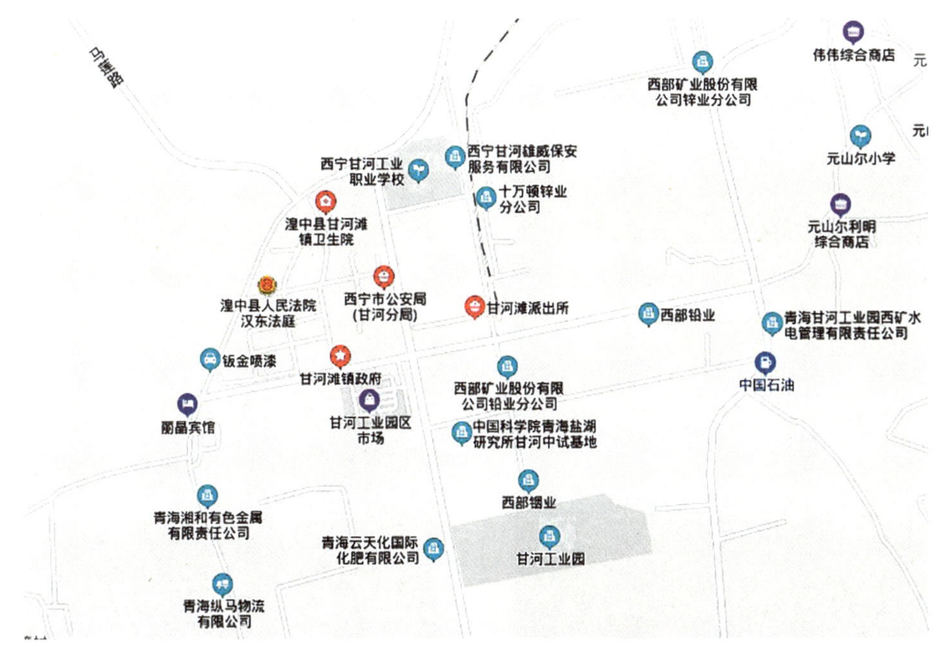

图2-48　甘河工业园区内部分企业分布示意图

（a）甘河工业园区管理委员会大楼

（b）停产的硅铁厂

（c）青海云天化国际化肥有限公司

（d）青海盐湖海纳化工有限公司

（e）青海金广镍铬材料有限公司

（f）黄河鑫业有限公司厂区

（g）海河铁路公司营业楼

（h）青海欣固公司沥青项目环保设施未建成违法投产

(i) 正在进行排放的企业

(j) 科考队员现场讨论园区发展

图2-49　西宁市甘河工业园区

不过，科考队员2021年调研时现场发现甘河园区内多为黑色金属产业和特色化工产业，而且不少企业没有开工处于休业状态。多巴新区与甘河工业园区距离较近，通勤仅需要几分钟车程。甘河工业园区的工业排放势必会对多巴新区产生影响，多巴新城作为青藏高原文化旅游门户，想要长远发展，需考虑这个问题。

大通县的产业整治与绿色转型　大通县作为生态保护的重点县，"十三五"期间关停了矿山开采企业21家，恢复植被1 098亩，依法拆除不符合环保要求的企业233家，在全省率先建立了流域综合治理等节能减排、环境治理项目11项，县域环境空气质量稳中有进，空气质量达标率为92.6%。大通县在土壤保护方面积极推进全国11个无废城市试点建设工作，推动一、二、三产业的融合，以高新技术产业为依托，淘汰高污染高耗能的产业。当前，大通县已初步形成了特色绿色产业发展新体系，同时积极推动传统工业项——铝镁合金产业转型。

2.园区的组织与分布

从产业园区发展来看，西宁都市圈的产业园区数量有所增加，类型更加丰富，发展日益均衡，分工明确。近年来，西宁都市圈推动产业园区提质发展，创新园区运行机制，提升园区招商水平，全面提高产业园区平台能级。

"十三五"期间，西宁都市圈持续优化工业园区布局，推动园区由单一生产型向复合型转变，构建国家级园区引领带动、省级园区有力支撑、地方园区彰显特色的高质量发展载体（图2-50，表2-10、表2-11）。

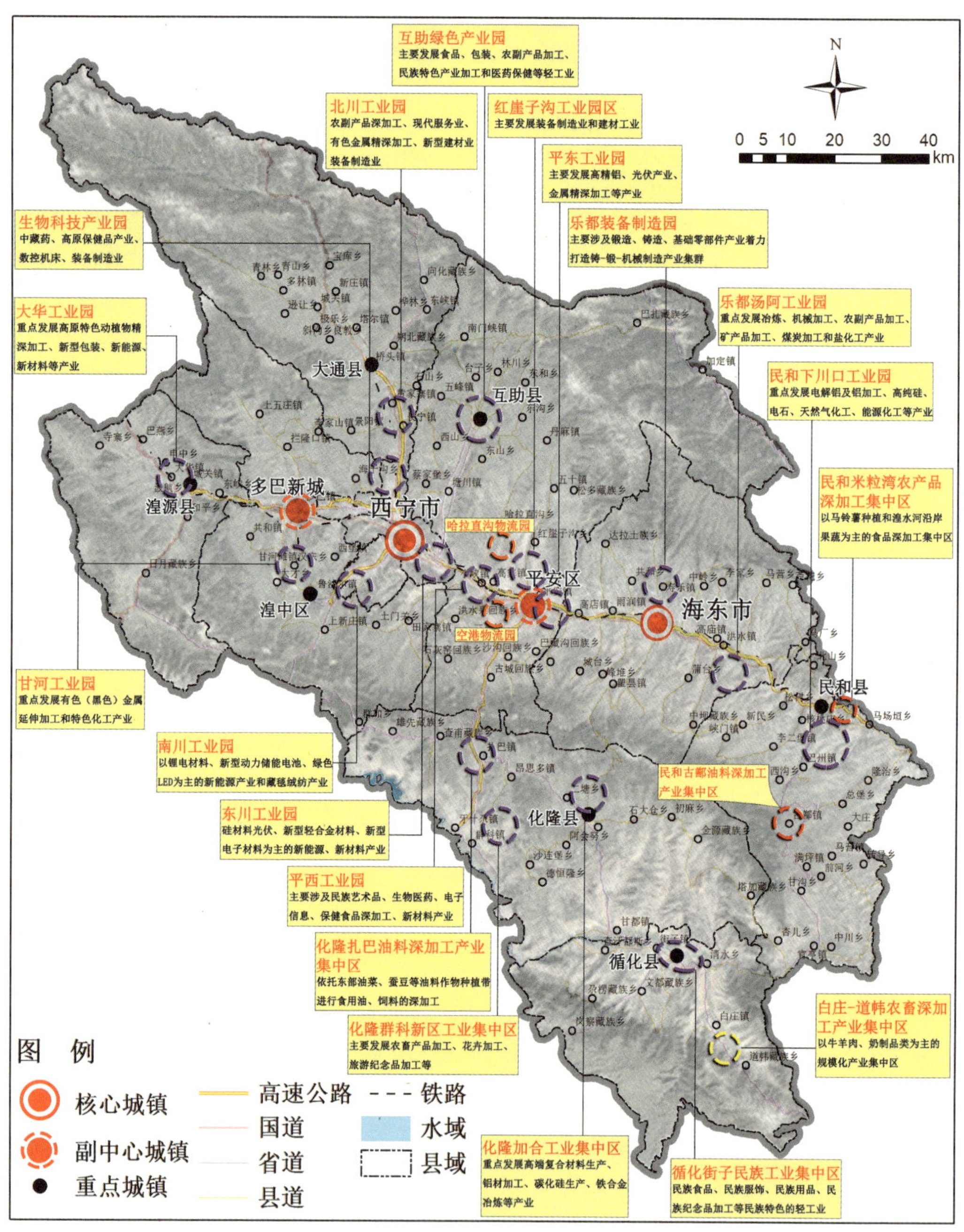

图2-50 西宁都市圈的产业园区分布

（资料来源：根据各县区园区资料整理）

表2-10　西宁都市圈工业园区发展情况

县区	工业园区	主要产业
民和县	民和县工业园区	金属冶炼及深加工产业、镍镁基合金新材料产业、新能源及煤电产业
乐都区	乐都工业园北区	铸造、模具、精加工等小型装备制造产业
	乐都工业园西区	玻璃生产、精深加工、水泥等产业
	汤阿工业集中区	黑色、有色金属产业
平安区	平西经济区	光伏设备制造、汽车发动机制造、电子信息、高原富硒农副产品深加工产业
	平北经济区	有色金属产业
互助县	互助绿色产业园	青稞酒酿造、农副产品精深加工
西宁主城区	东川工业园区	以新能源和新材料产业为发展重点，发展硅材料和光伏产业、新材料产业等
	南川工业园区	锂资源精深加工、新能源汽车、藏毯绒纺。以藏毯生产为龙头的特色毛纺织产业集群，建设风电、锂电、太阳能光伏产业为核心的新能源、新材料产业基地
	生物科技园区	高端制造装备、生物健康、云计算产业。发展高原特色生物资源、现代中藏药、特色绿色食品(保健品)、先进装备制造业
大通县	北川工业园区	有色金属精深加工产业、新材料产业、绿色食品制造业、节能环保产业、先进制造业。重点发展火力发电、铝电联产、金属冶炼及深加工、新型材料、建筑材料和化工
湟中区	甘河工业园区	有色金属精深加工产业、新型化工产业。以有色金属、黑色金属、化工等产业为基础，大力发展循环经济，发展有色金属延伸加工、煤及天然气化工产业链，加快建设氟化工产业园、铬化工产业园、碳(石墨)材料产业园，积极培育和发展现代物流等生产性服务业
湟源县	大华工业园区	冶炼产业、新能源、新材料、包装、建材产业。重点发展金属冶炼、建材工业和农畜产品加工，开发盐湖、天然气化工下游产品

（资料来源：根据园区官网和《东部城市群发展总体规划》概括梳理）

表 2-11　青海省海东市工业园区现状

<table>
<tr><th colspan="2">园区</th><th>产业重点</th></tr>
<tr><td rowspan="5">曹家堡临空经济区（省级）</td><td>平东工业园区</td><td>高精铝、光伏产业、金属精深加工</td></tr>
<tr><td>平西工业园区</td><td>民族艺术品、生物医药、电子信息、保健食品深加工、新材料产业</td></tr>
<tr><td>红崖子沟工业园区</td><td>（太阳能光伏设备、风电、水电发电设备等）装备制造、建材工业</td></tr>
<tr><td>空铁新城服务中心</td><td>商贸金融、教育科研、信息咨询等</td></tr>
<tr><td>哈拉直沟物流园
空港物流园</td><td>现代物流业</td></tr>
<tr><td colspan="2">互助绿色产业园（省级）</td><td>食品、包装、农副产品加工、民族特色产品加工、医药保健品等轻工产业</td></tr>
<tr><td colspan="2">乐都装备制造工业园（省级）</td><td>铸造、锻造、基础零部件产业，着力打造铸—锻—机械制造产业集群</td></tr>
<tr><td colspan="2">乐都汉庄工业园区（省级）</td><td>新型干法水泥和浮法玻璃生产线</td></tr>
<tr><td colspan="2">乐都汤阿工业园区（省级）</td><td>冶炼工业（硅铁、碳化硅、磨料、工业硅、多晶硅、铝制品等），建材工业（空心砖、墙体涂料、纸面石膏板、PVC管材板材、砂石料等），机械加工工业，农副产品加工工业，矿产品加工工业和煤炭加工工业，盐化工</td></tr>
<tr><td colspan="2">民和下川口工业园（省级）</td><td>电解铝及铝加工、高纯硅、电石、天然气化工、能源化工等产业</td></tr>
<tr><td colspan="2">民和米拉湾农产品深加工产业集中区</td><td>以马铃薯种植带（区）、湟水河沿岸果蔬为主的食品深加工集中区</td></tr>
<tr><td colspan="2">民和古鄯油料深加工产业集中区</td><td>依托中部油菜种植带（区）进行食用油、饲料的深加工</td></tr>
<tr><td colspan="2">化隆加合工业集中区</td><td>高端复合材料生产、铝业铝型材加工、碳化硅生产、铁合金冶炼等</td></tr>
<tr><td colspan="2">化隆群科新区工业集中区与提升区</td><td>农畜产品加工、花卉加工、旅游纪念品加工</td></tr>
<tr><td colspan="2">化隆扎巴油料深加工产业集中区</td><td>依托东部油菜、蚕豆等油料作物种植带进行食用油、饲料的深加工</td></tr>
<tr><td colspan="2">循化街子民族工业集中区（积石镇—街子镇）（省级）</td><td>民族食品、民族服饰、民族用品、民族旅游纪念品加工等民族特色的轻工业</td></tr>
<tr><td colspan="2">循化白庄—道帏农畜深加工产业集中区</td><td>依托化隆、循化牛羊养殖，建设以牛羊肉类、奶制品类为主的规模化产业集中区</td></tr>
</table>

［资料来源：《青海省海东市城乡统筹发展规划（2012—2030年）》］

3. 积极承接产业转移

依托产业基础、资源优势和东西部对口帮扶机制，西宁都市圈需采取补链承接、提升承接、延伸承接、链条对接等多种方式，建设一批“园中园”“飞地园”“共管园”等产业转移园区，具备条件的园区逐步纳入对口帮扶年度重点工作和考核。

省市两级政府支持西宁（国家级）经济技术开发区、海东工业园区承接东中部适宜产业转移，联合打造国内承接产业转移的优选地、接续地，进而与甘肃省共同打造面向中西亚的出口加工和贸易基地。

4. 推进园区整合和优化

根据国家发展改革委、科技部、自然资源部、住房和城乡建设部、商务部、海关总署印发的《中国开发区审核公告目录》（2018年版），国务院批准设立的开发区分为五类：经济技术开发区、高新技术产业开发区、海关特殊监管区域、边境/跨境经济合作区、其他类型开发区，省（自治区、直辖市）人民政府批准设立的开发区按区域划分。本报告涉及西宁都市圈所辖的2个国家级开发区和5个省级开发区。

西宁都市圈应优化整合各类开发区，鼓励产业向国家级、省级开发区集聚，鼓励区位相邻的开发区整合发展。西宁（国家级）经济技术开发区应扩大辐射和带动能力，形成硅材料及光伏制造、有色（黑色）金属、新材料、特色化工、藏毯绒纺、高原生物健康和高端装备制造等7个主导产业，着力培育锂电与新能源汽车、光电与新一代信息技术等2个新兴产业，提升产业层次，打造促进产业融合、吸纳要素聚集、辐射带动城市群循环经济发展的核心区。海东工业园应培育壮大新能源新材料、信息产业、装备制造、食品医药等主导产业以及现代服务业，积极推动工业园在符合条件的情况下升级为国家级经济技术开发区。着力打造甘河工业园、南川工业园、临空综合经济园3个千亿元产业园和东川工业园、生物科技产业园、北川工业园、乐都工业园、民和工业园、互助绿色产业园6个五百亿元产业园，加快建设湟源青藏高原原产地特色产业聚集园和国际（西宁）绿色产业园区，西宁都市圈主要开发区的发展导向如表2-12所示。

表 2-12　西宁都市圈主要开发区的未来发展导向

园区名称	园区类型	级别	主要产业
西宁经济技术开发区	工业园区	国家级	特色资源开发、机械加工、中藏药
青海高新技术产业开发区	高新技术开发区	国家级	装备制造、中藏医药、食品
青海南川工业园区	工业园区	省级	藏毯绒纺、新能源、新材料
西宁大通北川工业园区	工业园区	省级	铝电、建材、基础化工
青海红崖子沟工业区	工业区	省级	新材料、精细化工、新能源、有色金属精深加工
海东工业园区民和工业园	工业区	省级	铁合金冶炼、碳化硅冶炼、铝冶炼加工
海东工业园区互助绿色产业园	产业园	省级	青稞酒酿造、生物医药、农畜产品加工

第3章　西宁都市圈高原城镇化发展与调控机制

从乡村到城镇，从边缘到核心，西宁都市圈正在加速推动高原城镇化进程，驱动人口的空间重布，促进生态文明建设。

3.1　城镇化水平的趋势与特征

3.1.1　城镇化水平测度

城镇化是伴随工业化发展，非农产业在城镇集聚、农业人口向城镇集中的自然历史过程。劳动力向城镇迁移、产业非农化及城镇建设用地增加是都市圈城镇化的重要推动力和现代化的必由之路。然而，只有人口、土地、产业三个城镇化要素协同发展，避免出现“城镇化超前”或“城镇化滞后”，才能实现西宁都市圈的可持续发展。人口城镇化是指农村人口转变为城镇人口、农业人口转变为非农业人口的过程。高质量城镇化需坚实的产业支撑，依靠产业发展集聚人口和其他资源要素，提升经济社会发展水平。采用非农产业占比，即第二产业产值与第三产业产值之和占GDP总量的比例表示产业城镇化。

1.人口城镇化水平

西宁都市圈是青藏高原推进城镇化的重点区域。2019年西宁都市圈整体城镇化率在63%左右，仅比全国平均水平高出约3个百分点。2015—2019年，西宁都市圈内各县区的常住人口城镇化率逐步增长（图3-1、图3-2）。其中，西宁主城区由于常住人口城镇化率在2015年已达到较高的水平，这五年的变化幅度明显要小于其他县区的增长幅度。2019年我国常住人口城镇化率为60.60%，而西宁都市圈所涵盖的七区四县中，只有西宁市四个主城区2019年常住人口城镇化率在全国平均水平之上，而其他几个县区和全国的平均水平相比相差约20个百分点（图3-3、图3-4）。这表明西宁都市圈大部分地区的人口城镇化水平还比较低，除西宁市主城区之外的其他县区人口城镇化水平还有较大的提升空间。

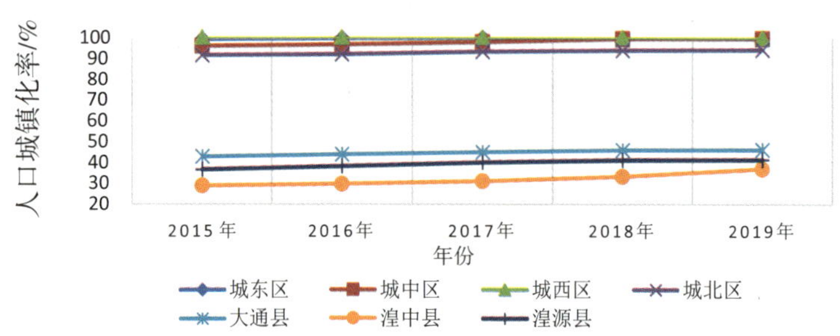

图3-1 西宁各县区2015—2019年常住人口城镇化率

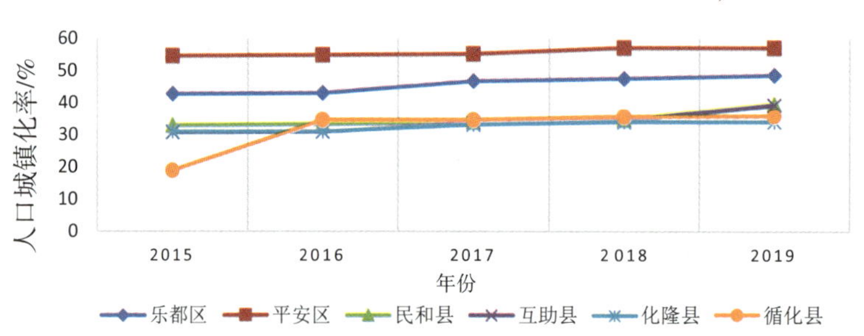

图3-2 海东市各县区2015—2019年常住人口城镇化率

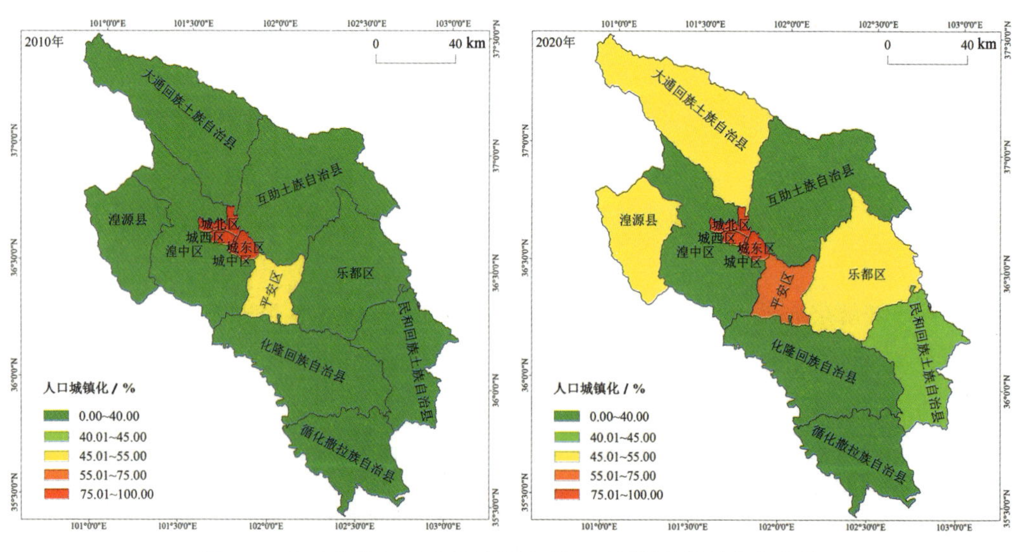

图3-3 2010年和2020年西宁都市圈人口城镇化率的空间分异

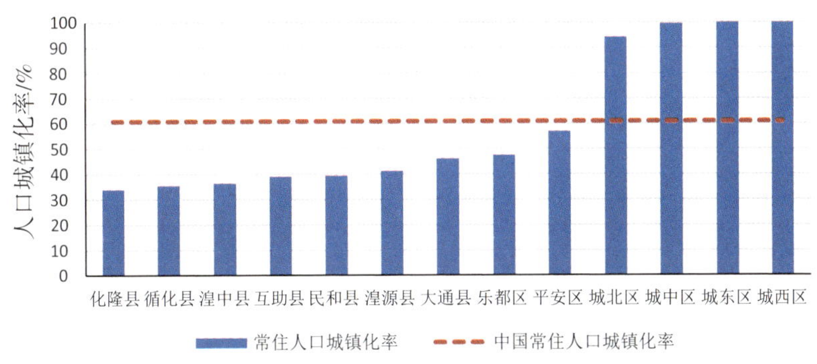

图3-4　2019年西宁都市圈各县区常住人口城镇化率

2. 产业城镇化水平

西宁都市圈产业城镇化水平内部差异较大（图3-5、图3-6），六区①的非农产业占比没有呈现下降趋势，而其余各县（含湟中县）非农产业占比在2012—2018年这七年的时间内呈现出不同程度的下降趋势，即在这些县城的人口城镇化水平逐步提升的时间段内，县内非农产业占比呈现出下降趋势（图3-7）。

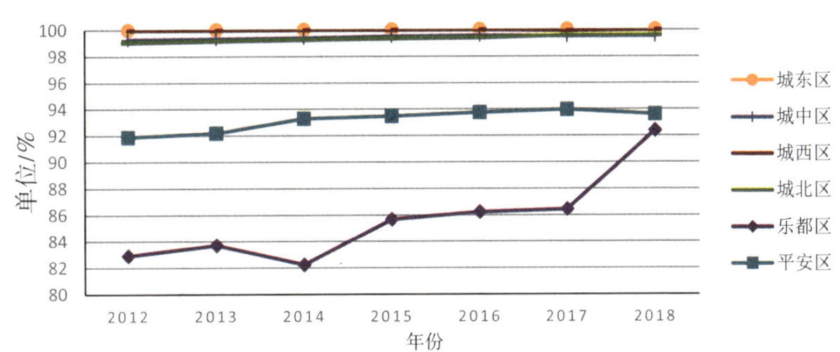

图3-5　西宁都市圈各区2012—2018年非农产业占比情况

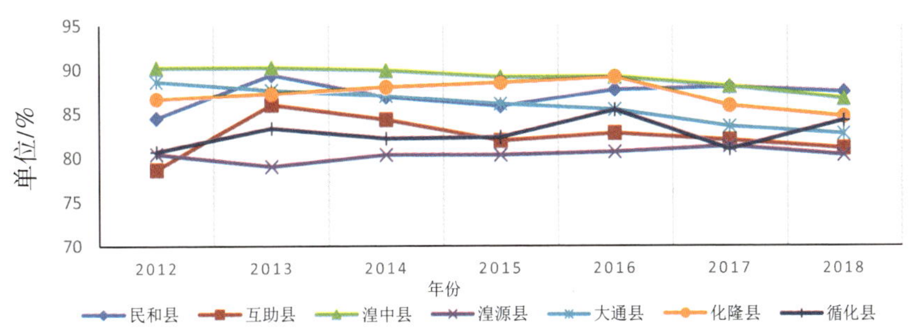

图3-6　西宁都市圈各县2012—2018年非农产业占比情况

①六区不含湟中区，因为湟中县2019年开展“撤县设区”工作，2020年七月份正式更名为“湟中区”，在以下所分析的时间段内，仍以湟中县形式存在。

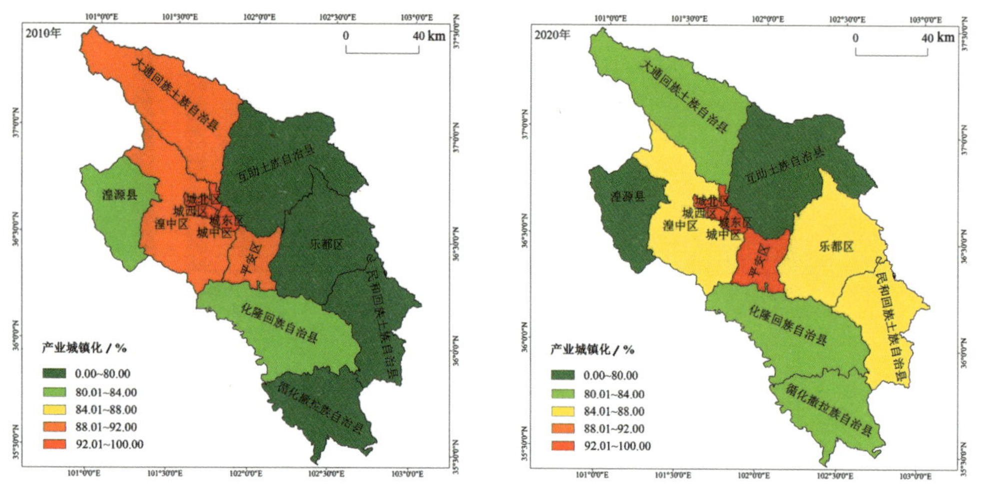

图3-7　2010年和2020年西宁都市圈产业城镇化率的空间分异

西宁都市圈内部城镇化水平差异较大，大部分县区人口城镇化滞后于全国平均水平，同时产业城镇化和人口城镇化演进趋势背离，这表明其城镇化进程目前处于诺瑟姆城市化曲线的前半阶段，未来要着重增强城镇集聚要素的能力以进一步推动城镇化进程。在人口城镇化不断提升的同时，西宁都市圈产业城镇化呈现出停滞乃至下降的趋势，如不采取妥当措施应对，将可能导致“城镇空心化”。

3.1.2　城镇化趋势与特征

1. 发展潜力分析

西宁都市圈是青海省乃至整个青藏高原地区的经济增长极与城镇化要素集聚区，相较于我国其他都市圈而言，西宁都市圈集聚要素的能力需不断增强。

首先，西宁都市圈存在很强的城镇建设优越性和集聚潜力。青藏高原由于高寒的自然条件与脆弱的生态环境，大部分区域并不适合城镇的形成与发展（陆大道　等，2000；盛广耀，2003）。在青海，近40%的国土空间为各类自然保护地。在西藏，土地面积的45%被划入生态保护红线。而西宁都市圈位于自然条件好、开发历史悠久、城镇化发展态势较好的河湟谷地，城镇建设和经济发展拥有良好的自然地理环境。在国家“三区四带”生态战略布局深入实施的大背景下，整个青藏高原地区生态源区与广大牧区人地矛盾日益突出，过剩人口的析出是保护当地脆弱环境的重要途径，西宁都市圈由于优越的公共服务设施和良好的经济发展水平是过剩人口的主要承载地，而人口的迁入与集聚将会推动西宁都市圈城镇化水平的进一步提升。

其次，国家政策支持及相关战略实施给西宁都市圈带来了发展机遇。“十四五”期间，西宁都市圈在国家政策支持下不断完善基础设施、优化产业布局、加强区域合作，实现自身的跨越式发展。特别是西宁市近年来实施“做大、做强西宁”战略，进行老城区改造升级项目的同时推进新城新区的建设，这将进一步提高西宁市主城区集聚人口、产业的能力。虽然西宁市主城区常住人口城镇化率已趋于饱和，但其常住城镇人口的增加将推动西宁都市圈整体城镇化水平迈入新的台阶。同时，依托“一带一路”倡议等的实施，西宁都市圈空港枢纽功能定位将会得到巩固与提升，产业转移将能更高效地推进，内外联动的发展格局将持续深化，地区城镇化进程与高质量发展将得到有力推动。

最后，要素市场化的不断推进和“政府+市场”的有效结合将促使西宁都市圈具备更强的发展潜力和集聚能力。改革开放以来，西宁都市圈市场总量迅速扩大、商品市场体系基本建成、要素市场发展壮大、市场开放程度大大提高、与市场相关的法律法规不断完善，现代市场体系加速发育。作为青藏高原市场化程度最高的地区之一，西宁都市圈随着2020年全面放开落户限制的同时，积极推进土地、资本等要素的市场化改革，将进一步吸引人口、产业的集聚与发展，激发城镇建设与经济发展的潜力。同时，政府更加注重发挥市场的主体地位，通过对地区发展的规划引导与对要素城镇化的支持及不断完善基础设施、公共服务的供给等方式，为产业和人口的市场化集聚与发展创造良好的外部条件，将有力推动西宁都市圈的协调发展，促进青藏高原的高质量城镇化。

2. 发展趋势与特征

借鉴联合国城镇化水平预测方法，以2000年和2019年县区城镇化率数据求取平均年城镇化增长率，并对未来城镇化发展趋势进行预测（图3-8）。预测结果显示，大部分县区2035年城镇化水平在70%～80%，城镇集聚要素的能力进一步得到巩固和提升。

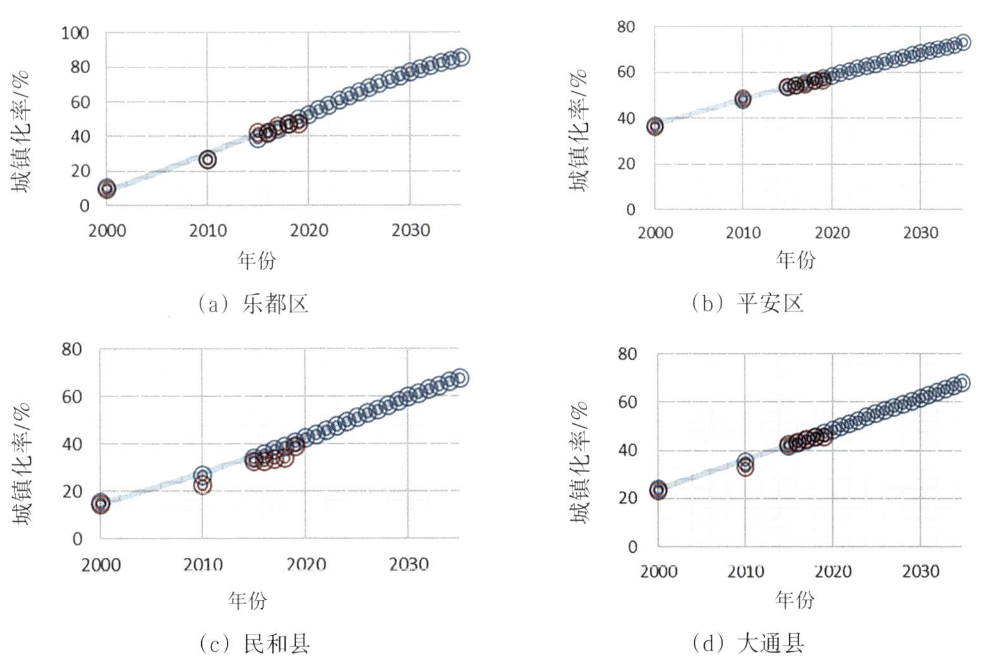

(a) 乐都区　(b) 平安区　(c) 民和县　(d) 大通县

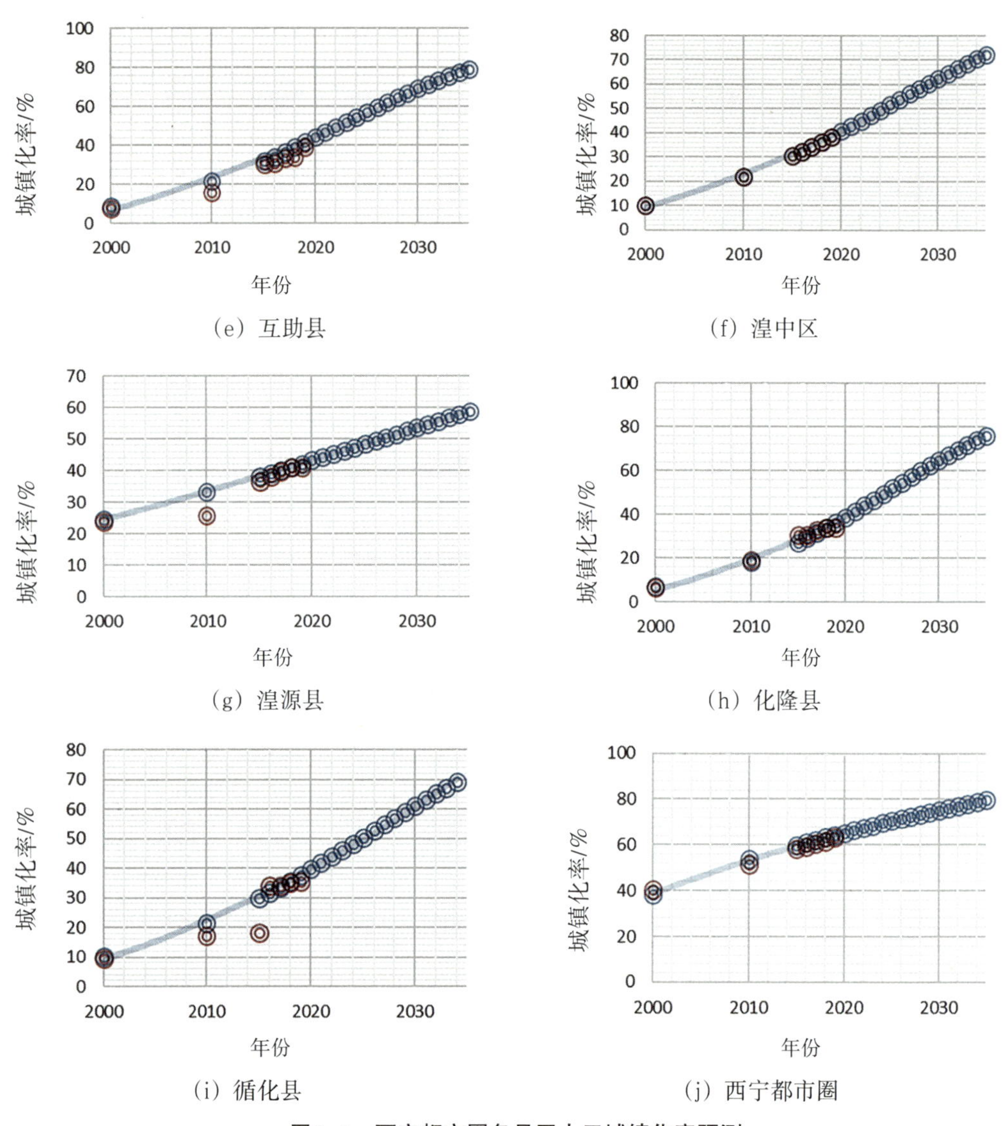

图3-8 西宁都市圈各县区人口城镇化率预测

3.2 城镇化的影响因素与机制

3.2.1 影响因素

基于调研中所得数据，运用面板数据计量模型对驱动西宁都市圈城镇化的因素进行分析。农村人口向城镇迁移的过程是城镇化水平提升的最主要原因之一。农村人口迁移会受到农村人均可支配收入、非农产业占比、全社会固定资产投资的影响，房屋竣工面积会影响城镇人口的数量，规模以上企业产值、城乡人均收入之比、每万人拥有卫生机构的床位数、地区财政收入、社会消费品零售总额可影响城镇化的进程。因此，选取财政收入等为解释变量，以常住人口城镇化率为被解释变量，其中非农产业占比通过计算第二产业和第三产业之和占GDP总量的比重得到（表3-1）。

表3-1　各指标变量的描述性统计

指标变量	有效样本数	最大值	最小值	平均值	方差
常住人口城镇化率 Y/%	101	100.00	14.95	60.15	996.82
非农产业占比 X_1/%	101	99.97	39.25	89.22	155.52
城镇常住人口可支配收入 X_2/元	101	33 588	5 168	19 375	52 910 287
城乡人均收入比 X_3/%	101	3.45	1.28	2.33	0.35
规模以上企业产值 X_4/亿元	101	427.73	2.07	110.87	15 341.17
全社会固定资产投资 X_5/亿元	101	167.94	4.21	54.12	1 691.53
房屋竣工面积 X_6/m²	101	35 500 000	1 198	350 788	1.243×10^{13}
社会消费品零售额 X_7/亿元	101	157.53	1.96	38.74	1 666.56
财政收入 X_8/万元	101	140 984	3 139	32 839	685 696 778
每万人拥有卫生机构床位数 X_9/个	101	4 526.00	1.64	227.83	771 224.88

由于各指标的量纲不一样，为缩小误差，首先对数据进行标准化处理。构建模型如下：

$$ZY=\beta_0+\beta_1 ZX_1+\beta_2 ZX_2+\beta_3 ZX3+\beta_4 ZX_4+\beta_5 ZX_5+\beta_6 ZX_6+\beta_7 ZX_7+\beta_8 ZX_8+\beta_9 ZX_9+\mu$$

其中，ZY、ZX_i（i=1，2，…，9）是经过标准化处理后的各变量，β_0、β_1、β_2、β_3、β_4、β_5、β_6、β_7、β_8、β_9为待估参数，μ为随机干扰项。

采用逐步回归的分析方法，得到模型的初步结果如下：

$$ZY = -0.603ZX_3 + 0.550ZX_7 - 0.156ZX_4 - 0.178ZX_8$$

T值：(−11.615)　　(7.822)　　(−3.677)　　(−2.847)

$R^2 = 0.850$　　$\bar{R}^2 = 0.844$　　$F = 136.411$　　$DW = 0.532$

根据杜宾–瓦特森值DW检验上下界表可知，在此模型中，$d_L = 1.61$，$d_U = 1.74$，可得$DW<d_L$，即该模型存在自序列相关问题，根据图3-9的两期残差散点图也能发现此问题，因此需要对模型进行修正，在此采用广义差分法进行处理。

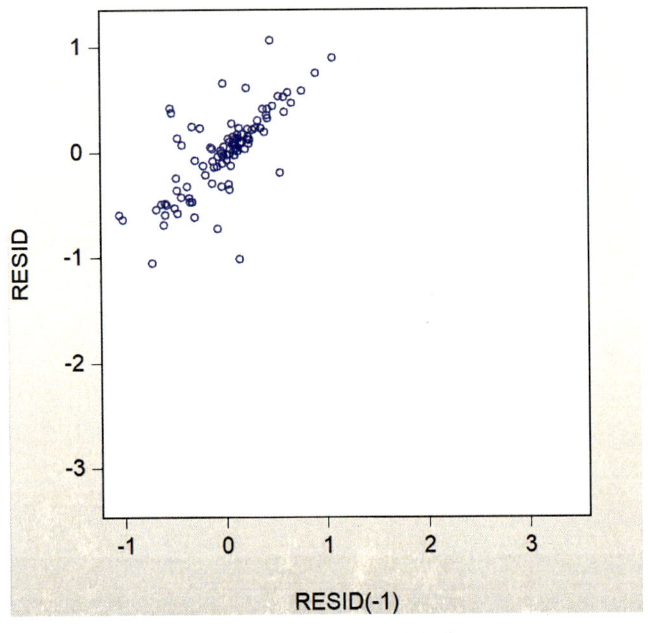

图 3-9　t期与t-1期残差散点图

对模型进行修正后发现，变量ZX_8即财政收入对人口城镇化率的影响并不显著，P值为0.110 6，故排除此变量；而且ZX_4对被解释变量的作用由负向影响转为正向影响，说明财政收入与规模以上企业产值之间也有着较强的联系，具体分析结果如下：

$$ZY = -0.450\ 386ZX_3 + 0.306\ 162ZX_7 + 0.145\ 594ZX_4 + 0.930\ 162AR[1]$$

T值：（-18.414 72）　（5.935 545）　（3.833 435）　（22.818 82）

$R^2 = 0.957\ 798$　$\bar{R}^2 = 0.955\ 104$　$F = 355.564\ 0$　$DW' = 1.88$

新得到的DW'检验值为1.88，满足$d_U < DW' < 4 - d_U$这一条件，故修正后的模型不存在自相关，且具有较好的稳健性。

根据最终的模型结果可得到：城乡人均可支配收入之比对常住人口城镇化率呈现负向影响，而规模以上企业产值和社会消费品零售额对常住人口城镇化率的作用是正向的。与部分研究结论不同，西宁都市圈内非农产业占比对常住人口城镇化率的影响并不显著，这可能是由于西宁都市圈资源禀赋的特殊性所致，也可能受到农业现代化促进农业生产效率提高的影响，下文的分析将对此进行探讨。

城乡人均收入之比即城乡人均收入差距对常住人口城镇化呈现出负向的影响。这是可以理解的，收入差距的扩大本身就会阻碍社会的发展与进步。现阶段，在我国构建“以国内大循环为主，国内国际双循环相互促进”的背景下，扩大农村市场和提升农民消费能力的是扩大消费的关键之一，即提高农民的收入和缩小城乡居民的收入差距，对推动西宁都市圈城镇化进程与经济社会发展具有重要意义。

规模以上企业产值越大，说明企业生产能力越强。这不仅有利于吸纳更多农业部门的剩余劳动力，而且会带动上下游企业的发展，或者吸引相关企业在本地区投资建厂，从而产生更大的社会效益和经济效益。在调研过程中，工业企业所上缴的税款是地方政府财政收入的主要来源，而我国的城镇化以政府主导为主，特别是对于落后贫困地区，政府资金的投入是推动发展的主要动力。因此，规模以上企业产值的增加通过吸纳劳动力的直接效应和提高财政收入的间接效应将推动人口城镇化的进程。

社会消费品零售总额的增加意味着消费的增长。2014年后，消费成为拉动经济增长的首要马车，消费的增长可以有效地促进地区经济的发展和人民收入水平的提升，从而提高人口城镇化率。

3.2.2　驱动机制

西宁都市圈城镇化的驱动机制可从供给视角、需求视角、政府视角加以分析。供给视角着重分析现阶段引起要素数量增长与结构优化的因素，进而探讨其对产业发展及城镇化的影响。需求视角主要从内需（消费、投资），外需（净出口、对外投资合作）进行分析。此外源于我国特有的政治经济体制，西宁都市圈的城镇化是在政府主导下进行的，即基于市场机制，政府能集中大量的资本、人力和物力，调动多方面资源，促进产业、人口、土地的耦合协调发展，在短时间内实现城镇化的发展目标。对“有为政府”的分析非常必要。

1. 供给视角

（1）人口迁移

人口迁移是高原城镇化的核心动力。人口向城市集聚为产业发展提供了充足劳动力，同时也会促进地区消费，从而扩大企业的生产规模。再者，地理上的接近使得人们相互交换知识和技术变得更加容易。在对西宁都市圈的调研中可发现，市场与政府的力量共同促进了人口向城市的集聚，推动了产业发展和城镇化进程。政策性人口迁移是政府推动人口城镇化的一种重要方式，且往往与生态保护、脱贫攻坚等治理目标相联系。生态保护和生态建设工程本身就具有创造新的教育、培训和工作岗位的可能。在对生态脆弱区进行生态保护的同时，对于劳动适龄人口，有效调动其就业积极性，对其进行教育和培训，使其投身于生态保护当中，既可解决就业问题，又能保护生态环境。对于老龄人口和学龄人口，将其从居住环境较为恶劣的地方搬迁至城市中，一方面改善了人民的居住环境，另一方面，人口搬迁后对于生态脆弱区的破坏也相应减少，也是对生态环境的一种保护。各县区的政策性人口迁移除了全国普遍实施的扶贫搬迁外，西宁都市圈还有生态移民和牧民的城镇化两种主要模式。

生态移民 对生态最好的保护就是最大程度减少人类活动的干扰。生态移民正是国家为缓解生态脆弱地区人口压力，实现生态保护和可持续发展目标而实施的一项复杂系统工程。生态移民搬迁对象主要是居住在深山、石山、高寒、荒漠化、地方病多发等生存环境差、不具备基本发展条件，以及生态环境脆弱、限制或禁止开发地区的农村建档立卡贫困人口。生态移民之后的产业发展及拆除旧房、宅基地复垦和生态恢复工作，是生态修复的重要手段。将移民安置工作与生态建设工程有机结合起来是缓解贫困、改善环境的最佳选择。根据国家主体功能区的划分，青海省除了将西宁市、海东市部分城镇作为重点开发区域外，其余大部分地区作为生态屏障进行严格的保护。生态移民过程中要注重移民群众的主体地位，关注移民群众搬迁的生活状况，强化利益导向机制，统筹解决好土地调整、项目建设、产业培育、社会发展等问题。出台完善生态移民相关的政策性文件，稳步推进重点区域生态移民搬迁工作，引导人口有序转移，鼓励外迁就业，逐步消减区域内人口规模。

西宁市生态移民搬迁主要集中在大通、湟中、湟源3个贫困县的34个乡镇，对实施易地搬迁的村进行产业扶持。海东市全面开展了乐都区马厂乡、芦花乡、中坝乡和民和回族土族自治县新民乡、北山乡等5个乡镇整乡搬迁、344个整村整社搬迁工作，深度困难乡镇搬迁人口占比82%（图3-10）。西宁都市圈立足贫困地区资源优势，宜林则林、宜农则农、宜牧则牧、宜商则商、宜游则游，支持贫困村和贫困人口发展特色产业，西宁都市圈在生态移民搬迁过程中形成了以下四种主要模式：

图3-10 民和县麻黄滩湿地公园对面农村山区迁移人群安置居住地

图3-11　科考队访问三合镇集中安置区

①“整体搬迁”安置模式。针对山高坡陡，土地贫瘠，自然条件极差的区域，采取整体搬迁至县城所在地，建档立卡户全部入住，随迁户有序进住，土地流转、劳务培训、转移就业等工作稳步推进。

②“下山上楼”安置模式。将生态搬迁与小城镇建设相结合，让山区贫困群众实现了进住楼房的梦想。这种模式既加快了山区困难群众脱贫步伐，又丰富了特色小镇的人气和活力。

③“进城集中”安置模式。在县城所在地建设生态移民集中安置区，不仅彻底改善了安置户的居住环境，还加快了西宁都市圈城市化建设的步伐。在新村建设的同时，着力在后续产业的发展上下功夫，实现“搬得出、稳得住、能致富”的目标。

④“统规自建”安置模式。按照“统规自建”的方式，在对村庄布局、基础设施、房屋建设进行统一规划设计的基础上，由群众自主建设，既保证了建设进度和质量，又最大限度地降低了建设成本，同时还体现了民俗文化建筑特色。

大通县是西宁市重要的生态屏障和重要的饮用水供给水源地之一，县域内的黑泉水库是全青海省最大的地表水饮用水源。为保证黑泉水库水源地周边的环境安全，大通县自2016年10月开始实施青海省第二大生态移民搬迁工程——青海省黑泉水库生态移民项目，对黑泉水库水源地一级保护区内的宝库乡下属的寺堂村、俄博图村和孔家梁的503户2 209人进行了生态移民搬迁安置工作。黑泉水库生态移民项目的实施是集生态效益、经济效益和社会效益的有机统一。首先，该项目的完成极大地改善了黑泉水库水源地一级保护区周边生态环境；其次，黑泉水库为西宁70%的市民提供了安全的饮用水；最后，原本半农半牧的宝库乡农户大多搬到了互助县或者西宁市，家庭成员的就业、入学、医疗等问题得到很大的改善，推动了地区人口城镇化的进程。政府为移民的生活提供了一定的保障，县委、县政府组织对未就业人员开展了烹饪、家政服务、装载机驾驶等专业的技能培训。如今黑泉水库的生态价值已经显现，社会效益进一步得到巩固。根据西宁市大通县城市总体规划（2011—2030），未来将打造宝库温泉、石林游览区等旅游项目，推动生态旅游。但规划中也明确提及，由于涉及黑泉水库水源涵养地的保护，对温泉不作大规模的开发建设，只建设一些必备的基础设施，提供一些简单的服务，开展观光旅游项目；石林区开发主要是规划游览步道，修建一些休息亭，组织好石林游览区内部的游览路线。

海东市平安区三合镇的集中扶贫搬迁是一个典型案例（图3-11）。三合镇距平安城区20 km，地处祁家川谷地，总面积175 km^2，辖18个行政村，农业人口1.2万人，耕地面积6.3万亩，居住有藏族、回族、蒙古族等少数民族。境内不仅有“藏传神水”药水泉、“佛教圣地”夏宗寺，还有祁土司文化园、藏木沟等人文、自然景区。全镇经济主要以农业、三产服务业为支柱产业。邦业隆、翻身、窑洞、索尔干、庄科村等村社，位于三合镇南部和西部贫困山区，共有农户593户1 682人，其中建档立卡贫困户69户194人。为解决以上地区深度贫困的问题，平安区于2015年7月启动三合镇易地扶贫搬迁项目。2017年10月，建成安置区面积98.38万亩，修建六层住宅楼13栋420套住房，建筑面积4.17万m^2，项目总投资约6 990万元，高标准配套了水、电、路、气、绿化等基础设施，农户现已全部搬迁入住（图3-12）。

集中安置区位于三合镇三合村高羌坡，该地地势宽广、交通便利，为搬迁群众脱贫致富打开了新的“窗户”。为确保搬迁群众真正搬得出、稳得住、能致富，平安区充分利用搬迁村原有的土地资源，引进油用牡丹种植加工等企业，发展特色种植、生态牧场等产业。同时，为有劳动力的建档立卡贫困户家庭提供稳定的公益性岗位，并在易地搬迁综合农贸市场为每户建档立卡贫困户无偿提供45 m^{2}的铺面1个，在解决安置区贫困户后续产业发展问题的同时，辐射带动周边乡镇农村市场的发展。

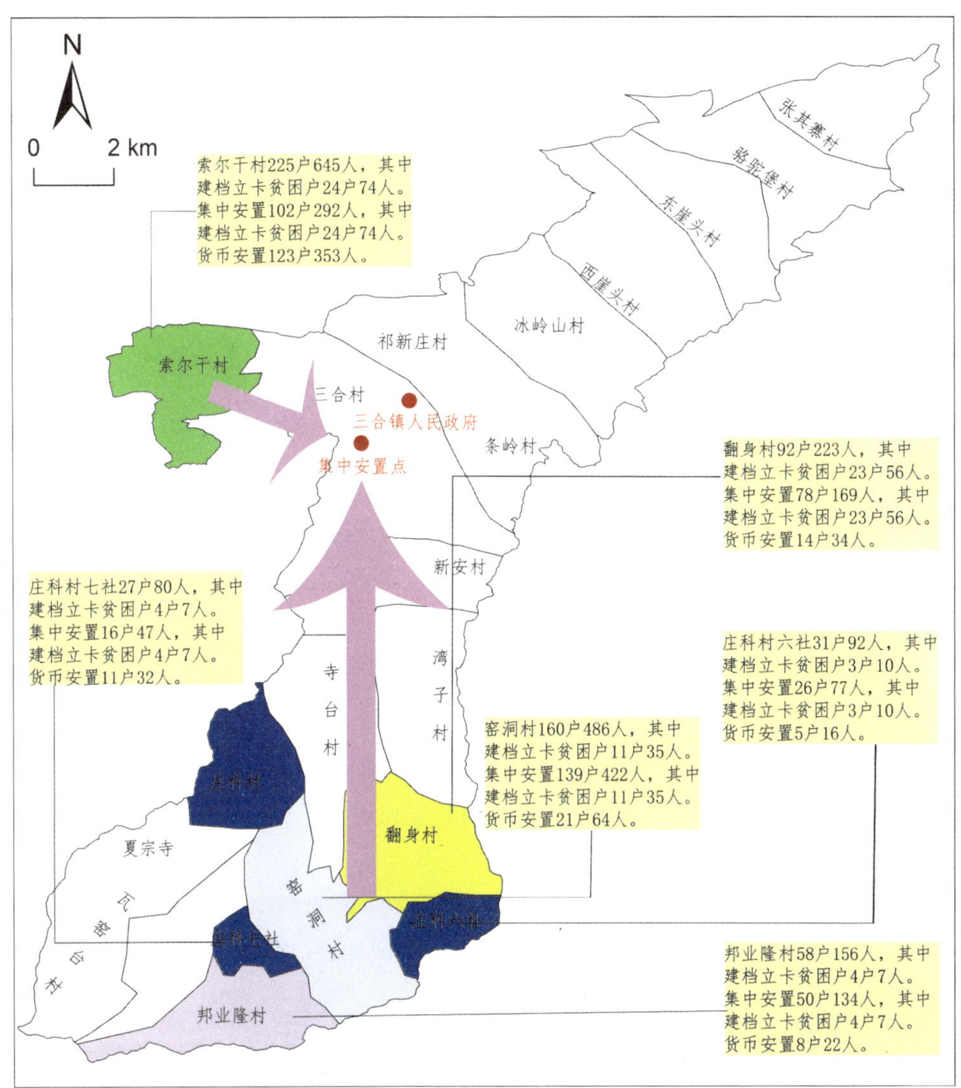

图3-12　三合镇易地搬迁路径图

三合镇易地扶贫搬迁模式（图3-13）具有许多优点：首先，它为贫困居民在本地就业提供了机会，为搬迁居民日后的生活提供了充分的保障；其次，它盘活了贫困村的土地，“十三五”以后，我国扶贫进入了攻坚期，大量扶贫工作需要通过易地搬迁来完成，农户搬离原有土地，特别是村集体所有的土地大都没能利用起来，一定程度上造成了资源的浪费，而三合镇利用这些土地，因地制宜，积极发展适合本地特色的产业，增加贫困居民的收入；最后，三合镇在解决后续居民的生活问题时，充分考虑到了建档立卡贫困户的需要，将综合市场的商铺免费租给他们，很好地解决了这一部分贫困户的生活问题。

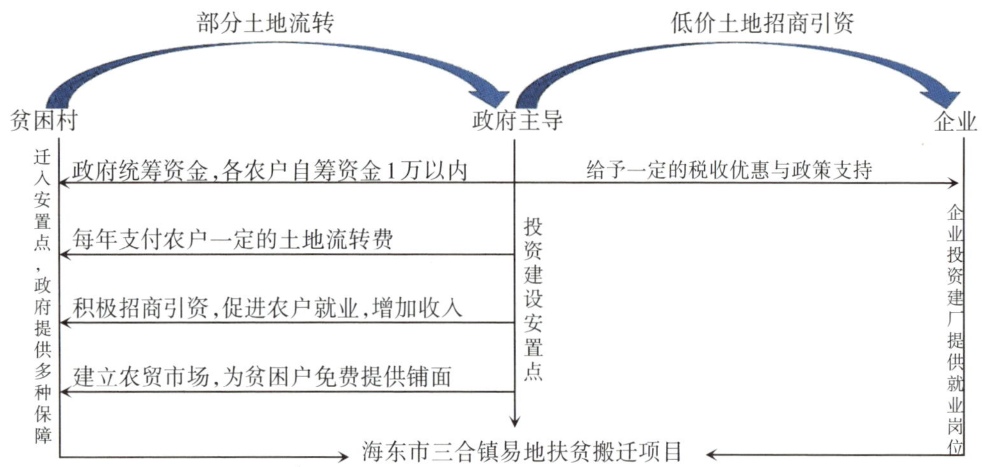

图3-13 三合镇易地扶贫搬迁模式

湟源县麻尼台新村易地搬迁示范点是一个比较成功的案例（图3-14）。湟源县致力城乡一体化统筹协调，一体推进新型城镇化建设。2013年以来，累计投资2.63亿元完成河拉台片区保障性住房区外基础配套等项目；投资2 750万元支持11个高原美丽乡村建设；打造上胡丹村省级乡村振兴示范点。在易地搬迁示范点建设过程中将新农村建设、美丽乡村建设，乡村振兴相结合，是城镇化建设过程中的典型案例。

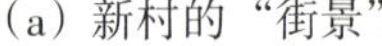
(a) 新村的“街景”

(b) 农户院落中的“农田”

图3-14 湟源县麻尼台的移民新村

牧民的城镇化 畜牧业是青海省的重要产业之一，牧区面积占全省总面积的96%，且牧民以少数民族居民为主。由于传统畜牧业经营方式分散，广大牧民长期以来大多过着逐水草而居的生活。青海省牧区新型城镇化的过程中人口转移的重心是牧区人口向城镇人口转变，并通过人口转移，加快城镇发展的同时减轻过剩人口对环境的压力，保护了脆弱的生态环境（徐增让 等，2017）。牧民的城镇化一部分是由生态移民推动的，但由于牧民群体的特殊性，使其城镇化过程又不同于一般的农户。搬迁之前，牧民祖祖辈辈以放牧为生，日常的生活需要基本可以做到自给自足，但搬入到城镇后不仅失去了原有的收入来源，而且牧民由于受教育程度普遍偏低，很难找到一个稳定的工作。同时日常生活所需，进一步加大了生活的开支，增加了牧民生活的不确定性。转移人口适应新环境也需要一个渐变的过程，由于牧民群体主要以少数民族为主，城镇化的推进加快了各民族人口的流动，进入城镇的各民族人口，杂居混居在同一个社区的现象比较普遍，由此带来的文化、信仰、生活习惯等方面的冲突成为城镇社会发展的一个重要问题（占堆 等，2017）。

在实地调研的过程中，我们发现牧民的城镇化主要由合作社和特许经营这两种方式推动，虽然这两种方式在短期内并没有改变牧民的身份和户口，但是均提高了牧民的收入进而增强了牧民城镇化的意愿，并且推动作用具有持续性，最终会对牧民的城镇化产生重大的影响。

合作社的模式主要有两种，一是生态畜牧业合作社，二是农牧业联合合作社。建立生态畜牧业合作社主要立足于两点：一是牧民的原住地不是严格的生态保护地，因此具有发展畜牧业的可能；二是牧民个体经营资源利用不合理，抵抗风险能力弱，存在着草场退化、水土流失以及因灾致贫的问题。成立生态畜牧业合作社，整合草山、牛羊，实行四季轮牧，建设越冬畜棚，增强了抵御自然灾害的能力。成立生态畜牧业合作社后，牧民放牧实施轮流制，其他时间可以在家干活，编制投石器、鞣皮革或者缝制衣服去卖，这相当于提高了牧民的劳动生产率，一定程度上提高了牧民的收入。另外，牧民可以拿着自家的牛羊、草场入股，成为生态牧业合作社的股东，每年享受两次固定分红，牧民收入大幅提高。同时政府积极建立草畜联动机制，推动成立农牧业联合合作社，以实现种草大户与牧民的双赢。西宁市大通县明确指出，积极促进成立家庭牧场协会和牧民合作社联合会，拓宽农耕体验、文化娱乐、教育展示、休闲垂钓、住宿餐饮等服务，丰富农业生产内涵，拓宽农牧增收渠道。通过土地入股、资金入股等方式大力发展饲草种植专业合作社，大力支持饲草生产、加工企业和种草大户与当地的规模养殖场、养殖大户对接联动，实行饲草订单生产。以饲草配送为桥梁，实现饲草生产与畜牧养殖的有机结合、逐步建立高效、便捷的草畜联动机制。

2018年3月，中国共产党中央委员会根据《深化党和国家机构改革方案》组建中华人民共和国国家公园管理局。在空间上统一规划，把所有的自然资源统一归自然资源部确权登记，把分散在各部门的自然保护地全部纳入新成立的国家公园管理局统一管理，体现了在自然保护领域管理体制改革的先进性。之后出台的《关于建立以国家公园为主体的自然保护地体系的指导意见》中明确提出要“创新自然资源使用制度。依法界定各类自然资源资产产权的权利与义务，保护原住民权益，实现各产权主体共建保护地、共享资源收益。制定自然保护地控制区经营性项目特许经营管理办法，建立健全特许经营制度，鼓励原住居民参与特许经营活动，探索自然资源所有者参与特许经营收益分配机制”。牧民合作社以“提供自然服务”的方式，进行了国家公园管理新方法的实验。经选拔脱颖而出的牧民示范户，向来自世界各地的自然体验者提供自然向导与生活保障。项目的收益由全村与牧民个人分享。生态文明体制改革就是要补足体制机制、制度建设和市场机制这三个“短板”，满足人民群众对美好生活向往这一“底板”。对国家公园的建设而言，让人民群众通过保护过上好日子，是激发当地群众投入保护的内生动力、实现生态系统和谐即可持续保护的关键，也是建设中国最严格保护地的必要之举。

自发性人口流动是人们为追求更优越的生活环境或者更适合自己的就业岗位而在市场机制的作用下自发地向城市迁移。站在“理性人”角度去思考这一现象，人们选择迁移到城市是因他们预期在城市生活会给他们带来更大效用或满足。根据托达罗模型，（自发性）人口流动取决于人们对城市预期收入差距的反应，而不是对实际收入差距的反应，即当在城市的预期收入大于在农村的预期收入时，人们才会选择向城市迁移。现代社会中的城镇是非农产业进行生产活动的主要空间载体。工业化为城镇化提供动力和保障，城镇化反过来推动工业化发展。劳动力会自发向城镇流动，在城镇的非农产业部门中寻求更适合自己的工作岗位，这种人口集聚带来的正向效应反过来又会进一步推动当地产业的集聚与发展。西宁市常住人口与户籍人口之间相差29.73万人，常住城镇人口与常住户籍人口之间相差41.243万人，这说明除了市内人口向城市流动之外，市外的人口也在向市城区或下辖县区流动。

形成于20世纪50年代中期的城乡二元结构的主要特征之一就是城乡之间公共服务以及基础设施之间存在的巨大差异。改革开放后特别是21世纪以来，我国政府高度重视“三农”问题，着力实现城乡一体化，农村社会有了很大的进步与发展。但目前为止，我国城乡发展仍然存在着巨大的差距，“城乡一体化”仍是各级政府努力实现的目标。城乡在基础设施和公共服务方面仍有很大的差距，农村居民依然很难获得优质的教育与医疗服务；而城镇中高质量的学校、高水准的医院、大规模的超市……在很大程度上满足了人民对于美好生活的需要。因此人们在条件允许的情况下愿意迁往城镇，而人口的聚集与产业的发展也为城镇提供了更大规模的税源，这使城镇更有能力提供完善的基础设施和优越的公共服务。

（2）资本供给

资本供给对城镇化十分重要。资本对于企业而言是一种稀缺的资源，资本供给的不断完善对企业扩大生产与转型升级具有重要意义。绿色金融是绿色发展的重要支撑和保障，是绿色城镇化的新动力，为维护青藏高原生态安全，推进高原美丽城镇建设提供了可行路径和重要工具。在创新、协调、绿色、开放、共享的发展要求下，实现产业的转型升级与地区的高质量发展是必然的路径选择。而绿色金融则为企业的转变提供了足够的激励与资金保障，推动了企业的绿色转型，最终实现产业生产方式的优化。依托绿色金融增加绿色产业的要素投入，建立绿色经济驱动高质量城镇化的发展模式，是推动绿色城镇化的重要选择。绿色金融最大的特点是利用金融活动促进绿色产业的发展和环境保护，投资时充分考虑项目对于环境保护和绿色发展的影响，其发展在一定程度上反映了通过市场化进行环境治理与改善、节约并高效利用资源、应对气候变化等经济活动的增加。

青海省是三江之源，在我国生态安全中有着重要的定位。2018年，青海省提出“一优两高”的发展战略，明确要“优先生态保护”，而西宁都市圈是全省经济发展的领头羊，尤其是全省制造业的主要聚集地。在这种情况下，切实把生态保护落到实处，实现企业的转型发展与生产方式的绿色化，是西宁都市圈推动高质量发展与城镇建设的必经之路。在对西宁都市圈的调研中发现，各县区政府十分重视环境保护工作，并把发展绿色金融写入政策文件中以推动产业的绿色转型与本地区的高质量发展。西宁市积极建设绿色发展样板城市，努力探索出一条在生态脆弱、欠发达地区整体实现绿色发展的新路。西宁市委提出要着力强化绿色发展的产业支撑，大力发展高原旅游、绿色金融、电子商务等十大现代服务业，推动生产性服务业向专业化和价值链高端延伸、生活性服务业向精细化和高品质转变，促进服务业优质高效发展[①]。大通县积极推进市场化、多元化生态保护补偿机制建设，并把主要任务分为9个方面：一是健全资源开发补偿制度；二是优化排污权配置；三是完善水权配置；四是健全碳排放权交易制度；五是发展生态产业；六是完善绿色标识；七是推广绿色采购；八是发展绿色金融；九是建立绿色利益分享机制[②]。平安区在其生态文明建设规划中也明确提及：“鼓励政府发挥财政支持导向作用，争取差别信贷支持，为中小型企业开辟信贷支持‘绿色通道’，探索中小型企业信贷新型模式。积极创新金融制度，率先推出‘平安贷’普惠金融产品，针对区域‘绿色资源’价值总量，根据集体经济发展预期，开展区域整体授信。探索构建生态产品金融组织体系，设立生态产品专营部门，推动金融租赁等中介机构创新绿色金融产品。”[③]互助县在“十四五”规划基本思路中把发展绿色金融放到主要的位置，培育发展新型金融主体，完善和发展多层次资本市场。推动发展绿色金融，设立绿色发展基金，推行绿色信贷，发展绿色金融产品。到2025年，基本建成公平法治、服务高效、透明开放的

①资料来源：《绿色样板实施意见（宁发2号）》。

②资料来源：《大通县贯彻落实建立市场化、多元化生态保护补偿机制行动计划的实施方案》。

③资料来源：《青海省海东市平安区生态文明建设规划（2020—2025）》。

金融服务体系。

（3）土地供给

土地供给也是关键因素。土地是极其重要的生产要素，同时为城镇化提供空间承载基础。土地制度是一个国家最为重要的生产关系安排，是一切制度中最为基础的制度。改革开放后的土地使用制度改革，通过国有土地使用权的有偿出让和转让，产生了巨大的土地资产效益，极大地增加了地方财政收入，为城市基础设施建设筹集了大量资金，加快了城市基础设施的发展。西宁都市圈内各县区的发展实力较弱，一般性公共预算收入难以满足地方政府的资金需求，而"土地财政"带来的转让金以及相应的税收收入增加了地方政府收入，缓解了地方财政的赤字难题。同时，为适应农村生产力的发展要求，在坚持土地集体所有的公有制基础上，我国建立了以家庭承包经营为基础、统分结合的双层经营体制，极大地调动了农民积极性，为解决人民温饱和国家快速发展提供了有力的支撑。而之后的国有土地有偿使用制度激励了国有建设用地一二级市场的繁荣和活跃，随着分税制在全国的实施，这一制度使地方政府通过土地出让等方式增强自身财政实力，较好地平衡了中央与地方的财权与事权。同时地方政府利用土地制度的独特安排为经济发展提供支持与保障，极大程度地推动了我国城镇化进程。土地制度的改革是我国不断适应现实的发展环境并提高社会生产率的一种顶层设计。我国的土地制度不仅与广大农民的利益密切相关，其背后也折射出我国社会关系的变化，影响到社会生活的方方面面。所以，中央对于土地制度的改革一直是比较审慎的，随着我国经济发展步入新常态，亟需推动要素尤其是土地的市场化配置以提高资源利用效率、挖掘经济增长潜力。相较于欧美等西方国家，我国的土地制度安排可进一步优化，这将进一步释放出新的发展动力，有助于解决"三农"问题，实现城乡统筹发展。城市（国有）土地有偿使用仍对地方的发展起着重要的作用，而现阶段进行的集体经营性建设用地入市和"三权"分置改革也是有益的探索，有效促进了当地农牧民的收入，实现了农牧区生产方式的变化，同时也为我国下一阶段土地制度的改革积累了宝贵的经验。

集体经营性建设用地入市 集体经营性建设用地的入市①是我国步入经济新常态后

① 2014年12月2日，中央深化改革领导小组第七次会议审议通过了《关于农村征收、集体经营性建设用地入市、宅基地制度改革试点工作的意见》。自此，集体经营性建设用地入市被正式提上议事日程。2015年2月27日，国家在33个地区开展集体经营性建设用地入市试点，标志着集体经营性建设用地入市正式启动并进入实质性推进阶段。2018年12月25日，《土地管理法》修正案草案第一次提请全国人大常委会会议审议，标志着集体经营性建设用地入市首度由试点进入立法程序，突破了一直以来由《土地管理法》第四十三条所设定的国有土地垄断土地供应的制度。目前我国集体经营性建设用地入市仍处于探索阶段，国家对许多细节问题还未以法律的形式明确。

中央深化改革的重点领域。随着我国经济社会的不断发展，城市建设用地日益紧缺，集体经营性建设用地的入市对于城镇化水平的进一步提升以及城乡融合发展具有重要意义：集体经营性建设用地入市盘活农村存量建设用地资源，推动我国建设用地市场的多元化；促进土地使用成本降低，一定程度上推动了三次产业融合发展和特色小镇的形成；增加农牧民贷款时的土地抵押价值，为信用派生提供了基础条件，从而增强农牧民的城镇化意愿。西宁都市圈内各县区还未实现集体经营性建设用地入市，不过已有政府文件明确提出要大力推进集体经营性建设用地入市。推进集体经营性建设用地入市首先要解决好产权问题，这关乎集体经营性建设用地的主体问题和后期的收益分配。大通县也以此为抓手，提出“推进集体产权制度改革。健全集体资产各项管理制度，完善农村集体产权权能，探索股权管理动态调整机制，探索集体资产股权质押贷款办法，推进农村集体经营性资产股份合作制改革，全面完成农村集体产权制度改革整市推进试点工作”[①]。

草原与承包地的流转　农村土地承包经营制度是在农业生产制度束缚农村生产力发展的社会背景下实施的[②]。承包地的流转可以显著提高农业的生产效率，增加农民的收入，也促进了农村新生产业态的形成，推动农业农村现代化。位于民和县古鄯镇的七里花海是民和县乡村旅游示范点，同时也是国家4A级景区。镇政府将流转农民的土地和开发荒地打造为景区，产生了巨大的经济社会效益。七里花海景区起步于2017年，景区采用典型的“政府+龙头企业+贫困户”的发展模式，通过流转古鄯镇山庄村的380亩耕地和1 000亩荒山荒坡打造而成。景区目前处于筹划扩建之中，不过已建成的一期工程已极大地改善了当地百姓的生产生活水平。截至2020年8月份，景区为古鄯镇周边贫困户提供了71个就业岗位，带动了80户贫困家庭脱贫致富。同时，当地15户有条件的村民开了农家乐，户均日营业额达到了3 000余元。近年来，花海景区所在的山庄村将农村集体产权制度改革与脱贫攻坚、旅游开发、现代农业发展等工作相结合，探索推广了集体经济“破零”增收的新办法，建立股份经济合作社，将国家扶持的发展集体经济资金投入到七里花海景区建设中，以年底按股分红方式，力促村集体经济“破零”、群众持久增收。

①资料来源：大通县“十四五”规划。

②解放农村生产力、提高土地产出率是农村土地承包经营制度最直接的目标，经济功能是农村土地承包经营制度的基本功能，其次还有保障农民生计的社会功能和维护社会公平的政治功能。然而，随着我国经济社会的进一步发展，非农产业的劳动报酬要显著大于农业生产的得益，而且小农生产的方式很难满足人们的日常生活需要，提高人们的收入与生活水平；而农业在大机械化生产的条件下是存在规模报酬递增现象的，但是追求土地均等化的政治功能和固化人地关系的社会功能限制了土地承包经营权的市场化流转，阻碍了经济社会的进一步发展。因此，中央提出了“三权”分置的政策，其重点是放活经营权，核心要义是明晰赋予经营权应有的法律地位和权能。

西宁都市圈内有着广阔的草原和众多的牧民，通过流转草场经营权的方式在不破坏草原生态的条件下实现牧民的增收非常重要。牧区的草原承包责任制与农区家庭联产承包责任制在同一时期实行，极大地调动了牧民的积极性，推动了牧区经济的迅速发展，同时也有效减少了“公地悲剧”的发生。但是，随着经济社会的发展，它的弊端也在逐渐显现。首先是在实践中，承包人排他性使用所承包草场的成本过高，承包人过度利用自家所承包的草场这一现象普遍存在；其次，“均分草场”和牧民定居会破坏草原的整体性和系统性功能；最后，草原承包经营制度实施后，牧民的生产成本大幅提高，导致牧民生计困难。而通过草原承包经营权的市场化流转推进草场集中经营，可以实现季节性轮牧和小范围游牧，合理利用水、草资源，给草原提供休养生息的机会，提高草原利用的生态效益。正如我们在上文牧民的城镇化中所提出的，草原的流转提高了牧民的劳动生产率，同时集体经营加强了牧民抵御风险的能力，实现了牧民的增收，增强了牧民城镇化的意愿。

（4）创新驱动

创新驱动是越来越重要的关键因素和现实的短板。经济发展动力由要素驱动向创新驱动转换，是新发展阶段下推进高质量城镇化和绿色发展的重要支撑，但缺乏创新型人才仍是制约青藏高原地区现阶段高质量发展的主要短板。近年来，西宁市通过扩大高等教育规模、取消落户限制等方式积极引进高层次人才和搭建人才交流交往的桥梁，科技创新水平有所提升（图3-15），如组织实施“西宁市四区双创孵化‘人才摇篮’”省级人才工作重点项目，通过推进各区孵化基地间人才沟通、技术交流、信息共享、服务互补，加速基层青年人才培养；组织举办“青海人才回家看”活动，邀请在青海有过生活、学习、工作经历的某一领域具有建树和声誉的专家学者和优秀中青年企业家人才代表齐聚西宁，一同谋划参与、助力家乡发展的务实措施，推动人才回归、技术回乡、智力回哺；创新“人才+团队”培养模式；评选命名首批12家“西宁市名师名医名家名匠工作室”，由符合条件的领衔人以工作室为平台牵头实施各项活动，带动培养一批本土优秀人才；建立医疗、教育领域高层次人才“师带徒”工作机制；由入选“西宁市引才聚才555计划”的教育、医疗领域高层次引进人才遴选年轻业务能手建立师徒结对关系培养人才；积极探索“以才育才”新模式，不断完善人才发挥作用的平台条件。

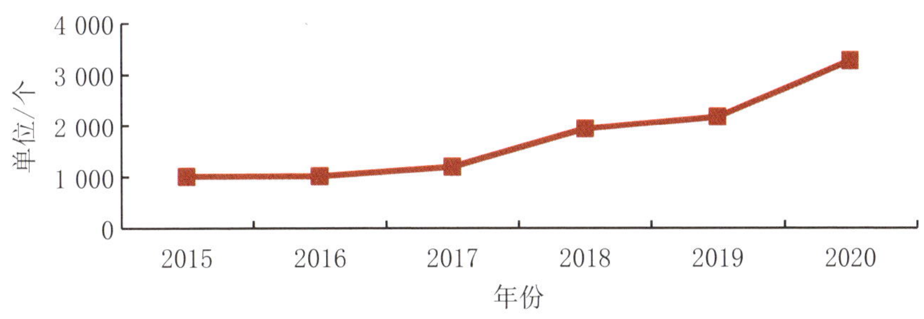

图3-15　西宁市2015—2020年专利授权量

创新体系是进行持久且广泛创新活动的必要条件。建设现代化经济体系关键要构建以企业为主体、市场为导向、产学研深度融合的创新体系。西宁市近年来已结合独特的资源禀赋及产业特征，构建以企业为主体、产学研合作不断深化的区域科技创新体系，积极打造“国、省字号”研发平台，如建成全省首个藏药新药开发国家企业重点实验室，省高原医学重点实验室、三江源生态与高原农牧业重点实验室被认定为国家级、省部共建实验室，西宁国家太阳能光伏高新技术产业化基地被认定为国家高新技术产业化基地；加快推进院士专家工作站建设，如目前建成了7所院士、专家工作站。然而，目前西宁都市圈仍存在企业主体地位不强、市场作用发挥不够、产学研协同创新组织机制不健全、技术优势转化为产业优势能力不足等问题，如青海省手握全球最多的锂资源储备，却并没有孵化出一流竞争力的新能源产业。

2. 需求视角

（1）消费牵引

消费牵引是城镇化的基本驱动力。自2014年以来，消费已经连续5年成为拉动我国经济增长的第一动力。党的十九大指出，“我国的主要矛盾已转变为人民日益增长的美好需要和不平衡不充分的发展之间的矛盾”，即经过改革开放后40余年的发展，我国人民的温饱问题已经得到解决，人民现在追求的是更高的生活质量，而居民对生活高质量的追求主要通过消费表现出来。因此，这些年来我国消费数量持续增长，消费结构也在不断优化。个性化、多元化、定制化消费成为新趋势，零售业态也在朝着更全面、更个性化、更注重体验的方向发展，新业态、新模式不断涌现。消费升级不仅可以促进人们的消费，而且消费升级的结构性变化必将有力地推动产业升级，从而对城镇化的良性发展起到重要的支撑作用。我国消费潜力巨大，空间广阔，如若供给结构满足不了消费升级的需要，便会抑制了消费潜能释放，导致消费的严重外流。消费升级很大程度上倒逼产业升级，企业为了占领更多的市场份额，便会积极地进行产品的升级，满足消费者的需要，同时也进一步推动了自身的发展。因此，以新消费引领新供给，以新供给创造新需求，加快培育经济发展新动能，是实现地区产业发展、推动地区城镇化进程的重要保障。西宁都市圈各县区政府十分重视消费升级在经济发展中起到的重要作用，把“消费升级”写入政策文件，推动消费升级的落地发展。

《平安区商贸服务业发展第十三个五年专项规划（2016—2020）》中提到：“商贸服务作为平安区旅游发展的重要支撑，全面提升旅游配套服务水平，促进旅游消费升级。”

《海东市乐都区“十三五”旅游业发展规划》中提到：“旅游业是现代服务业的重要组成部分，大力发展旅游业，是适应人民群众消费升级和产业结构调整的必然要求。青海省旅游业随大趋势飞速发展，进青通道一再拓宽，旅游资源开发取得长足成效，旅游基础设施、配套设施、环境卫生状况逐渐优化，以吃、住、行、游、购、娱等要素为主题的旅游产业体系已初步形成。”

《湟中县“十三五”服务业发展规划》中提到：“消费升级对服务业有效供给提出新需求。随着居民收入水平的逐步提高，居民消费呈现出从量的满足向质的提升转变，对消费质量和消费环境提出更高要求。目前，我县服务业新型产品和生活服务有效供给不足，绿色消费、品质消费等仍有欠缺，终端消费产品品种少、规模小、档次低，绝大部分消费品基本依赖省外购入，无法满足不同群体不断升级的多样化消费需求。‘十三五’期间，要发挥新消费的引领作用，推动消费方式由生存型、传统型、物质型向发展型、现代型、服务型转变，要以新业态发展、新技术应用、新模式引领为重点，着力增加服务有效供给、扩大服务消费需求、提升服务质量和水平。”

《互助县“十四五”商贸流通业发展规划》中提到：“鼓励各类农产品生产加工、冷链物流、商贸服务企业对现有设施改造升级，打造一批适应现代流通和消费需求的冷链物流基础设施，重点发展流通型冷库、立体库等，提高冷链设施供给质量，开展冷链共同配送、‘生鲜电商+冷链宅配’等新模式，促进消费升级，保障食品质量安全。”

在构建“双循环”的新发展格局下，扩大内需仍是重中之重。从国际比较来看，越大的经济体，其国内生产总值中的消费也越多。同样随着西宁都市圈居民收入水平的不断提高，服务业占GDP的比重就会越来越高，而服务业当中有很多是不可进行贸易的，所以其经济发展越来越依靠消费，也是历史的必然（图3–16）。

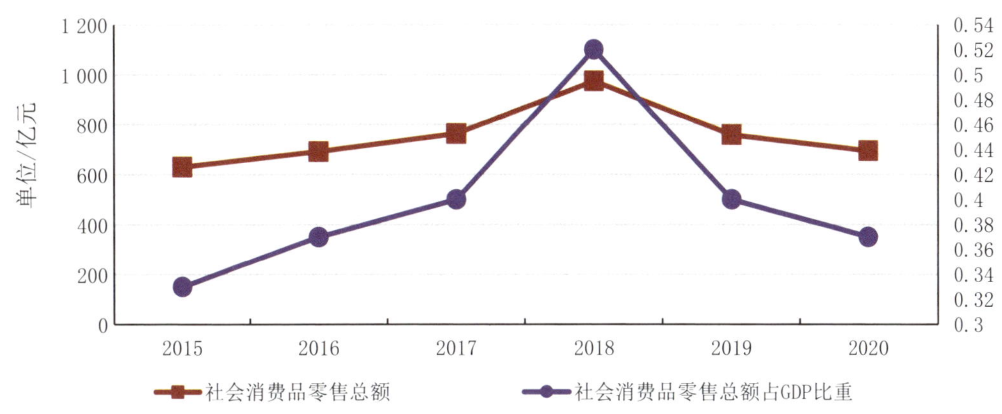

图3-16　2015—2020年西宁都市圈社会消费品零售总额及其占比

（资料来源：西宁都市圈七区四县统计数据）

进一步增强消费对于经济增长的拉动作用仍是重中之重，以消费增长与升级引领供给侧优化，加快培育经济发展新动能，是实现青藏高原地区产业发展、推动城镇化进程的重要保障。一是依托青藏高原特有的自然环境和人文景观积极构建青藏旅游大环线，打造青藏高原国际旅游目的地。目前青海、西藏两省区已在跨省区的旅游公共服务体系、旅游产品和项目、旅游市场监管等方面达成合作协议，未来需要进一步挖掘青藏高原旅游潜力，提高青藏高原旅游消费吸引力。二是加快推进现代物流体系建设，解决城市物流“最后一公里”配送难题，实现城乡基础交通设施的一体化，释放广大乡镇地区的消费潜力。新发展阶段下，将自身发展的特殊性转为发展优势，大力挖掘文旅消费潜力、促进消费提质扩容是青藏高原地区推进城镇化与实现高质量发展的重要途径。

（2）投资推动

投资推动十分关键。投资在过去许多年中是拉动我国经济增长的第一动力，但是依靠大量投资的粗放型经济增长是难以为继的，并在一定程度上导致了我国产业结构的失衡。“十三五”期间，我国的消费已经超过投资，成为拉动经济增长的主引擎，但投资在经济发展中的作用不可忽视，特别是对于“西宁—海东”都市圈这样发展程度不高的地区。对都市圈内大部分地区而言，经济发展还未到起飞阶段①，因此保持一定的投资增长速度很有必要。而且，政府投资具有明显的乘数效应，特别是在经济下滑的情况下对于拉动经济的增长具有重要的作用。在新型冠状病毒疫情危机还未褪去时，依靠投资

①罗斯托在《经济成长的阶段》中将人类社会经济的发展划分为六个阶段，即传统社会、为起飞创建前提、起飞、成熟、高额消费和追求生活质量这六个阶段。“起飞”就是要突破经济的传统停滞状态，实现在短时间内基本经济结构和生产方法的剧烈转变，使国民经济走向迅速发展的坦途。要实现经济起飞，首要的条件是要有10%以上的投资增长率。

拉动经济的增长是很有必要的。同时，投资是经济社会良性运转的助推器与润滑剂，在供给与需求的良性互动中起着重要的调节作用[①]。西宁都市圈落实中央的政策，加大对新基建及民生保障工程的投资力度，既维持经济增长，也产生了巨大的社会生态效益。

湟中区"十四五"期间将新基建作为主要的发展对象，明确提出要坚持以新基建为主导的高质量发展战略。

西宁市政府指出"十四五"期间政府主要的工作内容是："强化'四种经济形态'，立足构建现代化经济体系，培育发展生态经济、循环经济、数字经济、飞地经济；强化新基建在工业领域的应用，充分运用'5G+云+AI'一体化实现工业产业链、供应链、价值链各要素互联互通，推进5G、大数据、人工智能、区块链等新一代信息技术多环节、多领域、多场景应用。"

互助县"十四五"商贸流通业发展规划中明确提出，要以财政资金引导新基建的发展与应用。充分发挥财政资金和专项债的引导作用，支持绿色产业园在新基建、科技创新、生态环保、公共服务等领域建设。

海东市乐都区文化体育旅游广电业"十四五"发展规划提出："文化体育旅游广电业要以更高的站位，奋力推进现代化新城建设，借助海东市新型城镇化建设和新基建提振的力量实现经济结构转型和高质量发展。"

近年来，都市圈内主要城市一方面积极承接东部地区产业转移，政府投资力度也不断加大，2007—2017年固定资产投资增长率大都在10%以上（图3-17），有力推动了一批强基础、增功能、利长远的重大项目建设；另一方面政府加大对需求侧的管理力度，不断发挥投资对优化供给结构的关键作用，实现企业原有发展动能的巩固以及新动能的挖掘与释放，极大地推动产业转型升级与地区高质量发展。随着我国经济步入新常态，西宁都市圈固定资产投资增长率整体也呈现出下降趋势。未来应在政府有限资金的约束下加强社会资本对于经济发展的推动作用，不断优化投资结构，加大对高原适用型"两新一重"的投资力度，推动"一主两副"的都市圈高质量空间格局加速形成。

---

①哈罗德-多马模型指出，"投资能够形成生产力和社会总需求的双重效益"，即投资不仅能增加总需求，同时间接地增加总供给，是资本形成的主要途径。通过已有资本（主要为货币资本）的投入进行生产活动，在此过程中实现物质资本的形成并完成新旧动能的转换，优化存量资本结构、助推产业转型升级从而使供需更加匹配，但是粗放型的投资方式肯定是不可取的，这会明显损害"三去一降一补"的成果，而且可能导致地方债务危机。因此，在未来发展过程中应注重投资结构优化。

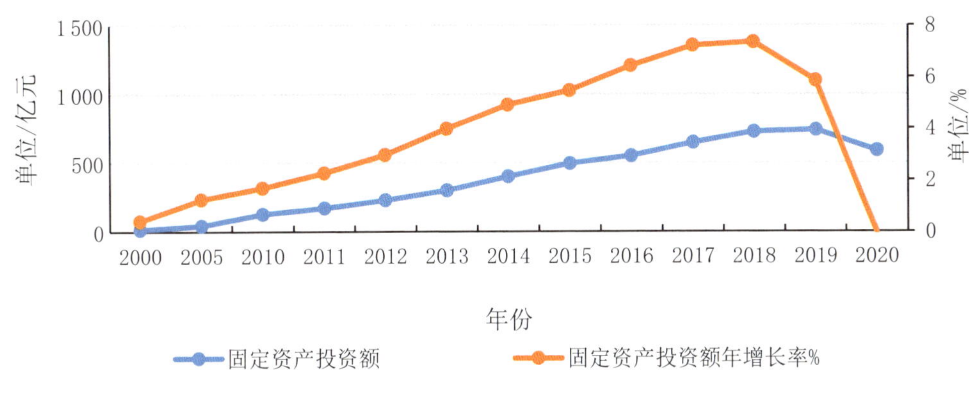

图3-17　2000—2020年西宁都市圈固定资产投资额及增长情况

（3）外需驱动

最后，外需驱动越来越重要。随着国家向西开放战略的深入实施和重大物流枢纽的建设，高原城市的对外开放程度正进一步得到提升，净出口额整体呈现出上升趋势（图3-18），对外投资合作也取得进一步发展。2020年西宁进出口贸易伙伴已增至62个，对外贸易放大了西宁都市圈的比较优势，推动了优势特色产业提质扩容，扩大了企业的生产规模与经济效益。同时，西宁都市圈借助“一带一路”倡议加快对外投资合作、对外承包工程建设、对外劳务合作等。2020年以来，面对国际疫情持续蔓延和复杂严峻的外部环境，青海省对外投资合作发展态势良好。数据显示：2020年1—10月，青海省对外非金融类直接投资2 759万美元，同比增长51%；对外承包工程完成营业额14 113万美元；对外劳务合作累计派出各类劳务人员267人，同比增长6%。截至10月末，青海省在外各类劳务人员531人，对外劳务合作项目主要有俄罗斯选矿，日本厉木窗帘缝纫和介护，塔吉克斯坦井下钻探，安哥拉、玻利维亚、埃塞俄比亚工程建设项目。同时，青海省对“一带一路”沿线国家和地区投资增幅明显，2020年1—10月，在“一带一路”沿线国家和地区非金融类直接投资5万美元，同比增长2.8倍；对外承包工程完成营业额5 385.8万美元，同比增长114%，占对外承包工程完成营业总额的38%；对外劳务合作派出各类劳务人员48人，占全省对外劳务合作年内累计派出总人数的18%①。

西部大开发走过二十年，在新的发展阶段下，进一步挖掘青藏高原地区在“一带一路”中的战略价值，推进更深层次的开放合作，不断提升外需对经济增长的贡献度是推进西宁都市圈高质量发展的重要选择。对此，西宁市将推动出口作为培育发展新动力，优化要素配置，激发创新创业活力的重要抓手之一，发挥出口对经济增长的促进作用，优化品种结构和市场结构，加快培育发展出口型企业，提升产品的科技含量和附加值，

①数据来源：青海省商务厅。

扩大产品出口规模。

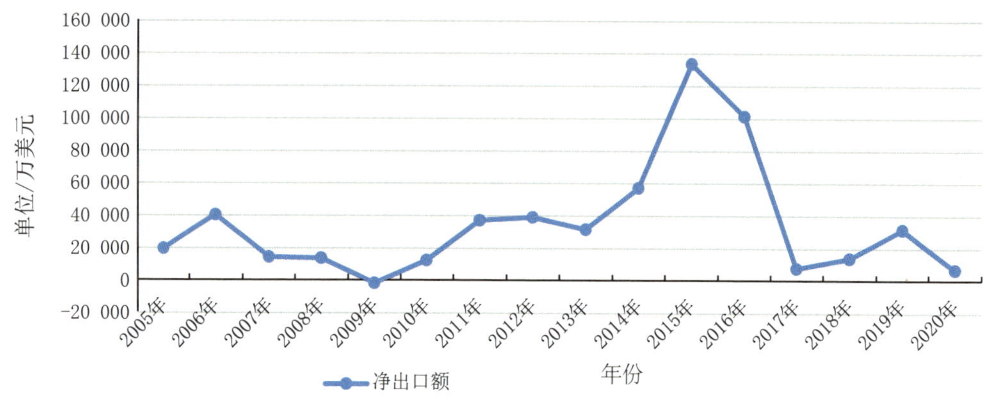

图3-18 2005—2020年西宁市净出口额

3.政府视角

（1）财政转移支付

财政转移支付是在分税制下平衡中央和地方“财权”和“事权”的一种制度安排。“十八大”以来，党中央、国务院把生态文明建设提到一个新的高度。青海省在“两高一优”的战略中明确提出要优先生态保护。西宁都市圈把保护黄河干流、湟水等作为发展的重中之重。这意味着大规模开发性的经济行为将受到制约。同时，生态补偿通过资金转移激发微观主体保护生态环境的内生动力，推动地区高质量发展。随着横向生态补偿转移支付制度的不断完善，来自中央和地方的生态补偿将对都市圈的经济发展起到重要的推动作用。2017年，青海省一般公共预算收入仅有246.20亿元，上级补助收入1 117.21亿元，其中生态补偿等专项转移支付收入446.93亿元，约占全年财政收入的30.89%，是青海省主要的财政来源。而且，西宁都市圈几乎各级政府依靠本地区的财税收入很难满足基本开支需求，涉及保障教育、“三农”、医疗卫生、社会保障、公共安全、文化体系、城市维护等其他方面的均衡性转移支付极大地充盈了地方政府的财政实力。同时，企业发展专项资金是中央财政预算安排用于优化中小企业发展环境、引导地方扶持中小企业发展及民族贸易等方面的资金，通过财政补贴、税收返还、贷款贴息等方式降低企业生产成本，同时积极支持科技创新、改善融资环境、完善服务体系、促进国际合作，对于推动都市圈广大的中小企业发展具有重要意义。根据《青海日报》的报道，青海省2020年下达的首批7 600余万元中小企业发展专项资金，支持了653个企业和项目的复工和运行。

（2）公共物品供给

公共物品供给是基础性驱动因素。政府提供公共物品不仅满足了公共需要，而且优质化的公共服务会吸引人口、产业向本地区集聚，带动本地区经济的发展，同时产生巨大的社会效益。在各县区的座谈会议上，负责人在介绍本地区发展取得的重大成果时，都会强调在基础设施和公共服务等方面所取得的巨大进展。西宁都市圈各级政府把基础设施的升级作为政府工作的一个重要抓手，努力实现本地区与其他地区的互联互动互通，提高本地区的区位优势，吸引人口和产业的集聚，如正在规划实施的西成铁路、兰州—西宁城际铁路、兰州—西宁新高速、西宁环城高速、海石湾—民和县—刘家峡一级公路、兰西客货运综合枢纽站、民海地区网约车平台（互联网+交通）等项目，着力促进要素在本区域内的流动。优质化的公共服务是吸引人口、产业集聚的一个重要因素，也是保障民生工作的具体落实。现阶段，城镇学校的教育质量明显要优于乡村学校的教育质量，因此家长们会尝试各种方法把子女送到城镇念书，自己选择在城镇租房陪读，进而加大了城镇常住的人口数量；另外，先进的医疗设备，数量多且规模大的公园、商场及运动场也是吸引人口向城市集聚的重要因素。除此之外，政府部门还努力把“放管服”改革落到实处，缩减企业的办事流程，为企业部门提供良好的公共服务，从而推动产业在本地区的落地，如湟源县“十三五”期间积极优化政府的公共服务，并取得了重大的成就①。

（3）规划引导

规划引导是政府的强力管制手段。政府的规划与政策可弥补市场失灵、有效配置公共资源、转向集约型模式，促进可持续发展。西宁都市圈落实中央政府的一系列宏观政策，关注产业的综合效益，发挥自身资源禀赋，积极引进科技含量高、辐射带动强的大型项目，形成更完备的产业链与更大的集聚效应，起到的引领和规制作用②，推动高原

①“十三五”期间，湟中县政府职能转变加快，行政审批事项减少至42项，成为西宁市保留行政审批事项最少的县，编制完成政府部门权责清单4 098项、公共服务事项清单167项、乡镇政府权责清单79项、“最多跑一次”事项清单303项，清理取消政府部门行政审批中介服务事项16项、群众办事创业相关证明20项，政府办事效率不断提高，体制机制活力进一步释放。

②2016年12月22日国务院发布《生态文明建设目标评价考核办法》；2018年3月中国共产党中央委员会组建中华人民共和国国家公园管理局；发改委《2020年新型城镇化建设和城乡融合发展重点任务》中提出：“加快实施以促进人的城镇化为核心，提高质量为导向的新型城镇化战略，提高农业人口市民化质量，督促城区常住人口300万人以下城市全面取消落户限制”；2020年4月15日，国务院出台《中共中央国务院关于建立健全城乡融合发展体制机制和政策体系的意见》，指出：“建立健全有利于农民收入持续增长的体制机制：搭建城乡产业协同发展平台。培育发展城乡产业协同发展先行区，推动城乡要素跨界配置和产业有机融合。把特色小镇作为城乡要素融合重要载体，打造集聚特色产业的创新创业生态圈。优化提升各类农业园区。完善小城镇联结城乡的功能，探索创新美丽乡村特色化差异化发展模式，盘活用好乡村资源资产。创建一批城乡融合典型项目，形成示范带动效应。”

城镇化进程与高质量发展。西宁市2020年全面取消外来人口落户限制，有力推动人口向城市的集聚。湟源县积极落实国家政策，湟源县国家农村产业融合发展示范园已入选“第二批国家农村产业融合发展示范园名单”。西宁都市圈各县区都有工业园区，各工业园区带动了当地就业和加速了农业人口向非农产业的转移，提高了劳动生产率，但大部分工业园区仍以高污染、高耗能企业为主，引进新兴产业困难。同时，新城的建设也是政府推进城镇化的重要举措。新城聚集了大量的生产要素，促进产业集群发展，如海东市的河湟新区和多巴新城。此外，随着沿海企业开始向中西部进行转移，政府的招商引资作用显著[①]。西宁市目前引进了时代新能源、比亚迪、泰丰先行等一批行业领军企业，积极打造千亿新能源产业。

《互助县新型城镇化实施方案（2019—2035年）》中提到，互助县持续优化营商环境推动招商引资工作的进行。深化企业准入和“证照分离”改革，加快企业登记全程电子化和电子营业执照办理进程，畅通招商引资企业“绿色通道”，提升全县企业便利化水平，打造招商引资审批环节最优、登记材料最少、一次告知最准、办结时限最短、开办费用最低、服务质量最好的投资营商环境

《湟中县2018年国民经济和社会发展计划执行情况》中提到，湟中县政府过去几年加大招商引资的力度，取得了丰硕的成果。青洽会完成贵强物流仓储光伏发电、正德中草药种植加工基地、柳树庄桌祺农业观光产业园、鲁沙尔风情小镇综合改造4个项目签约，签约金额18亿元；城洽会完成圣山国际文化旅游商业综合体、甘河新型环保材料产业园、合尔营休闲观光农业产业园3个项目签约，签约金额15亿元。加大东西协作工作力度，落实1 500万元东西部协作年度专项资金，实施窑洞油用牡丹、正德中药材加工基地、贫困村卫生室和卡阳南京西宁友谊生态林等5个项目。全年实施招商引资项目23项，到位资金38.2亿元，其中省外到位资金11.03亿元。

3.3 高原城镇化基本模式

根据中国特色社会主义市场经济的建设要求，西宁都市圈乃至整个青藏高原的工业化、城镇化发展都需基于生态系统承载力前提下的生产专业化要求和国家主体功能区的

① 《兰西城市群发展规划》提出：“依托产业基础、资源优势和东西对口帮扶机制，采取补链承接、延伸承接、链条对接等多种方式，建设一批‘园中园’‘飞地园’‘共管园’等产业转移园区，具备条件的逐步纳入对口帮扶年度重点工作和考核。加快建设兰白承接产业转移示范园区，支持西宁、海东承接东中部产业转移。发挥地缘优势和文化优势，强化与发达地区和企业产业合作，将兰西城市群整体打造为面向中西亚的出口加工和贸易基地。”

需求，形成适合自身的新型城镇化模式乃至绿色发展路径。因此，不同地区自身资源环境条件、社会经济基础不同，其核心功能必将不同①（王亚飞 等，2020；张永姣，2015）。西宁都市圈域内空间格局也较为复杂，主要包括农区、牧区、城市化地区、生态保护区等，在现代化进程中推进城镇化方式不同，需基于功能分区的合理组织，驱动青海省乃至青藏高原的专业化分工，实现主体功能区的要求②。因此，根据城镇化发展阶段及城镇化过程中要素禀赋及其规模的差异，可采取不同城镇化模式（图3-19）。基于绿色发展，西宁都市圈的新型城镇化过程在3类地区类别中形成了6种城镇化模式，具体为：在城市化发展区形成老城区提质增效模式、新城区产城融合模式、服务业引领模式和特色产业提升模式，在生态协调区形成了生态产业引领模式，在农产品主产区形成龙头企业引领模式。

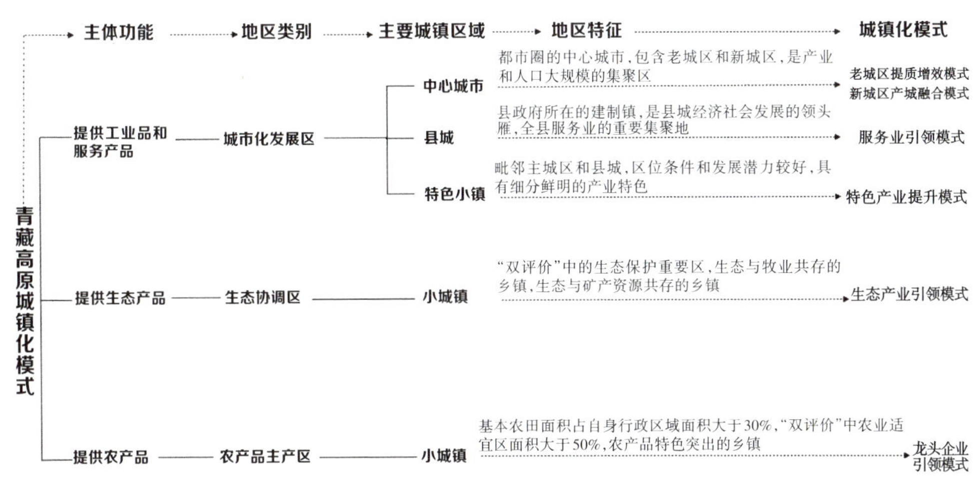

图3-19　西宁都市圈新型城镇化模式谱线图

①国家“十四五”规划提出“逐步形成城市化地区、农产品主产区、生态功能区三大空间格局”，自然资源环境、比较优势、功能定位不同，这决定了发展过程中所受到的规制因素与政策导向肯定不同，如中央用“三个支持”提高经济政策、农业政策、生态政策三大政策的精准性，提升政策效果，完善治理空间。

②青海省地处青藏高原，平均海拔4 000米，80%为高原山地，不同区域地理特征显著，主要可以分为河湟地区（农区，海拔2 600米以下）、青南高原（牧区，海拔3 000米以上）、祁连山—环青海湖地区（半农半牧区）、柴达木盆地（矿区）。这些自然经济区的生态环境、基础和环境等存在较大差异，需要通过西宁都市圈的发展带动和牵引这些区域的专业化分工和合理的功能分区。青海省国土空间“双评价”以乡镇为基本单元划分主体功能区，包括西宁4个区，海东2个区，其他市州135个镇、230个乡和3个农场等，共383个主体功能区单位。结合青海省国土空间的“双评价”结果，根据不同区域主体功能定位，我们将西宁都市圈划分为“重点生态功能区、农产品主产区、城市化发展区”三大空间格局。其中，根据生态脆弱性及生态保护红线面积的不同，将重点生态功能区划分为生态保护区和生态协调区。不同区域，由于发展阶段、内部资源环境等因素也存在着异质性。

3.3.1 城市化发展区的城镇化模式

城区推进提质增效，应着重在绿色发展、文化提升、多民族融合等方面探索新路径，在维育“绿水青山”过程中增值高原美丽城市的生态资源，在有风景的地方发展新业态、培育新消费、植入新服务，真正实现“有风景的地方就有新经济”，注重生态产品和文化产品的价值实现（王凯，2020）。城区是推进城镇化的重点区域，可细分为老城区、新城新区、县城[①]、特色小镇四类，城区的主体功能是提供工业品和服务产品。

1.老城区的“提质增效”模式

西宁都市圈的中心城区在这里特指西宁主城区、海东市的乐都区和平安区以及新城中的多巴新城和河湟新区。

一方面，西宁主城区走向了“提质增效”，注重内涵式发展的新型城镇化模式。在贯彻高质量发展理念的同时提高城区的吸引力和承载力，推进人口和产业的进一步集聚。西宁老城区拥有较为丰富的历史文化遗存、完善的公共设施和科学的产业布局，但存在因“过快集聚”引致公共服务供给不足和基础设施陈旧落后等问题。统计数据显示，近十年人口城镇化率几乎稳定[②]，这说明已进入提质增效的发展时期，即由大规模增量建设转为存量提质改造和增量结构调整并重。由此，西宁市制定“12315”总目标[③]，统筹经济社会生态文化全面发展，实行提质增效系列工程，积极打造“幸福西宁”。西宁市老城区以创建全国文明城市为抓手，推行资源节约、环境友好的消费文化，形成简约适度、绿色低碳、文明健康的生活方式和消费模式。同时，积极在绿色低碳循环的道路上推动产业转型升级，东川工业园区、甘河工业园区、南川工业园区、生物科技产业园区积极推进传统产业循环化改造，以资源精深加工和智能制造为方向，通过技术升级、产业链延伸、产业集群发展、资源综合利用等途径，全面提高产品技术、工艺装备、能效环保水平，推行清洁生产和企业合同能源管理，着力发展以绿色轻工业、再

---

①文中所指县城，一般是指县人民政府驻地所在镇。《中华人民共和国城乡规划法》《统计上划分城乡的规定》将这部分区域归为镇区，实际中一般按照小城市标准进行建设。青藏高原县城的规模一般比较小，在都市圈内发育的县城，可按照小城市来培育。

②“十二五”末西宁市中心老城区常住人口城镇化率均达到90%以上，2014年末城东区常住人口城镇化率为98.83%，城中区常住人口城镇化率为95.60%，城西区常住人口城镇化率为99.93%，城北区常住人口城镇化率为91.39%；2019年上述城区常住人口城镇化率分别为99.85%、99.41%、99.89%、94.10%，变化并不明显。

③“12315”总目标指：“一个率先”，在全省率先全面建成小康社会；“两个转型升级”，推动产业转型升级和推动城市转型升级；“三个示范基地”，建设全省生态文明先行区的示范基地、建设循环经济发展先行区的示范基地、建设创建民族团结进步先进区的示范基地；“一个城市窗口”，打造展示青海精神高地内涵的城市窗口；“五个排头兵”，推动绿色发展、促进创新创业、深化改革开放、完善公共服务、加强法治建设。

生资源产业为主的循环高效型产业，推动有色金属、新型材料、特色化工、藏毯绒纺、农畜产品等传统产业改造升级，开展“高原绿、西宁蓝、河湖清”建设行动，推动地区绿色发展[①]。同时，充分挖掘高原城市所蕴含的文化内涵，在创新地域文化中营建消费性空间，在传承发扬河湟文化中推进文旅融合，进一步释放老城区发展活力、培育经济新增长极。也就是说，综合考虑自身的功能定位、文化特色、建设管理等多重因素，引入城市美学理念，优化城市设计，注重文化传承与创新，强化空间引导和管控，增强城市的空间立体性、平面协调性、风貌整体性、文脉延续性，塑造一批河湟精品建筑。此外，西宁老城区转变城市建设方式，积极申报城市修补生态修复国家试点城市，提升市政设施设计和建设标准，全面建设“海绵城市”。加快地下综合管廊建设，积极推广绿色建筑和装配式建筑，加快建设“适度超前、设施完善、服务便捷、管理高效”的现代基础设施体系，构建安全、便捷、绿色、高效、经济，与城市布局形态和功能组织相协调的“畅通西宁”综合交通体系。紧扣城市管理和服务这个重点，深化城市管理和行政执法体制改革，推动执法重心下移、执法事项属地化管理。同时，结合小区实际，通过反复勘查现场，广泛征求群众意见，充分论证方案，科学规划设计，将急需改造的老旧小区优先纳入改造计划，分别制定改造方案并组织实施，有重点地解决外墙保温、屋面防水、下水管网老化等突出问题。

2.新城新区的产城融合模式

新城新区建设是实现城区扩张的主要方式，也是优化城镇化进程的空间载体以及经济发展、对外开放、科技创新的重要引擎。2019年7月份，青海省委十三届六次全会在推进全省新型城镇化的部署中提出了“省会好、全省好、省会强、全省强、省会隆起、全省受益”要求，西宁市委提出了做强做大西宁的思路措施，推进“西扩、南活、北优、东延、中疏”的空间布局。多巴新城建设和湟中“撤县设区”是“西扩”的主要内容，而河湟新区发展则是“东延”的重点。

多巴新城和河湟新区的设立和建设　产业是新城新区开发与建设的重要支撑，产城融合是新城新区持续健康发展的必然要求。注重城镇化质量，形成人口、产业、土地的耦合协调发展，产业、城市、人口间互为依托、互相促动、高效优质的产城融合城镇化模式。2020年7月份，西宁市湟中县正式“撤县设区”，扩展了西宁发展的战略空间；同时有利于充分发挥湟中的生态优势、环境优势，为打造绿色样板发展城市提供重要的生态环境支撑。撤县设区后，西宁市将打破行政区划壁垒，加快推进主城区产业和功能外溢，进一步开拓城市发展空间、提升城市能级、放大辐射效应，为推

① 资料来源：《绿色样板实施意见》。

动高质量发展、创造高品质生活提供充足的回旋空间，进一步发挥西宁在维护青藏高原国土安全、生态安全和民族团结等方面的重要作用。撤县设区不仅扩大了西宁城区的行政区划面积，充分发挥各地的比较优势与主体功能，且在统筹分配财政资源的过程中，能将更多财政资源集中于市辖区内，进而实现更快的经济增长（张航 等，2020）。市区迁入人口增加，迁出人口减少，产生人口城镇化效应，对湟中区自身发展有利（聂伟 等，2019）。

多巴新城位于湟中区多巴镇，东距省会西宁市20 km，南距湟中区鲁沙尔镇25 km，总规划面积为134 km^2，是西宁市“一芯双城、环状组团发展”布局中的“双城”之一。其以加快道路基础设施建设为重点，在提升城市品位、完善城市功能中不断推进建设，无论是生态空间、农业空间还是城镇空间的发展，多巴新城都以突出绿色和人文为要。河湟新区是西宁市“东延”的主要承载地，建设海东河湟新区，对海东以及全省和整个兰西城市群的跨越发展具有深远而重大的战略意义。在打造城乡统筹和新型工业化、城镇化、农业现代化“新海东”建设中，将加快建设海东河湟新区，推动形成与西宁错位互补、分工协作的区域发展新格局，把河湟新区建成国家重要的战略性新兴产业基地、全省副中心城市、兰西城市群重要节点城市和具有河湟文化特色的高原生态旅游宜居城市。虽然目前河湟新区隶属于海东市，但河湟新区对人口和产业的吸引减轻了西宁的压力，且高铁的开通和高速公路的升级改造，大大缩短了河湟新区与西宁市的时间距离，加强了两地之间要素的流动（图3-20）。

（a）新区管委会

（b）管委会大楼

图3-20　海东市的河湟新区

新城新区发展注重各种生产要素的有效利用，促进供给与需求的良性互动，实现绿色、协调、可持续的发展[①]。目前，多巴新城和河湟新区还处于开发的中前期阶段，主要进行产城融合模式的新型城镇化。

河湟新区产城融合的重点在于“城”。河湟新区凭借着优越的区位优势、完善的交通体系以及一系列政策支持吸引了大批产业入驻。产业涉及范围广，技术含量高，将为河湟新区的发展提供强劲的动力。但目前，河湟新城城市建设有待进一步推进，主要体现在目前社会服务设施和城市基本功能薄弱，难以承载过多的人口与吸引人口集聚，职住分离情况严重。总体来说，河湟新城目前的实力、建设资金和空间需求限制了其自身发展，基础服务设施很难与西宁主城区相比。不过海东市政府十分重视河湟新区的“产城融合”发展，近年来投入的项目既有补短板、强链条的转型类项目，又有打基础、惠民生的保障类项目。这对进一步优化新区产业结构、加速产业集聚、构建现代产业体系具有重要意义，也将为河湟新区实现高质量发展注入强劲活力[②]。

多巴新城“产城融合”的重点在“产”。多巴新城没有河湟新区那样优越的区位优势和交通体系，紧邻西宁老城区的地理位置反而成为它的劣势。西宁市“一区四园”的工业布局挤压了多巴新城在招商引资方面的空间。目前，新华联国际旅游城落地多巴新城，多巴新城正打造以全省文旅融合发展示范区、旅游产业改革创新区为标志的省会城市副中心。调研过程可发现，多巴新城的主要产业仍是房地产，旅游城带来的经济效益仍十分有限。但是，多巴新城在基础设施和公共服务领域发展较好，并以产业经济增进民生福祉，满足了群众的所急、所愿、所盼。截至2020年，围绕新华联国际旅游城、丝绸之路国际物流城、各大安置区、水生态综合修复工程等项目的落地，新城共实施道路41条，总投资达66.39亿元。同时为加强新城与西宁市主城的链接，昆仑大道、柴达木路及五四大道3条城市主干道延伸至多巴新城，多巴地区将形成“四横八纵”的交通网络。此外，多巴新城5年来相继开工建设了一批为民所系、为民所谋的民生工程，如总面积3 990 m^2的燕尔沟消防站建设已竣工并交付使用；小寨体育中心可为1.2万人提供文体活动服务；小寨、物流片区加压泵站工程建设有效解决了周边村子吃水难的问题，提高了居民生活质量；多巴污水处理厂已完成项目前期工作；公共停车场及公交场站项目已投入使用，解决了童梦乐园停车、开园及运行的问题；多巴医疗综合体建设项

①国务院2016年发布的《国家新型城镇化规划》，明确提出了产城融合的发展理念，旨在避免过去那种传统粗放的城镇化或者造城模式。“产城融合”是指产业与城市融合发展，以城市为基础，承载产业空间和发展产业经济，以产业为保障，驱动城市更新和完善服务配套，进一步提升土地价值，以达到产业、城市、人口之间互为依托、互相促动、高效优质的发展模式。产城融合发展理念在于，实现产业与城市功能融合、空间整合，达到“以产促城，以诚兴产，产城融合”的协同发展格局（冉净斐等，2020）。

②数据来源：海东市人民政府官网。

目主体工程已完工；多巴综合客运枢纽站建设项目已完成场地平整及临建搭设[①]。

3.县城的服务业引领模式

县城是县域的经济、文化、政治中心，拥有较为完善的基础设施和便利的交通区位，是县域内的人口集聚区和人口城镇化的第一步“阶梯”。随着我国新型城镇化战略的推进，“候鸟”型城镇化逐渐转向“就地就近”的人口城镇化。过去30多年，农民基于“经济收益的最大化”的城镇化行为与空间选择，导致了人口的大规模、长距离流动。现在农民进行城镇化方式选择时，考虑的是“综合收益最大化”，综合考虑经济收益、家庭团圆、子女教育等因素。因此，许多人就放弃了长距离易地城镇化而选择了就地城镇化，同时城市高昂的生活成本，城乡之间的推力和拉力反转，也致使很多农民工纷纷回流家乡。在此情况下，县城将成为城镇化的重要载体。需要注意的是，县城服务业的发展（商贸、教育、医疗等）离不开县域内居民收入水平的提高，而导致居民收入水平提高的因素是多样且复杂的，如异地工业化带动本地城镇化（肖磊 等，2020）、农村居民就业空间的扩展以及农业生产率的提高、县域内其他城镇工业化的推进等。但无论如何，居民收入的提高导致了县城服务业的发展，进而推动了城镇化的进程。

湟源县城关镇因其完善的基础设施和众多的人口而成为全县商贸流通业的集聚地，推动了地区城镇化的进程。“十三五”期间，当地政府进一步加强城关镇商贸流通业的核心地位。商业网点布局建设以“强化中心，优化结构，合理布局，带状发展”为主导，加大对县城商贸业的重点培育，引导人口、资金、产业向县城聚集，提升城关镇商贸流通业的品位，增强城市商业中心的核心与带动作用，完善以城关镇商业中心为核心，大华片区（大华镇、产业园），315线（纳隆口），109线（和平、日月）等商业副中心、片区商业中心为支撑，社区商业网络为基础的零售商业体系。

大通县桥头镇是县政府所在地，享受到了政策红利，促进了地区城镇化发展。以桥头镇为全县城镇体系组织的核心，以长宁镇、黄家寨镇为主的工业聚集区，以新庄镇、塔尔镇为主的现代农业园区，以东峡镇为主的旅游聚集区，以宝库乡为主的生态涵养区，形成相互协调的城镇空间结构，逐步形成土地向规模经营集中，工业向园区集中，人口向城镇集中的发展趋势，构筑了科学合理的“中心县区—中心城镇—重点城镇—集镇—中心村”的区域村镇体系。

①数据来源：青海省人民政府官网。

4.特色小镇的特色产业提升模式

特色小镇[①]是推动地区城镇化、缩小城乡差距的重要抓手。他们一般毗邻中心城区和县城，区位条件和发展潜力较好，是西宁都市圈的重要节点。特色小镇更注重以特色产业来支撑地区发展（表3-2）。较城区而言，特色小镇吸引产业或人口集聚的优势在于它的低成本，尤其是远低于城市的建设用地成本。不同于城市建设用地的出让，特色小镇建设用地部分来自集体经营性建设用地，这使企业极大降低了土地使用成本，同时实现了村集体收益增长，农民收入增加，有效缩小了城乡之间的差距。在发展过程中，特色小镇以打造“特色产业”为根基。

表3-2　西宁都市圈部分特色小镇

特色产业	特色小镇代表
特色文化主导型	威远青稞酒文化小镇、丹麻土族非遗文化特色小镇、大通县花儿特色小镇、凤山新城特色小镇
体育运动主导型	卓扎滩运动休闲特色小镇、碾伯体育小镇
田园综合体型	磨尔沟田园综合体特色小镇、乐都卯寨特色小镇
特色旅游主导型	鲁沙尔旅游风情特色小镇、卡阳“花海”小镇、平安驿特色小镇、民和古鄯特色小镇
康养休闲主导型	药水滩温泉小镇、寿乐休闲小镇
科技产业主导型	田家寨“千紫缘”科技农业小镇

特色小镇建设需多方参与，要实现生产要素向后发地区的集聚，“有为政府”发挥着重要的作用。政府的一系列制度设计与规划引导对特色小镇的布局与发展产生着基础性影响，如集体性建设用地入市及农村的“三变”改革。一方面，可考虑在特色小镇，率先进行农村集体土地管理制度改革，鼓励集体和农民宅基地及建设用地参与特色小镇开发，降低征地成本。另一方面，为实现产业的集聚与发展，要在政府的主导下进行特色小镇基础设施的建造工程，促进产业的集聚与发展，同时为特色小镇提供高质量、简约化的公共服务，降低企业的行政成本。特色小镇建设应遵循市场化规律，更好地发挥

①特色小镇在此指的是聚焦特色产业和新兴产业，集聚发展要素，不同于行政建制镇和产业园区的创新创业平台。特色小镇是现代经济发展到一定阶段的产物，一般是规划面积为几平方公里的微型产业集聚区，既非行政建制镇，也非传统产业园区，具有细分高端的鲜明产业特色、产城人文融合的多功能特性以及集约高效的空间利用特点。

市场和微观主体的作用，政府因势利导，形成“政府引导、企业主体、市场化运作”的建设模式，使特色小镇发挥自己的优势。

海东市乐都区卯寨特色小镇发展势头良好，卯寨作为集河湟文化展示、民俗农事体验、休闲观光采摘、娱乐餐饮购物为一体的旅游景区，吸引了大量的游客，解决了周边村庄农民的贫困问题（图3-21）。卯寨的成功是多方面的。首先，具备企业家精神的最初投资者李连合主承包荒山133.33公顷，并开展绿化造林工程，作为开拓者，他为卯寨的发展提供了一种思路与一个可能。其次，政府合理的介入、适时的引导与大力的支持。乐都区为推动卯寨景区发展，成立了高庙镇扎门、老庄、新庄村联合党总支部，破除了以往因不同村级组织认识不统一、步调不一致而造成的村域之间发展不平衡问题。党总支部结合城市总规和全域旅游发展规划，因地制宜制定了卯寨景区旅游发展总体规划，并分年度编制了景区建设规划，有效避免了建设的盲目性和随意性。同时，乐都区创新应用“公司+合作社+农户”景区管理运营模式，大力发展有机蔬菜种植、特色家禽养殖、农家院等旅游配套产业，着力打造一体化发展格局。重点打造的100多个小吃餐饮商铺，免费提供给当地群众和贫困户进行经营。借助景区发展实现20户建档立卡贫困户脱贫，实现了百余名农民稳定就业，间接带动周边近千人创收，让村民吃上了“旅游饭”。

图3-21　乐都区卯寨特色小镇景观

3.3.2　农产品主产区的龙头企业引领模式

农业是国民经济发展的基础部门①，但农业部门附加值低，依靠单纯的农业生产很难推动地区城镇化进程。农产品主产区要在维持农业基本生产功能的前提下，积极打造具有本地特色的品牌农作物，发展相应农副产业加工业，提高农产品附加值，促进新型城镇化进程。西宁都市圈的农业种植作物特色鲜明，农产品主产区应利用好这个资源禀赋，保障各城镇特色农产品加工业生产需要的土地要素，引导具有一定规模的农产品加工产业向有条件的乡镇开发边界内集聚，立足自身优势形成品牌农产品产业集群，进而推动地区高质量发展。在调研过程中发现，依靠龙头企业的引领带动作用与完备的产业链优势，农产品主产区以"品牌农业"和"三产融合发展"能够实现农产品的价值增值，推动地区经济发展与城镇化进程。

西宁市湟源县是农业大县，围绕"农业"绿色发展，湟源县已形成了自己的"品牌农业"，并带动了相关产业的发展，推动了城镇化的进程。根据农业农村局负责人在湟源县座谈会上的介绍，截至2020年，湟源县有30.74万亩耕地，规模以上企业26家，其中三江一力集团在全国企业中排名36位，恩泽为全省最大的有机肥企业，也是青海省唯一的残膜回收企业。县内一年无霜期大致在27～45天，自然灾害频繁，农作物受损害严重，但随着种植观念的转变、技术方面的改革，播种进度大幅提升，绿色发展、有机种群等理念方法深入人心。目前湟源县青稞产品畅销，已与中粮集团达成收购协议。湟源县油菜是全国5家达到欧盟标准中的一家，已与南京达成油菜销售协议，签订订单5 160万元。化肥、农药双检工作全面推进，现阶段全县种植的农产品基本使用有机肥。湟源县获得"绿色畜牧业示范强县"的称号。湟源陈醋已成为绿色商标，酿酒、酿醋所得收入占全县生产总值的一半。快速发展的背后离不开青海三江一力农业集团这一龙头企业的支持与引领，该企业对本地农业发展的带动效应，推动了本地区高质量发展与城镇化进程。

海东市互助县近年来以加快农业产业化发展带动农民增收为目标，按照"龙头企业+合作组织+基地+农户"模式，不断提高农业产业化经营的组织化、市场化程度，在夯实现代农业发展基础，促进农村产业结构调整，农民收入稳步增长等方面取得了成

①农产品主产区的主体功能是提供粮食等农产品，确保粮食安全对于维持我国社会和谐发展、促进经济长久繁荣的基础性支撑作用。《国务院办公厅关于防止耕地"非粮化"稳定粮食生产的意见》中明确指出："坚持把确保粮食安全作为'三农'工作的首要任务；坚持科学合理利用耕地。"因此，农产品主产区要实行保护为主，开发为辅的方针，保护主要是保护耕地，禁止开发基本农田，开发主要是以增强农产品生产能力为目的的开发，而不是大规模高强度的工业化城市化开发。

效。根据互助县发改委、农业农村局负责人介绍，互助县的绿色有机农畜产品发展快速，在不断扩大农牧业特色优势产业发展规模的同时，注重农畜产品品牌建设，主打“高原牌、绿色牌、有机牌”。

3.3.3 重点生态功能区的生态产业引领模式

重点生态功能区①推进新型城镇化的重点是要平衡好经济发展与生态保护二者之间的关系，即把握好开发与保护的边界，不断探索生态产品价值实现的有效途径，推动地区协调发展，促进绿色发展转型②。

重点生态功能区可依托国家公园和自然保护区开展生态旅游。政府给予当地居民特许经营权，原住民可以提供住宿、餐饮、游憩导游以及文化绿色产品经营等服务，增加原住民保护生态的经济效益。现阶段三江源国家公园正积极探索生态保护和民生改善共赢之路，将生态保护与精准脱贫相结合，使广大农牧民生活条件得到明显改善。根据《三江源国家公园产业化经营项目特许经营管理办法（实行）》，在三江源园区昂赛大峡谷开展的生态体验项目特许经营试点，产生了巨大的经济效益和社会效益。生态保护团队协助当地的贫困家庭，为前来进行自然观察和动物研究的科研团队提供动物搜寻向

①青海省是生态大省，承担着保障国家生态安全的主体功能。2016年3月份，习近平总书记视察青海时指出：“青海最大的价值在生态、最大的责任在生态、最大的潜力也在生态。必须把生态文明建设放在突出位置来抓，尊重自然、顺应自然、保护自然，筑牢国家生态安全屏障，实现经济效益、社会效益、生态效益相统一。”青海省的城市化发展区、重点生态功能区、农产品主产区分别占20%、52%和28%。近些年来，青海省加强自然保护区建设，搞好三江源国家公园体制试点，加强环青海湖地区生态保护，加强沙漠化防治、高寒草原建设，加强退牧还草、退耕还林还草、三北防护林建设，加强节能减排和环境综合治理，确保“一江清水向东流”。

②重点生态功能区是提供生态产品，但内部存在较为显著的异质性。一种是生态保护红线面积高于全省平均值的地区和原主体功能区划中的禁止建设区，即为保护生态环境、自然和历史文化环境，满足基础设施和公共安全等方面的需要，在总体规划中划定的禁止安排城镇开发项目的地区，这两类统称为生态保护区，区域内禁止进行城镇化开发，对人类活动限制也较为严格。另一种是生态协调区，主要包括三类：“双评价”中的生态保护重要区；生态与牧业共存的乡镇；生态与矿产资源共存的乡镇。重点生态功能区整体而言要采取限制乃至禁止开发的方针，对于生态极度脆弱而价值高的生态保护区要严格保护；而生态协调区相对于生态保护区资源环境承载能力较强，允许一定程度的要素集聚和适当的城镇开发活动，但一定要以不破坏当地自然环境为前提。实现过剩人口向生态协调区和城市化发展区的有序转移是实现重点生态功能区协调持续发展的必然路径，也是提高居民生活水平、推进城镇化的有力措施。政府主导下的生态移民只是对部分人口的迁移，更重要的是探究重点生态功能区镇域单元内人口自发向城市化发展区的转移。托达罗人口流动模型指出转移的动力来自预期收入的提高，因此提高当地居民的预期收入是维护与优化重点生态功能区主体功能的必然选择。生态产品中凝聚着人们进行污染治理、改造修复、经营管理等劳动；同时现阶段相对于丰富的物质产品和文化产品，生态产品是稀缺的，无论从劳动价值论还是效用价值论来看，生态产品均具有价值。

导、司机和食宿方面的服务。首批特许经营项目生态体验试点推出一年来，已为当地社区带来超一百万元的收入，其中45%为接待家庭所得，45%纳入当地社区基金，10%用于生态保护工作。在一些家庭由政府出资修建的集装箱房屋，为生态体验者提供了更现代化的居住条件，从而增强了牧民家庭的接待能力。据三江源国家公园管理局的介绍，按照规定，目前生态体验参与者的人数被严格限制在每年2 000人以内，参与者的资格也受到严格的审核。生态文明体制改革就是要补足体制机制、制度建设和市场机制这三个“短板”，满足人民群众对美好生活向往这一“底板”。通过特许经营权的实施，让人民群众通过保护过上好日子，激发当地群众投身保护环境的内生动力、成为提供保护的主体，是实现生态系统和谐可持续发展的关键。

政府科学合理使用生态补偿资金，对参与生态保护和修复工程的居民给予补偿，提高农牧民收入，增强其城镇化的意愿，促使其向城市化发展区迁移[①]。2019年，西宁市首个生态补偿方案——《西宁市南川河流域水环境生态补偿方案》正式实施，其中提及目前西宁市现有的生态补偿机制是以政府纵向补偿为主，市场补偿、横向补偿机制尚未建立。为建立健全新的补偿机制，市委以全市绿色发展样板城市建设工作会提出的“建立南川河流域生态补偿机制”要求为突破口，通过认真研究国家政策措施，借鉴全国及其他城市经验和做法，对南川河开展了充分的调研工作，广泛征求建议意见，率先建立了《西宁市生态补偿机制试行方案（一）——南川河流域水环境生态补偿方案》。方案开创性地提出水库水量补偿制度，并通过与流域监测断面水质补偿有机地融合，构建起以县区级横向补偿为主的水量、水质一体式生态补偿机制，对横向生态补偿机制进行探索，以期可以形成有益且可推广的经验，推动省域间横向生态补偿机制的建立实施。

①生态补偿是青海省各级政府财政收入的重要来源之一，如何提高生态补偿资金使用的精准性与科学性，使其产生最大的综合效益，是西宁都市圈和青海省实现高质量发展必须面对的议题。从2010年开始，青海省利用重点生态功能区转移支付资金，启动实施了三江源生态补偿政策。这些政策的实施，在促进生态环境保护的同时，有效改善了农牧民的基本生产生活条件，促进了各地公共服务基本能力的提升。

第4章 西宁都市圈绿色发展模式与产业转型路径

从传统到现代，从灰色到绿色，因特殊的自然环境与历史基础对人类活动的承载能力有限，西宁都市圈正加速产业重构，探索绿色发展模式，建立特色产业体系，加强生态修复，形成地方化的绿色发展模式。

4.1 绿色发展水平评价

4.1.1 评价指标体系

西宁都市圈环境治理方面成效显著。依据《青海省绿色发展指标体系》①，根据数据的可获取性，构建了西宁都市圈绿色发展评价指标体系（表4-1），其包括资源利用、环境治理、环境质量、生态保护、增长质量、绿色生活6个一级指标和45个二级指标。

① 2015年国家统计局开展了“生态文明综合评价体系”工作，青海省成为全国11个省试点地区之一。2016年12月，国家发展和改革委员会公布了《绿色发展指标体系》，指标类型分一级指标、二级指标，共56个指标，该体系全面反映了高质量绿色发展的本质特征及生态文明建设的要求。2016年12月青海省完成了《青海省绿色发展指标体系》的相关研究工作，2017年青海省统计局、青海省发展改革委、环境保护厅、省委组织部制定了《青海省绿色发展指标体系》，作为青海省生态文明建设考核依据。

表4-1　西宁都市圈绿色发展评价指标体系

一级指标	二级指标	计量单位	指标权重	正逆向
资源利用（权数=30.82%）	能源消费总量增长率	%	2.19	逆向
	单位GDP能源消耗降低率	%	3.28	正向
	单位GDP二氧化碳排放降低率	%	3.28	正向
	用水总量增长率	%	2.19	逆向
	万元GDP用水量降低率	%	3.28	正向
	单位工业增加值用水量降低率	%	2.19	正向
	农田灌溉水有效利用系数	-	2.19	正向
	耕地面积增长率	%	3.28	正向
	人均新增建设用地面积	hm^2/万人	3.28	逆向
	单位GDP建设用地面积降低率	%	2.19	正向
	能源产出率	万元/吨标煤	2.19	正向
	农作物秸秆综合利用率	%	0.64	正向
	农用地膜回收率	%	0.64	正向
环境治理（权数=18.26%）	化学需氧量排放量降低率	%	3.05	正向
	氨氮排放量降低率	%	3.05	正向
	二氧化硫排放量降低率	%	3.05	正向
	氮氧化物排放量降低率	%	3.05	正向
	生活垃圾无害化处理率	%	2.04	正向
	污水集中处理率	%	2.04	正向
	环境污染治理投资占GDP比重	%	1.98	正向
环境质量（权数=17.28%）	空气质量优良天数比率	%	2.88	正向
	细粒颗物浓度降低率	%	2.88	正向
	地表水达到或好于Ⅲ类水体比例	%	2.88	正向
	地表水劣Ⅴ类水体比例	%	2.88	逆向
	重要江河湖泊水功能区水质达标率	%	1.92	正向
	集中式饮用水水源水质达到或优于Ⅲ类比例	%	1.92	正向
	单位耕地面积化肥使用量	kg/hm^2	0.96	逆向
	单位耕地面积农药使用量	kg/hm^2	0.96	逆向

续表4-1

一级指标	二级指标	计量单位	指标权重	正逆向
生态保护（权数=14.41%）	森林覆盖率	%	3.93	正向
	乔木林单位面积积蓄量	m^3/hm^2	3.93	正向
	草原综合植被覆盖率	%	2.62	正向
	湿地保护率	%	2.62	正向
	新增水土流失治理面积任务完成率	%	1.31	正向
增长质量（权数=9.60%）	人均GDP增长率	%	1.92	正向
	居民人均可支配收入	元/人	1.92	正向
	第三产业增加值占GDP比重	%	1.92	正向
	工业战略性新兴产业总产值占规模以上工业总产值比重	%	1.92	正向
	规模以上工业企业研究与试验发展经费支出占GDP比重	%	1.92	正向
绿色生活（权数=9.63%）	公共机构人均能熬降低率	%	1.07	正向
	新能源公交车保有量增长率	%	2.14	正向
	城镇每万人公共交通客运量	万人次/万人	1.07	正向
	城镇绿色建筑占新建建筑比重	%	1.07	正向
	城市(县城)建成区绿地率	%	1.07	正向
	农村自来水普及率	%	2.14	正向
	农村卫生厕所普及率	%	1.07	正向

4.1.2 评价结果

我们主要通过熵权法计算西宁都市圈绿色发展指标体系的权重，进而根据指标的权重以及指标标准化后的数值求出不同级数指标的具体指数水平，基于GWR模型对绿色发展的影响因素进行空间特征分析。2016年青海省通过的《青海省绿色发展指标体系》，对青海省内各市州以及市州所辖各县区进行了绿色发展水平的全面评价 。因此，我们选取了2016—2019年为研究时段，目的是揭示西宁都市圈绿色发展水平的时序演化特征与空间演化特征。数据来源于2016—2019年青海省各市州绿色发展年度评价结果公报、西宁市和海东市2016—2019年的国民经济与社会发展统计公报、《青海省统计年鉴2016—2019》《西宁市统计年鉴2016—2019》《海东市统计年鉴2016—2019》以及相应西宁市各县区和海东市各县区的统计年鉴。

1.绿色发展总体趋势与空间分化

西宁都市圈县域绿色发展水平具有明显的空间分异特征，2017—2019年绿色发展空间格局呈现东北部高、西南部低的总体特征。西宁都市圈绿色发展水平趋于高值区和低值区两极分化显著的趋势，反映出其绿色发展空间存在循环累积效应，绿色发展水平仍处于较低阶段。西宁市主城区作为都市圈的发展中心，在城市质量和城市综合服务水平方面显著高于周边县区，但其绿色发展指数却明显低于周边县区，尤其是城北区的绿色发展指数在2018和2019年里均处于各县区末端。西宁市的大通县、城西区、湟中区在2017—2019年间绿色发展指数增长较快，增速均在4%以上；城北区、城东区、湟源县三年期间为负增长。海东市互助县的绿色发展指数显著高于区域内其他县区，2017—2019年绿色发展指数排名均位于13个县区内第一。平安区、互助县三年期间为负增长（图4-1）。

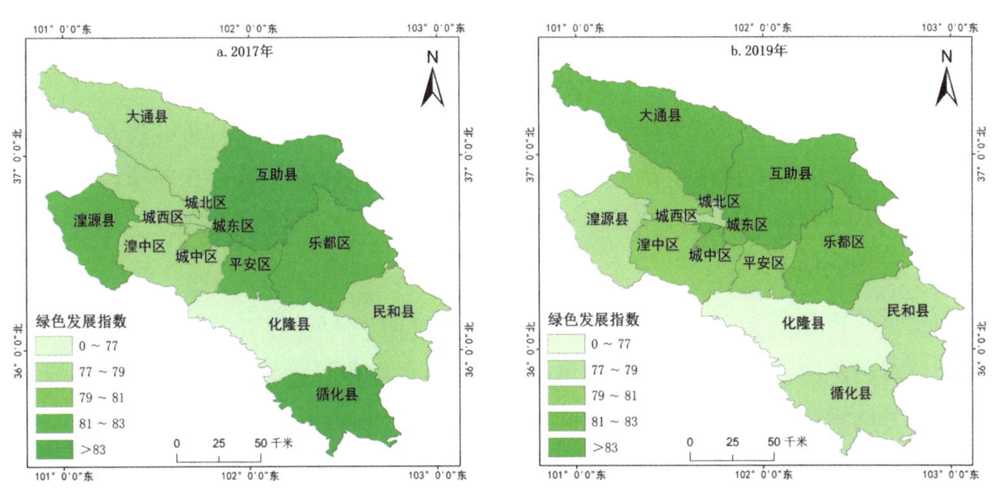

图4-1 西宁都市圈县域绿色发展水平空间特征

西宁市通过“打造绿色发展样板城市”战略有效促进了绿色发展，其成效主要可归纳为以下方面：

①推进绿色产业建设行动，坚持创新驱动推进产业转型升级，形成循环型工业、农业、服务业体系，产业发展逐步迈向价值链中高端，绿色发展的动力体系基本建立。

②坚持“山水林田湖草是一个生命共同体”的理念，按照“一芯双城、环状组团发展”的生态山水城市格局，统筹治理、全面推进，优化国土空间开发，针对群众对优美生态环境的需要，着力拓展绿色生态空间。

③推进“绿色人文建设行动”，将打造绿色发展样板城市与环保大督查和环境综合治理等有机结合，全力整治“散、乱、污”等影响群众生产生活环境质量、危机生态安

全的问题，关停取缔燃煤锅炉等一大批危害生态环境设施装置。

海东市通过对未完成的任务拉条挂账、倒排工期，确保全面完成，其绿色发展成效可归纳为以下方面：

①在农村环境综合整治方面取得较大成果。2019年实施的295个行政村的垃圾收集转运设备已全部完成配发；2020年实施了216个行政村的环境综合整治项目、90个村庄的提档升级项目、17个农村污水处理站改造项目及17个村的农村生活污水治理项目，实现了全市1 587个村农村环境综合整治项目全覆盖。

②全面落实《水污染防治行动计划》，重点做好黄河、湟水流域生态修复和综合治理工程，巩固水环境治理成果。

③强化“抑尘、减煤、控车、治企”措施，不断完善网格化管理体系和监管机制，继续强化工业企业排放达标管理，建立完善“一厂一策一档”制度，重点推进水泥、铁合金、建材等重点行业无组织排放深度治理和工业炉窑综合治理，有效控制工业企业污染。

2.县域绿色发展分类变化

西宁都市圈内各县区在资源利用、环境治理、环境质量、生态保护、增长质量、绿色生活6个一级指标下存在差异，整体绿色发展水平较高的县区亦存在弱项，绿色发展水平较低的县区也存在强项。

（1）资源利用

西宁都市圈资源利用指数存在两极分化特征（图4-2）。西宁市的城西区、大通县和湟中区及海东市民和县的资源利用指数增长显著，而西宁市的湟源县和海东市的平安区、循化县的资源利用指数则明显降低[①]。

---

① 西宁市坚持资源集约节约利用，全面实施能源、水资源消耗、建设用地总量和强度双控行动，构建城市绿色能源消费体系。建设清洁能源城市，推动全社会用能方式变革，坚持消费结构调整与能源结构优化互驱共进，实施“生态+电力+储能”行动，加大清洁电力替代，探索开展氢能开发利用，拓宽新能源类型；创建国家节水型城市，加强计划用水和定额管理，全面实行取水许可制度，出台限制特种行业用水及鼓励使用再生水政策，鼓励和支持企事业单位、居民家庭积极选用节水器具；全面推进清洁生产，加快重点行业领域绿色化改造，推动绿色制造和绿色包装应用，开展工业节能与绿色标准化行动，完善绿色供应链。

海东市健全绿色低碳循环发展的经济体系，完善循环经济标准和认证制度，推动重点领域和重点行业绿色化改革，推进生产系统和生活系统循环链接；加快园区循环化改革、清洁生产审核、污染物集中治理，规划建设工业资源综合利用产业基地，构建线上线下融合的废旧资源回收和循环利用体系；创建并推广绿色示范园区、绿色示范工厂试点；大力发展光伏、风电等清洁能源产业，推动能源清洁低碳安全高效利用；完善节能减排约束性指标管理，运用“三线一单”成果，实行能源、水资源、建设用地等总量和强度双控行动。

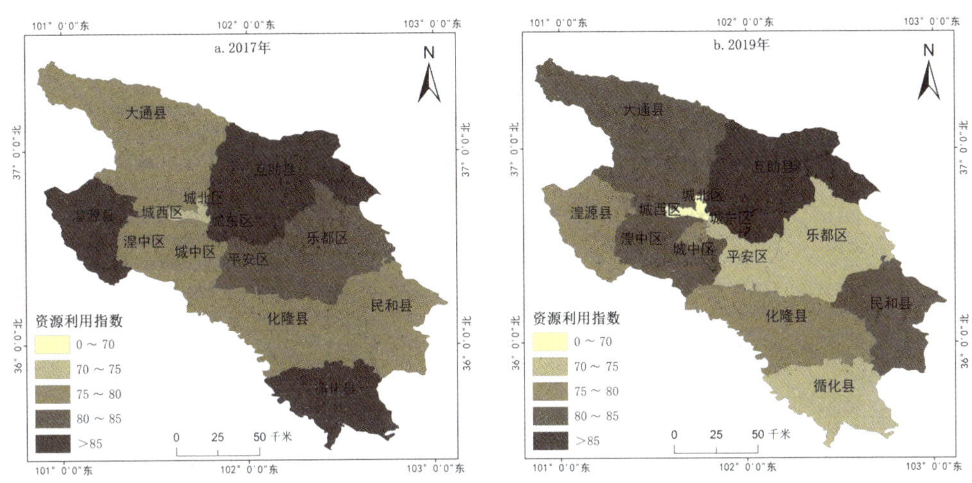

图4-2　西宁都市圈县域资源利用指数空间特征

（2）环境治理

西宁都市圈环境治理指数逐渐呈现扩散效应，多数县区呈现“高—高”空间集聚特征（图4-3）。在环境治理指数增长方面，西宁市的大通县和湟中区及海东市的乐都区增长显著，而海东市的互助县和民和县则降低明显[①]。

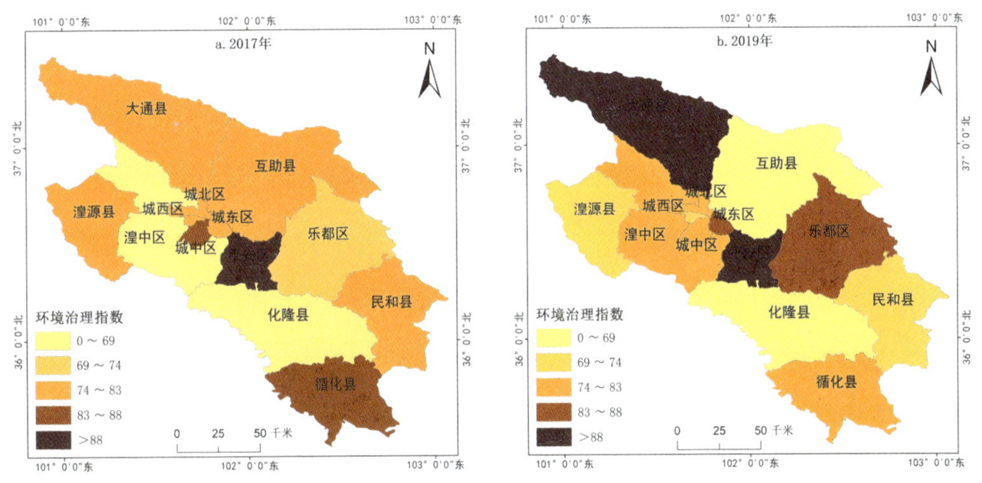

图4-3　西宁都市圈县域环境治理指数空间特征

① 西宁都市圈的西宁和海东两市，通过“河湖清”建设行动，实行流域统一管理，连通江河湖库水系；实施湟水河城区段水利功能和景观提升工程，实现“水清、流畅、岸绿、景美”治理目标；全面落实“河长制”，推进三川一水综合治理，改善湟水流域国控断面水质；实施城镇污水处理提标扩能等工程，综合整治集中式饮用水水源地，实现城镇生活污水全收集、全处理和农村饮用水水源稳定达标；实施大气污染清单式、精细化防控治理，加强分析研判和预警，提升精准治污能力；做好细颗粒物和臭氧协同防控，强化挥发性有机污染物防治；积极推进清洁生产、燃气锅炉低氮改造，实施取暖清洁化，推进降尘量监测监管，确保空气质量持续优良；实施重点行业及燃煤锅炉污染物排放治理，加大钢铁、建材、电解铝等领域环境污染治理力度；强化移动源污染防治，完善机动车遥感监测网络。

(3) 环境质量

西宁都市圈环境质量呈改善和提升趋势，但环境质量指数较低的地区有所增加（图4-4）。西宁市环境质量提升较海东市明显[①]。

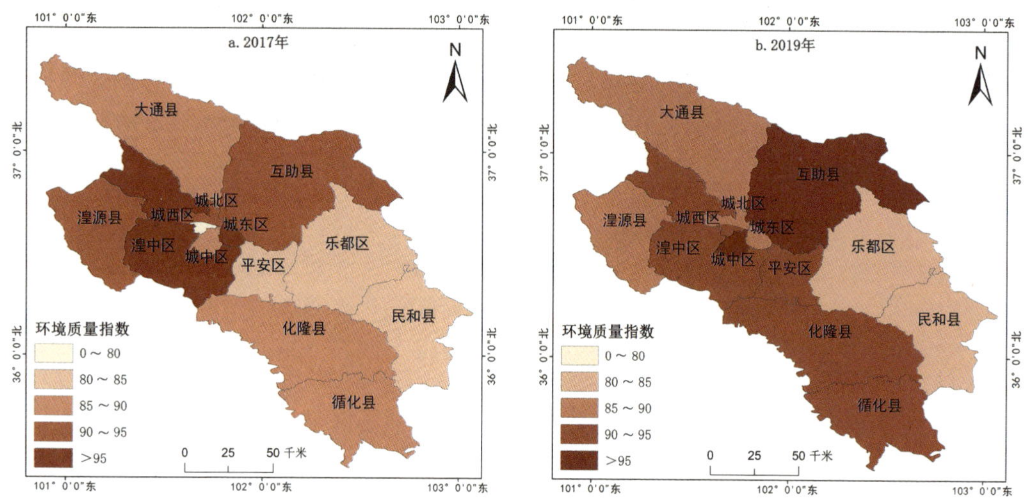

图4-4　西宁都市圈县域环境质量指数空间特征

(4) 生态保护

西宁都市圈生态保护指数呈现两极分化现象，高值区和低值区都有明显数量上的增加（图4-5）。在生态保护指数变动上，西宁市大通县和海东市互助县有显著提升；在增长质量方面，都市圈县域没有显著的变化，高值区始终在西宁主城区和海东市平安区、乐都区，这与地区经济发展基础密不可分。西宁主城区是西宁都市圈的核心区，具有较强的吸引及辐射能力，而平安区和乐都区是海东市的行政中心，经济基础较好。

① 生态环境质量提升的主要领域的措施：合理布局建设城镇污水处理厂，推进城镇污水处理提质增效和雨污分流改造；将总氮、总磷纳入重点监控指标，强化重点湖库水体富营养化防控；加快推进再生水处理设施建设，探索大型公共建筑配建再生水设施，推动工业生产、市政道路冲洗、园林绿化浇灌等使用再生水，提高污水再生利用率；持续开展湟水河入河排污口排查及溯源整治；开展小流域水土保持，实施水生态修复、入河污染源源头控制等工程，完善河湖长制，确保出境断面水质持续向好；推进对土壤污染的综合整治，强化土壤污染防控全过程监管，深入推进重金属污染综合治理，推动受污染耕地安全利用；强化农用地分类管理，落实安全利用及严格管控措施，严控农药化肥过量使用，强化农业面源污染治理；构建全生命周期的建设用地管理体系，落实分用途管理措施，降低土壤污染风险，着力保护未污染土壤，严格控制新增土壤污染；增强土壤环境监测、监管和应急预警能力建设，完善重点监控点位布局和土壤监测网络；加强白色污染治理，重视和加强新污染物监管和治理。

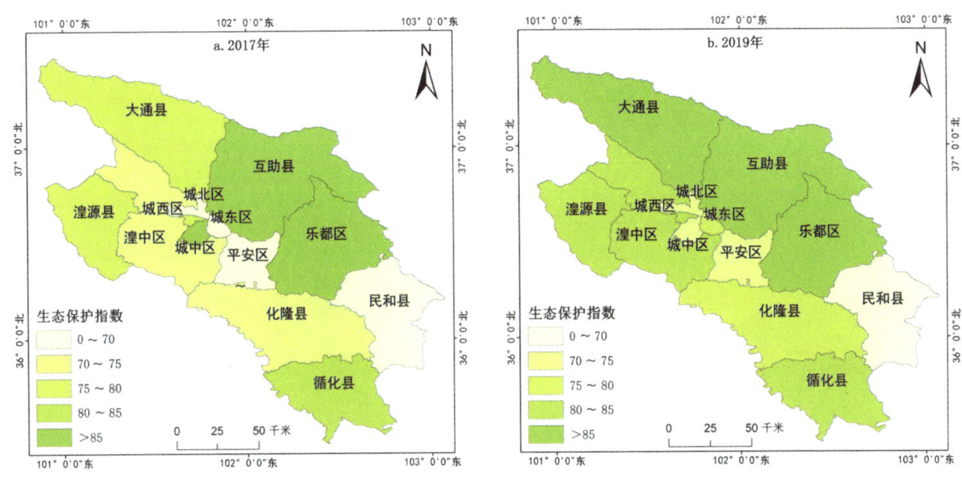

图4-5 西宁都市圈县域生态保护指数空间特征

（5）增长质量

西宁都市圈的增长质量指数普遍较高，且处于持续增加的态势，这与都市圈内的各级政府对增长质量较为重视有关[①]（图4-6）。2017年以来，都市圈增长质量处于下降态势且整体水平不高。都市圈在建设过程中需进一步激发经济活力，引入高新技术产业，推动两市产业协调互动。西宁主城区的增长质量指数增长率较高，反映出西宁都市圈处于迅速向中心集聚，中心城市对周边地区吸引力持续增强的阶段。在县区尺度上，虽然西宁市的城北区和海东市的民和县、化隆县的增长质量整体不高，但城北区在增长质量方面处于高值区，而民和县则在绿色生活方面显著高于其他县区。

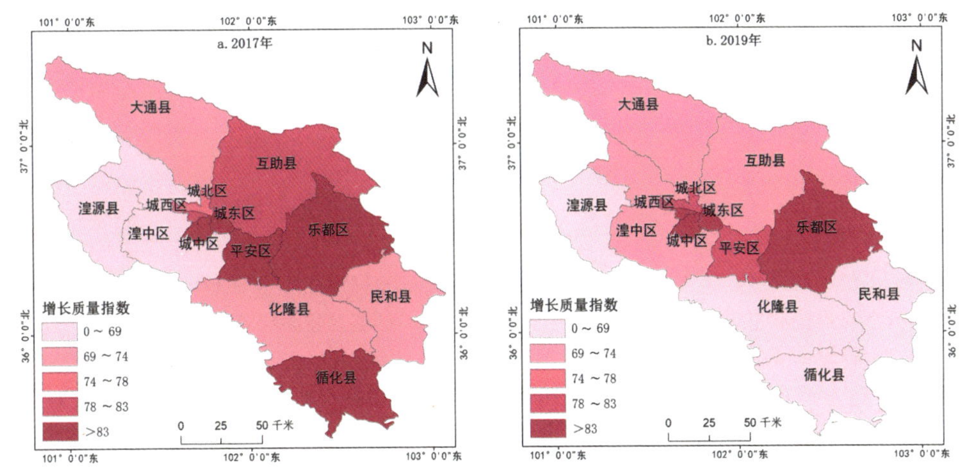

图4-6 西宁都市圈县域增长质量指数空间特征

①西宁市和海东市开展了一系列环境治理工作，空气质量、水环境质量全面提升。西宁市重点开展了扬尘污染、工业污染、机动车尾气污染、煤烟尘污染等六个方面的治理工作，有效提升了西宁市的空气质量；海东市则在其“十四五”规划中提出了一系列生态环境保护的重大工程，如生态保护与修复工程，生态示范建设工程，碧水、蓝天、城乡环境治理工程等。

（6）绿色生活

西宁都市圈绿色生活在研究时限内有所增强，尤其是海东市的乐都区和民和县的绿色生活指数有所有提升①（图4-7）。

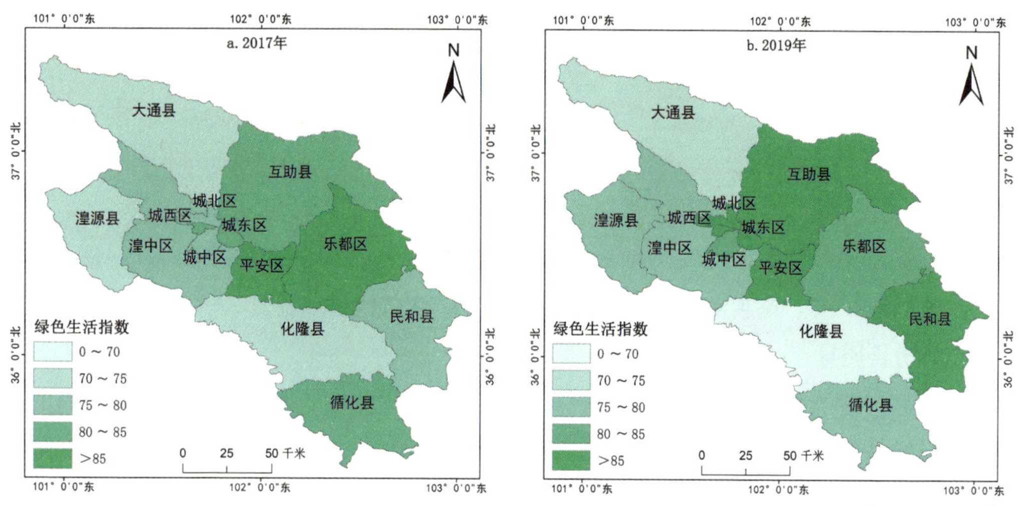

图4-7 西宁都市圈县域绿色生活指数空间特征

3.绿色发展驱动因素分析

根据调研结果，我们可从四个维度揭示西宁都市圈绿色发展的驱动因素。

（1）经济水平

经济水平选取人均GDP来衡量。绿色发展离不开经济的发展，区域经济发展的规模集聚可促进资源利用效率和加大对环境治理的投资，能有效提高环境治理能力，促进地区绿色发展水平的提高。西宁都市圈的北部和东部地区，以西宁市大通县和海东市互

① 西宁市和海东市均倡导简约适度、绿色低碳生活方式。西宁市通过推进绿色细胞创建行动，创建节约型机关、绿色家庭、绿色学校、绿色商场和绿色社区。大力推动清洁能源技术在城市区域供电、供热、供气、交通和建筑中的应用，推动公用大型建筑及民用社区建筑光伏一体化、工业园区分布式光伏试点。加快城市智能电网改造，实施全民节能行动计划。建立绿色低碳交通体系，推广绿色出行。推进交通设施绿色化建设和改造，加快老旧车辆更新换代和新能源车辆推广应用，稳步扩大清洁能源车比例。推广使用再生产品，限制使用一次性消费品，建立健全塑料制品管理长效机制，加强政府绿色采购。海东市通过培育生态文化，增加绿色产品和服务供给，引导全社会形成文明健康绿色环保的生活风尚。开展绿色生活创建活动，创建节约型机关、绿色学校、绿色社区和绿色市场，促进绿色消费。鼓励绿色出行，优化绿色智慧交通，打造便捷、安全、绿色、智能交通体系，扩大慢行系统覆盖面，加强与西宁和周边县区的公交系统衔接和覆盖。在城乡骨干交通道路和城市社区建设一批车用充电桩，城乡公共交通基本实现绿色化，加快老旧车辆更新换代和新能源车辆推广应用。构建绿色产品体系，建立再生产品推广使用制度和一次性消费品限制使用制度。积极推广节能、装配式等绿色建筑，推进建筑保温节能改造。

助县、乐都区为主的地区呈现典型正相关；经济水平低值区主要出现在都市圈的南部和西部地区，以西宁市湟源县和海东市循化县、化隆县和民和县为主，其绿色发展水平呈现负相关。需要说明的是，经济水平低值地区大部分农畜业占比较大，且传统高耗能产业较多，经济发展对资源环境的压迫作用逐渐显著，说明经济发展对绿色发展的影响程度基本稳定。但是，衡量地区绿色发展水平不能片面强调经济规模扩大和总量增加，需要综合考虑。

（2）产业结构

产业结构选取第三产业占GDP比重来表征。西宁市和海东市均属资源密集型城市，工业在三次产业中占比较大，第二产业比重的增加往往带来资源的高消耗，而第三产业作为服务型产业与清洁型产业的集合体，其占比的增大往往有利于绿色发展水平的提高。都市圈北部和东部及西宁市城西区是产业结构高值区，这些地区新兴产业较集聚，商贸金融等现代服务业发展较好。从回归系数的空间变化情况来看，第三产业占GDP比重有下降趋势，这说明产业结构对绿色发展的影响程度不断降低。都市圈南部和西部仍是产业结构低值区，如此下去，势必导致西宁都市圈县域的极化现象。

（3）科技创新

科技创新选取规模以上企业R&D支出占GDP的比重来表征。科技创新作为绿色发展水平的动力之一，直接影响地区的生产效率、环保意识以及人才素质。科技创新不仅可提高产业效率，促进企业提高资源利用效率和清洁生产能力，还可不断促进产业结构优化升级，减少污染排放和对环境的破坏。都市圈的规模以上企业R&D支出占GDP的比重影响系数不断降低，反映现阶段以西宁市城西区为主的科技创新高值区对周边地区资金等要素具有虹吸效应。

（4）政府干预

政府干预选取固定资产投资增速来表征。政府干预一方面可通过调控对地区发展产生正向促进作用，但政府过度调控也可能会造成对经济发展的负向作用。政府干预在要素流动和资源优化配置等方面具有先天优势。从回归系数空间分布来看，都市圈的南部和西部依然是政府干预低值区，且固定资产投资增速有逐年弱化的趋势，因此需进一步加强都市圈边缘地区的投资强度。都市圈绿色发展水平趋于高值区和低值区两极分化显著的趋势，反映出都市圈绿色发展空间存在循环累积效应。以水环境为例，长期以来西宁都市圈生活污水处于漫地自然排放、自然净化的局面，城镇化成为提升农牧民生活品质，集中收集、处理生活污水，保障水环境质量的重要途径之一。政府在实施污染物总量控制的同时，不断扩大城镇污水处理厂建设规模和覆盖范围。由于环保设施逐渐发挥效用，且当地人类活动强度尚低，目前都市圈总体水质现状较好，基本不存在饮水安全方面的隐患。湟水河水质90%以上达到Ⅲ类水域标准，监测的主要水源地的水质达到饮水安全标准，县城以上城镇集中式饮用水水源地水质达标率98%。主要城镇大气环境质量整体优良，这源于政府控制大气污染物排放，推广清洁能源使用和采取严格限制高耗能企业发展等措施[①]。

4.2 污染变化及其治理

随着城镇化率的提高，城乡居民生活水平普遍提升，生活环境也有所改善。在城镇建设过程中，用能结构改变与环保工作对都市圈城镇环境无疑起到了正向效应，但经济与城镇发展所带来的排放物增长和土地扩张仍是都市圈环境质量的重大隐患。

4.2.1 环境规制现状

环境规制是促进西宁都市圈绿色发展的重要措施。西宁都市圈环境规制呈现“中心高、边缘低”的空间分异特征。环境规制高值区主要集中在西宁市主城区，说明环境规制效率与经济发展水平存在空间耦合。

西宁市在都市圈内具有更高的经济发展水平及更强的环境改善压力，在市场、制度和技术等因素共同驱动下形成了环境规制效率高值集中区。环境规制低值区在经济待发展县区形成了连绵区。由于缺乏政策压力，该类县区保持环境规制效率低水平空间集聚状态。

随着生态文明理念的不断贯彻和污染防治攻坚的深入，环境规制对于推动西宁都市圈绿色发展的作用日益凸显。西宁都市圈实施大气环境保护与治理工程，通过推进以西宁、海东为重点的大气污染联防联控，对工业、生活、农业、自然扬尘等各类排放源开展综合治理，都市圈内空气优良天数比例大幅提升，重污染天气基本消除（图4-8）。

---

①通过调研我们将政府的治理措施归纳为：实施大气环境保护与治理工程，推进以西宁、海东为重点的大气污染联防联控，对工业、生活、农业、自然扬尘等各类排放源开展综合治理，确保2030年空气质量稳定达标，优良天数比例大幅提升，重污染天气基本消除；加强土壤污染防治和固体废物治理，提升西宁、海东以有色金属冶炼、化工、焦化、煤化工等重污染行业为重点的城市固废危废处置能力，强化污染地块风险防控、治理修复和开发监管，鼓励跨区域合作共建危险废物处理设施；营造绿意更浓的城乡环境，实施“家园美化”升级工程，广泛开展城镇清洁环境行动，实施农村环境综合整治全覆盖项目，开展交通干线及旅游景区和周边环境综合治理，在黄河干流、湟水河沿岸、县城周边村庄建设生活污水处理设施，推进农牧区垃圾处理设施建设；推进生活垃圾分类试点工作，加快形成较完善的城镇生活垃圾分类体系及长效机制，布局建设生活垃圾焚烧发电厂。

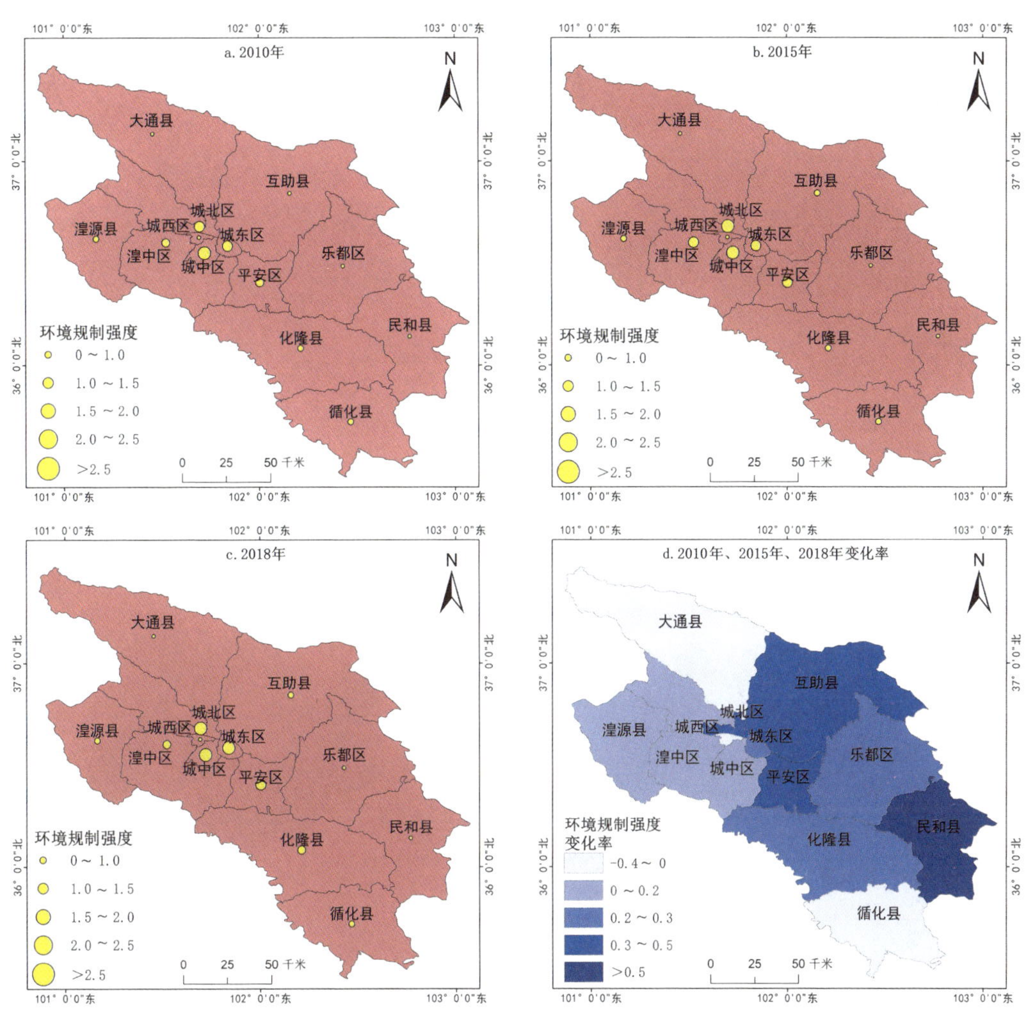

图4-8　西宁都市圈2010年、2015年及2018年环境规制及其变化率

4.2.2　工业二氧化硫和工业废水排放

西宁都市圈的工业二氧化硫排放呈现“中心高、边缘低”的空间分异特征，与工业集聚的空间格局存在地理耦合（图4-9）。

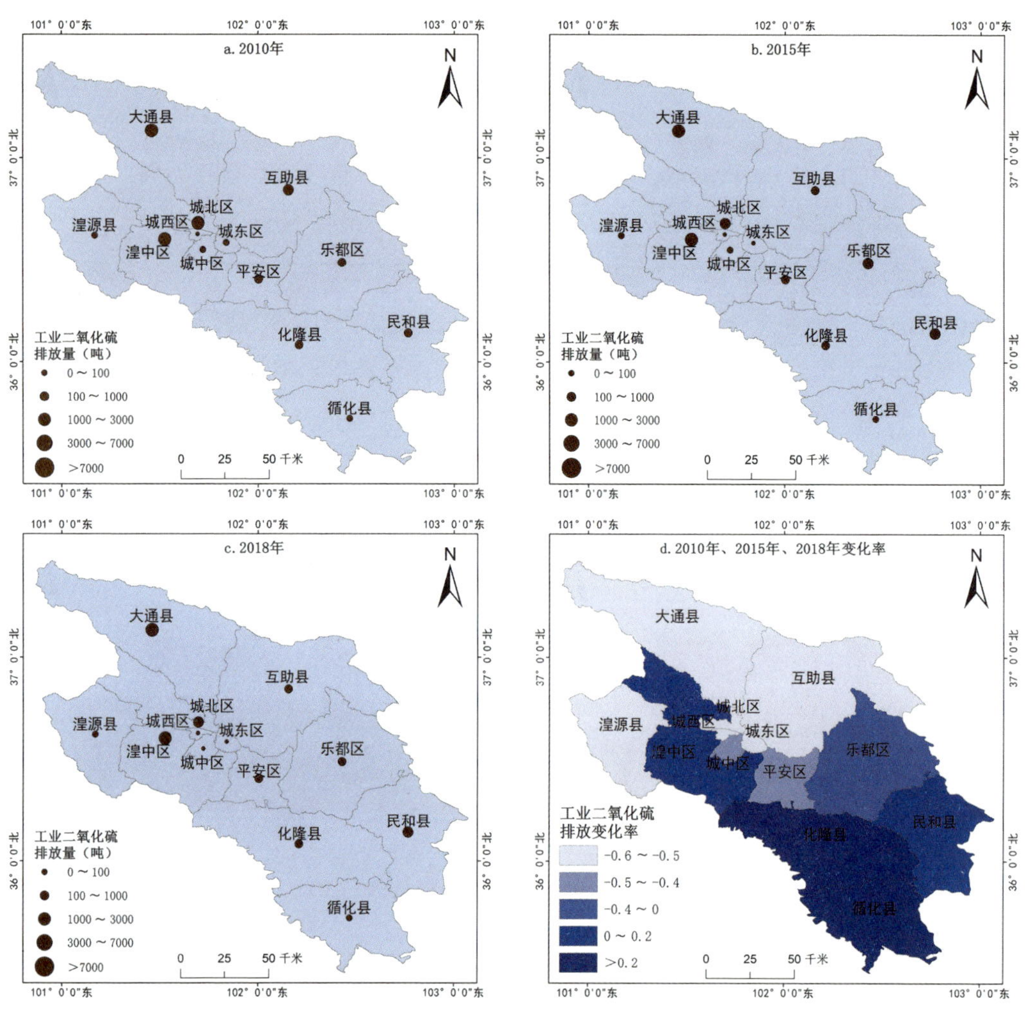

图4-9　西宁都市圈2010年、2015年、2018年工业二氧化硫排放特征及其变化率

工业二氧化硫排放的高值区呈点状分布，主要集中在西宁市的大通县、湟中区和城北区，海东市的乐都区和民和县等工业县区。工业二氧化硫排放的低值区呈片状分布，主要集中在西宁市的城东区、城中区和城西区，且都市圈工业二氧化硫排放分布具有“路径依赖”特征。虽然都市圈工业二氧化硫排放情况有所好转，但其高值区主要以西宁市的大通县、湟中区、城北区为主，可看出西宁市较海东市在工业二氧化硫排放管控方面较为薄弱，当然这也由西宁市工业结构所导致。

从工业二氧化硫在2010—2018年间的变化情况看，海东市的循化县和化隆县变化较大，化隆县有排放增强的趋势，但两县在排放量上较西宁都市圈内的其他县区并不大。工业二氧化硫的排放既是环境问题，也是发展问题，因此推动工业结构调整和产业链延伸，提高资源利用效率，实现第二产业提质增效，通过环境规制实现减排技术推广和示范，提高技术水平对工业二氧化硫减排的贡献率，是实现可持续发展的有效路径。

西宁都市圈工业废水排放具有“路径依赖”特征和“北部高、南部低”空间分异特征，与工业发展水平的空间格局存在地理耦合。排放高值区主要集中在西宁市的大通县、湟中区和城北区；排放低值区主要集中在海东市的循化县、化隆县等农业县区（图4-10）。工业废水排放是都市圈工业发展过程中的衍生问题，因此需通过政府力、企业力、市场力和社会力协同控制污染集聚。发挥政府主导作用，落实各县区政府对本行政区域污染防治的主要责任；明确高污染高排放企业主体责任，严格执行环保法规和标准；发挥市场调控作用，把污染防治转化为企业的内在要求；增强全体公民环境保护意识，形成全社会共同参与的氛围。西宁都市圈实现绿色发展，就必须通过“规模工业”向“绿色工业”转型，应认识到纯粹追求工业生产规模的弊端，减少生态环境消耗，提高资源利用水平，避免高资源消耗、高污染排放的工业发展模式。

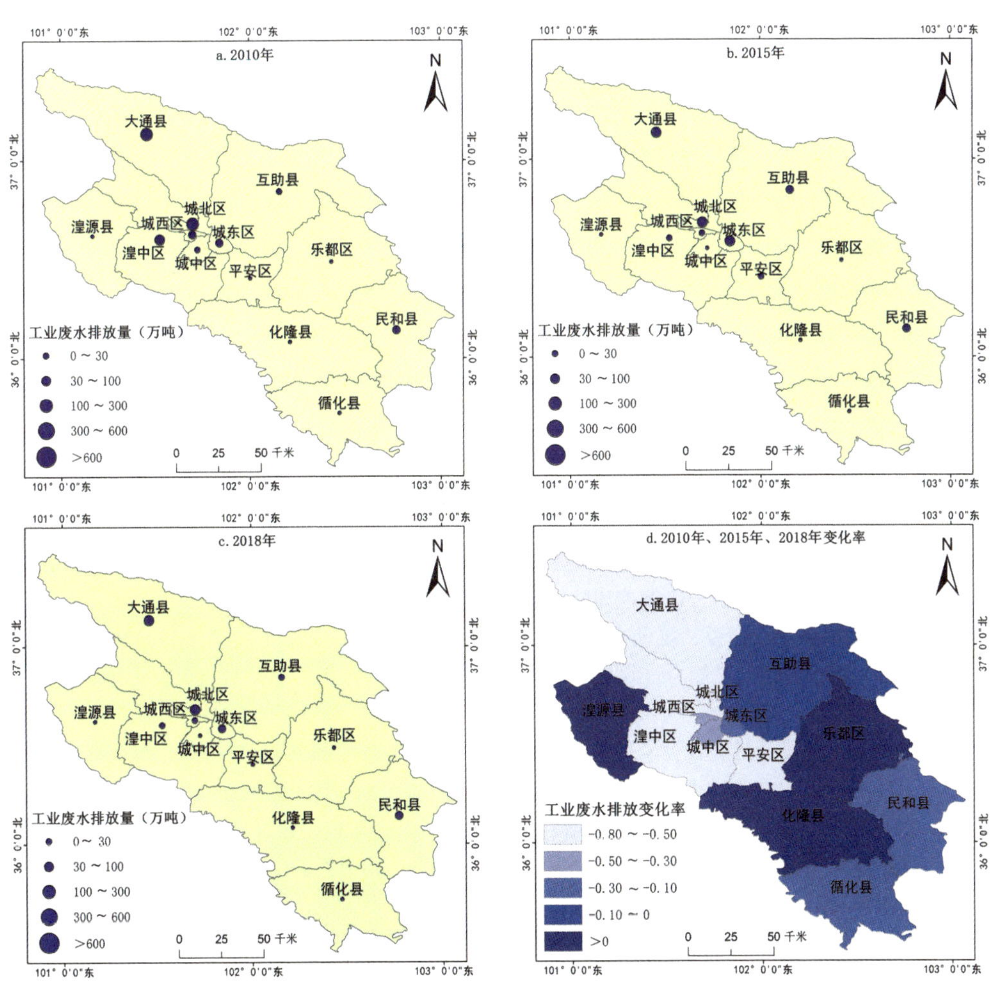

图4-10　西宁都市圈2010年、2015年、2018年工业废水排放特征及其变化率

4.3 绿色发展模式

西宁都市圈通过增加污染治理投资、普及新能源公共交通、推进绿色出行及引进高新技术产业、降低污染排放与能源消耗、控制生活垃圾等，在环境治理方面成效显著。西宁、海东两市政府均提出建设“无废城市”的绿色发展目标①。

4.3.1 区域层面的高原城镇化模式

根据调研结果，西宁都市圈基于新型三集中的双层流动，积极推动绿色导向的功能重构，尤其是建立特色化、绿色化全产业链，通过产业绿色转型推动高原城镇化和绿色转型。西宁都市圈近20年来伴随着高污染、高耗能、资源型等传统产业的衰落，绿色产业链正在崛起。目前，都市圈已大致形成了诸如有机肥、种子繁育、特色种植、农产品加工、旅游销售的一体化的绿色农业产业链，以生物、医药、资源型产品深加工为核心的高科技产业链，以青海湖、夏都、高原文化为主题的旅游休闲产业链，以枸杞、牦牛等为核心的绿色、特色、高原特质的产业链，诸产业链已延伸到高原内部，正在带动

①根据《西宁市国民经济和社会发展第十四个五年规划和二〇三五年远景目标》，西宁市主要通过以下方式推进“无废城市”的试点建设：健全城市生活垃圾分类制度，完善城镇生活垃圾处理和固体废物处置收费标准，健全垃圾处理分类减量化激励机制；建成城市生活垃圾焚烧发电厂，提升餐厨垃圾处置能力；深入挖掘“城市矿山”，构建系统完善的固废分类收运、处置和循环利用体系；强化危废医废管控，完善安全风险分级管控和隐患排查治理体系；健全再生资源回收体系，推动规范化回收站点和加工利用集散点建设；推动重点生态功能区“无废城镇”建设；完善乡镇垃圾收集处理设施，提升乡镇垃圾资源化处置能力；到2025年，城市、县城（建成区）生活垃圾无害化处理率分别达到97%和92%。

根据《海东市国民经济和社会发展第十四个五年规划和二〇三五年远景目标》，海东市建设“无废城市”主要通过以下方式：培育城乡绿色发展新模式；推行城市生活垃圾分类和无害化、减量化、资源化，引入新型垃圾处理方式，补齐生活垃圾分类处理设施短板，建设城市生活垃圾焚烧发电项目；探索推进重点集镇生活垃圾分类和减量化、资源化试点，健全乡镇垃圾处理设施；加快构建废旧物资循环利用体系，创建无废城市试点；强化危险废物全面安全管控，推动医疗废物集中处置覆盖各级各类医疗机构；加强畜禽粪便综合利用，开展种养业有机结合、循环发展试点；建立农村牧区垃圾就地分类、转运和资源化利用机制，建设农村牧区垃圾集中收集处理厂；打造一批美丽宜居“无废乡村”，到2025年，全市行政村生活垃圾有效处理率达到95%以上。

种植业、旅游开发、资源开发等各方面的绿色转型①。因此，西宁都市圈正引领和推动青藏高原走向绿色、特色发展道路。

1.基于新型三集中的双层流动和绿色导向的功能重构

西宁都市圈乃至青海省，实际上采取了“新型三集中”的战略，即以分类引导为原则，转变农村扶持方式，引导人口梯度集中；以转型升级为契机，优化和调整产业结构，引导非农产业园区化集聚和集群发展；以精明增长为理念，形成高效、有序和生态化的土地利用方式，推进土地园区化、产业化、特色化、适度规模化集约经营和土地流转（赵四东，杨永春 等，2011）。这样，西宁都市圈采取了打破城乡“二元”分割和规模生态移民等手段，分级引导人口的梯度集中和两极集聚：一是在青海省乃至青藏高原，人口逐步由青南高原的牧区、祁连山—环青海湖地区的半农半牧区和柴达木盆地的矿区向河湟地区的农区迁移；二是在西宁都市圈内由重点生态功能区、农产品主产区向城市化发展区迁移。

这种双层流动不但减轻了生态脆弱地区的人口压力和就业压力，而且提升了都市圈的生产效率和发展规模，即依靠多样化的就业岗位和完善的公共服务吸引农产品主产区和重点生态功能区内人口的有序转移，进而促进了西宁都市圈乃至青海省经济社会的全面发展。更为重要的是，这种集聚过程现实中是一种园区集聚和园内耦合，有助于特色产业集群的发育。在农地利用方式方面，坚持分类导控以及推进农地特色化、园区化和适度规模化的集约经营，实现了高效的土地利用，促进生态保育和城乡协调发展，即规模生态移民、梯度集中、集聚集群和精明集约的内涵事实上是一种绿色化的高原城镇化模式。

此外，西宁都市圈积极推动美丽乡村的打造，都市圈建设了超过50个的高原美丽城镇。乡村生活空间，以建设高原美丽乡村为核心，通过乡村风貌和人居环境的改善，完成乡村生活空间的绿色转型。同时，乡村生态空间，主要是活化土地和保护生态环境。将荒山荒坡流转给开发商，打造七里花海景区，既提升了生态效益，又为村民提供

①西宁政府支持绿色转型相关政策：发挥西宁技术、人才、产业基础等优势，加大创新力度，加快发展一批技术含量高、产品竞争力强的特色加工制造业和现代服务业；结合产业升级改造，进一步推动西宁、海东产业错位分工、融合互动、相互支撑；围绕区域特色资源开发转化，改善中小城市发展条件，积极发展高附加值产品加工、旅游文化体育、数字创意等产业，提升中小城市公共服务水平；加强重大创新平台建设，建设并发挥好国家级科技创新平台的引领带动作用，重点推进太阳能光伏（光热）、锂电以及储能材料研究基地等创新平台建设，力争进入国家级行列，打造西北地区创新驱动增长极；推动西宁中关村科技成果产业化基地建设，培育西部地区具有特色和竞争力的创新型产业集群；发挥海东各类园区产业集群效应，将青海中关村高新技术产业基地建成人才集聚基地、科技创新基地和企业孵化基地；支持中科院西高所、盐湖所建成国内有较高影响力的特色研究所；开展高原病、地方病、常见病、多发病临床医学研究，促进高原医学、民族医药、生物工程等多领域创新融合发展。

了就业增加了收入，是绿色经济增长的有效举措。例如，互助县小庄村与土族故土园协同发展，提供观光旅游后的餐饮、休闲服务（图4-11、图4-12）；民和县的官亭镇、古鄯镇、白庄镇、马营镇四个镇依据自身优势，积极探寻绿色发展道路，取得了诸如七里花海等的显著成就（图4-13）。

图4-11 海东市互助县小庄村

（a）故土园全景

（b）故土园大门

图4-12　海东市互助县土族故土园

图4-13　古鄯镇的七里花海景区

2.特色、绿色、品牌的现代绿色农业建构

第一产业以农业基地化、现代化和打造农产品品牌为宗旨，提高农业现代化程度和科技含量，提高用地效率，减少污染。将农产品种植与电子商务结合，开发富有高原特色的产品，提高其产品附加值，从而带动农业绿色转型。在生产方式上，采取规模化、现代化的基地农业。民和县、平安区、互助县、湟源县农村大量土地被承包，流转后被建成设施农业基地，有机农业基地等，形成规模化效应，提高了农业生产力，完善了农业劳动分工，提高了对土地的利用效率和对环境的保护，推动了绿色转型。除种植基地外，还有现代化农业育种基地，政府补贴购买良种进行规模化育种，再将适应高原气候的优良种子低价出售给农民，种子基因经过科技改良，其抗病、抗倒伏能力增加，既增加农民收入又减少了农民在种植过程中的农药化肥使用量，其社会效益和生态效益无疑符合绿色转型内涵。在生产过程中，西宁都市圈各城市强推无化肥农产品，对农业种植中的化肥严格控制，以有机肥代替化肥，减少农业污染。西宁都市圈在绿色发展中率先对传统的优势产业农业进行改造升级，将现代化手段融入农业生产中，以科技、电子商务等要素推动农业经济效益提升，同时，响应上级环保要求，提出“双减”口号，以循环经济、化肥控制推动农业生态效益提升，第一产业绿色转型效果显著。

互助县国家高原现代农业科技示范园区　据调研互助县国家高原现代农业科技示范园区对提高农畜产品的商品化和市场化，促进农业产业化进程发挥着不可替代的示范引领作用。该园区的建成使互助县成为海东市第一个国家级现代农业示范区建设县。园区重点发展八眉猪保种及安全养殖、高原特色蔬菜、莓类培育种植、中草药种植、青稞良种繁育、牛羊养殖等新型产业，园区积极引进绿色工业产业，推进全县的现代农业向科技化、集约化、设施化、产业化方向发展（图4–14）。

(a) 示范区科技园区大门

(b) 示范区科技园区总体布局

（c）内部设施

（d）科考队实地考察园内作物

图4-14　互助县国家高原现代农业科技示范园区

湟源县的绿色农业发展　湟源县是循环农业推进较好的县区之一，作为全省唯一的化肥农药减量增效行动整县推进试点县，其养殖业粪污资源化利用率、残膜回收率、秸秆综合利用率均达85%以上，垃圾无害化处理率、农村生活垃圾清运覆盖率分别达到93%、100%。湟源县农业发达，是全省农业机械化示范县。循环经济打造较为成功，县域内有多家循环经济农业企业，但目前缺少大型企业。更多的企业选择以与其他大型农业企业签订单的形式，成为原料提供基地，或种植其他企业所需要的特定品种。湟源县的绿色农业发展未来需壮大本土企业，提高农业利益，打造全产业链，而不是仅仅成为其中的原料供应商。

湟源县恩泽有机肥公司作为青海省唯一一家大规模生产有机肥的公司，有机肥生产规模化、有机化、工业化，年产量10万吨，远销全国各地，并出口至菲律宾，是典型的循环经济企业。同时恩泽公司将农业大棚用过后的残膜回收加工，并研发出新的塑料产品，年总产量40万吨，产量稳定供应全省。

三江集团是集肉食品加工、收购、屠宰、分割、深加工、冷链物流于一体的全产业链企业，是青海省新型职业农民示范基地。产品包括面包草、牛羊养殖、牛羊肉、有机肥。三江集团建立了标准化养殖场，将牛羊粪便加工成有机肥，对产品精准分类，针对不同需求打造产品，与互联网APP结合，打造产业互联网信息化平台，活畜交易市场，带动3万户农牧民增收（图4-15、图4-16）。

(a) 三江一力农业集团的大门

(b) 科考队参观三江一力农业集团

图4-15 湟源县三江集团

(a) 科考队参观恩泽有机肥展厅

(b) 科考队参观恩泽残膜加工车间

图4-16 湟源县恩泽有限公司

西宁市城东区特色农产品全产业链 青海三江雪食品饮料有限公司最早成立于1999年，是青海省乃至西北规模最大，生产能力最强的综合清真食品加工企业。中华枸杞养生苑是青海三江雪食品饮料有限公司于2012年底投资兴建的集青藏传统文化与枸杞养生相结合的旅游休闲景区，现已形成集种植、加工、品牌建设、营销为一体的全产链（图4-17）。

(a) 中华枸杞养生苑正门

(b) 科考队实地考察展柜

(c) 科考队实地考察车间

(d) 科考队实地考察仓库

图4-17 西宁市城东区中华枸杞养生苑

中华枸杞养生苑景区借助现代高新科技和创新手段，打造了以旅游、娱乐、休闲、互动、购物为一体的旅游休闲经营模式。该景区主楼的二楼是一个传统与现代有机结合的青藏文化陈列展厅，一楼是占地约1 500 m^2的养生佳品卖场，汇集了枸杞系列产品、青藏土特产、民族工艺品、特产加工品等。

民和县总堡乡 2020年8月6日下午，科考队考察了总堡乡的设施农业示范区——高原生态食用菌产业基地（图4-18）。

（a）忙忙碌碌的工人

（b）产品装箱

图4-18　总堡乡的高原生态食用菌产业基地

西宁都市圈坚持特色化、集约化、品牌化，加快转变农牧业发展方式，积极探索农业与牧业循环、规模经营与品牌效益兼得、产业融合发展的特色之路。着力提升农业集约化水平，发挥农业园区引领作用，培育和创建一批省级现代农牧业产业园，支持有条件的省级产业园创建国家级现代农业产业园；积极发展高原特色现代生态农业，大力发展富硒农业、旱作农业、设施农业，继续巩固湟水流域特色农业生产基地，加快马铃薯、春油菜生产繁种基地建设，提升打造集蔬菜生产示范、观光旅游于一体的现代“菜篮子”生产示范基地；大力发展草地生态畜牧业，推进建设“全国草地生态畜牧业试验区”平台，培育生态有机特色品牌；建设全国有机畜牧业生产基地和牦牛藏羊生产基地；积极培育都市农牧业多元业态，促进三产融合发展；积极发展生态农业、体验农业、定制农业，推动农旅互动，打造现代田园综合体；加强绿色、有机和国家地理标志保护产品开发认证。

3.倡导特色、高效、绿色的制造业转向

西宁都市圈以工业区和园区为主战场，坚持走循环绿色低碳的发展道路，推动有色冶金等传统工业升级改造。都市圈工业集中在西宁和海东市主城区下辖工业园区内，外围县区缺少成规模的工业集群，少数园区处于资源型产业升级为知识型、技术型产业的转型阶段，但其他大部分还处于工业化尚未完成阶段，未形成成熟产业链，以有色金属、化工、能源产业为主，高耗能、高污染、低效益。都市圈将以绿色、高效、清洁、低碳为目标，加快传统优势产业改造升级，培育壮大绿色新兴产业，促进产业集聚发展、循环发展，积极推动新能源等特色新兴产业快速崛起。都市圈内工业园区在招商引资方面具有倾向性，如设置引进企业门槛，坚决杜绝“双高”企业进入。西宁经济技术开发区以“一区四园”进行布局，园区内有7家中上企业被认定为国家级绿色企业。

2016—2019年，西宁市单位生产总值能耗下降了30.26%。以化工和有色金属产业为主的甘河工业园区正逐步被改造，2014被确定为全国循环化改造示范试点园区，2015年被确定为全国（首批）低碳工业园区试点。

西宁都市圈在“十三五”期间，着力改造和提升传统产业，主要包括：

①有色冶金产业：积极延伸有色冶金产业链，鼓励高端产品生产，提高产品附加值和市场竞争力，增强精品特钢研发生产能力，建成国内重要的有色金属及下游加工产业集群。

②装备制造产业：促进高端装备制造向智能化、服务化转变，加大装备制造业技术创新和新产品开发，提高关键零部件制造和装备整机智能化水平，推动企业提质增效。

③特色轻工产业：打造特色轻工业和民族食品用品出口基地，建设高原绿色生态有机食品生产基地，建成西宁国际性“藏毯之都”；打造民族特色轻工业和民族食品用品外贸转型升级专业型示范基地，将海东建成高原绿色生态有机食品生产基地和清真食品生产基地；将沿黄河地区打造成为国内知名的库区现代冷水鱼养殖基地。

④化工产业：重点发展烯烃、甲醇、复合肥、PVC等特色化工产业，建成我国西部资源综合利用的特色化工产业基地。

西宁都市圈在“十三五”期间，大力发展特色新型产业，主要包括：

①新能源产业：围绕风、光等资源转化利用，积极发展新能源及新能源装备制造业，打造新能源基地和全国重要的光伏光热设备制造基地。

②新材料产业：做优做强锂电及新能源汽车产业，打造全国重要的千亿元锂电产业基地和国内高端铝材加工产业基地、镁铜钛专业化生产基地；支持西宁、海东共同打造国家重要的新材料产业基地，培育锂电、铝镁合金高新材料等一批重点产业集群。

③生物医药产业：推动民族医药产业化，开发一批中藏药新产品、新剂型，构筑具有鲜明地域优势和高原特色的生物产业链和产业集群，把西宁打造成国家重要的生物医药产业基地。

④新一代信息技术产业：加快建设西宁云计算和城市大数据中心，建成具有国内先进水平、西北地区领先的数据资源备份中心，建设西宁大数据产业集聚区，打造纵向服务城市群、横向链接西北、辐射全国及丝绸之路沿线地区的青藏高原信息港，使其成为西北地区云计算、大数据产业集聚区和重要承载节点；海东依托青海中关村高新技术产业基地，以中国移动（青海）数据中心为基础平台，采用虚拟化、云计算、绿色节能等技术，打造以云计算和大数据处理为核心的“青藏高原云谷”；加快建设海南州大数据产业园，依托清洁能源优势，建成西部乃至国家重要的清洁能源大数据产业基地及国家级数据灾备中心。

双高产业的减排放与逐步淘汰　近年来，西宁市和海东市陆续淘汰了一大批高污染、高排放的采掘业和重工业，如铝产业。在工业园区建成后，更是有选择地淘汰原有的重工业、化工产业，取而代之的是高新产业和绿色产业。但城市转型不能以激进的转型方式来进行，由于过去西宁都市圈内的支柱产业大多是能源产业、化工产业和重金属产业，如果短期内全部淘汰，那么西宁都市圈的经济将会迎来致命打击。因此，通过对"双高"企业的污染排放进行监控和约束，降低其对绿色发展的影响，逐步关停一些规模较小、效益较差的企业关停，对于规模较大的企业，如甘河工业园区内的青海金广镍铬材料有限公司、盐湖海纳有限公司等等，以节能减排为主，促使其完成技术进步和企业转型。西宁市的规模以上企业一共才1 600多家，其中高新技术产业企业多，体量小，占比不超过20%。

新能源生产典型——湟源县凯金新能源有限公司　青海省凯金新能源年产值2亿～5亿，主要业务有石墨负极材料、新能源的碳化、石墨化，涵盖了从原材料生产到出售整条产业链（图4-19）。该公司是收购原本地石墨生产企业后改造形成的。基于原来的生产基础，公司更换了管理人员和技术人员，并投资5 000万建立了研发基地。未来打算推进校企合作，设立前瞻性的研究课题，着重解决一些重大技术问题。

（a）公司大门

（b）科考队参观公司厂房

图4-19　湟源县凯金新能源集团

海东市乐都区现代化PC装配式建筑生产基地　西宁都市圈的建筑业中入驻了一批绿色建筑材料产业，如宝恒绿色建筑有限公司将住宅楼模块化，在车间将模块制造完毕，减少了建设过程中的固体废料和烟尘污染以及人工费用。该公司2017年6月注册，是青海省内首家集科研、设计、施工等一体的现代化PC装配式建筑生产基地，其产品能够推动设计集成化、生产工业化和施工装配化（图4-20）。同时该公司招收了周边的贫困户作为公司员工，以支持精准扶贫政策。目前公司的很多项目依然需政府补助，而且传统观念对组装房屋的接受程度较低，这也需要政府做出相应的引导支持。

(a) 公司大门

(b) 负责人介绍该企业绿色化产品

图4-20　海东市乐都区青海宝恒绿色建筑产业股份公司

海东市乐都区现代电子企业　海东市旭格光电科技有限公司成立于2019年12月，是海东市第一家电子企业，致力于打造液晶屏行业集中式生态产业链，集生产、销售、研发于一体，拥有专业的技术团队和系统化的管理模式（图4-21）。公司主要从事液晶显示模组及其配件、LED背光源、触摸屏、平板显示器件的生产、销售。公司总投资2.5亿元，建成无尘化车间约5 700 m^2，能够实现年产值2亿元以上，年税收600万～800万元，解决当地就业岗位300人以上。

图4-21　科考队参观海东市乐都区旭格光电科技有限公司的生产线

特色农产品加工产业——乳业 青海小西牛生物乳业股份有限公司是一家专门从事乳制品研发的产业化股份制企业。企业生产全部采用国际先进的生产设备和工艺，是都市圈高原绿色食品加工业的典型代表（图4-22）。2020年8月13日上午该公司销售处薛涛主任带领科考队员参观了企业生产线，对公司发展沿革和乳制品制造工艺进行了详细的介绍。科考队员与薛涛主任就企业市场销售地、销售渠道，疫情对企业影响和生产过程中的环境问题等进行了深入座谈。

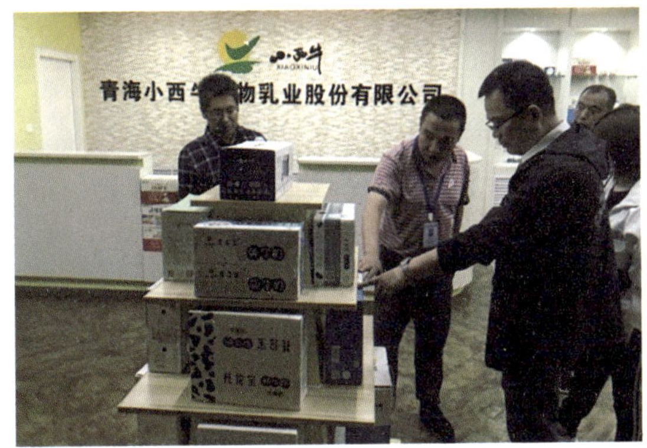

图4-22 科考队参观青海小西牛生物乳业股份有限公司

特色农产品加工和销售产业 2020年8月16日上午，科考人员实地考察了西宁市大通县青海可可西里实业开发集团有限公司和可可西里青稞产业园（图4-23、图4-24）。青海可可西里实业开发集团有限公司主要集农贸市场管理服务，农畜产品开发、收购、加工、销售、土特产品收购加工销售，酒类研发生产、加工、销售，宾馆饭店，商贸等为一体，企业集团旗下有12家子公司。其中，子公司可可西里生物工程股份有限公司和可可西里青稞酒业有限公司年收购青稞达5万吨，精深加工车间生产线6条，年加工产品能力达3.6万吨，已开发出“可可西里”牌系列青稞产品。

图4-23 大通县可可西里青稞产业园

(a) 展厅

(b) 生产区

图4-24 科考队聆听可可西里生物工程股份有限公司讲解员讲解

互助县天佑德青稞酒厂 互助县在打造旅游品牌方面，深入挖掘河湟地域文化和民族文化特色，持续进行"青海年·醉海东·土族风情美·青稞美酒香"系列文化活动，鼓励和扶植各乡镇继续打造"一乡一品""一村一特色"的文化活动。2020年8月11日，科考队参观了互助县的龙头企业——天佑德青稞酒厂（图4-25）。酒厂工作人员为科考队讲解了天佑德的品牌故事、历史发展以及企业对本地的就业带动作用。在讲解过程中，科考队实地参观了青稞酒生产车间和包装车间，了解了农产品延伸的高附加值产业的生产模式和特色产品。

（a）天佑德外景

（b）天佑德正门

（c）青稞酒厂自动化生产车间

（d）工人对青稞酒进行装箱

图4-25　海东市互助县天佑德青稞酒厂

4.持续推动第三产业的绿色、优质、特色的服务业转向

西宁都市圈是青海省服务业的核心地区，尤其是省会西宁承担了全省的服务职能，但与第二产业存在一样的困境：规模大但与发达地区相比品质低；旅游观光的配套服务业不足以吸引游客消费；生产性服务业还处于区域性阶段，国际性的生产性服务业较少；生活性服务业可满足本地居民的需求，但对中东部游客消费观光缺乏吸引力。基于此，都市圈推动了第三产业的绿色转型及其品质提升，全力促进生产性服务业向专业化和价值链高端延伸，生活性服务业向精细化和高品质转变。

（1）文旅产业

旅游业是西宁都市圈绿色经济体系的重要部分，是绿色增长非常重要的业态和动力。加快旅游名省和国际旅游目的地建设，统筹推进全域全季全时旅游，提升“大美青海”“环湖赛”等品牌国际影响力，把青海湖打造成中国乃至世界级知名品牌。规范提升塔尔寺、坎布拉、贵德等重点景区品质和档次，打造环夏都西宁旅游圈、海东百里河湟文化旅游带、热贡国家级文化生态保护区，规划建设一批文旅体深度融合的产业示范区。目前，西宁都市圈旅游业主打的全国性景点为互助故土园、青海湖、塔尔寺、多巴童梦乐园等，地方性旅游业有卯寨、袁家村、七里花海等。

海东市袁家村——一种模仿创新的旅游模式 2020年8月10日中午，科考队参观了平安区袁家村景区。平安驿袁家村景区位于平安区张家寨村，是一座浓缩版的河湟文化民俗博物馆，也是由青海企业和陕西袁家村企业联合打造的民俗文化旅游小镇（图4-26）。袁家村的西侧为具有青海特色的清真小吃区，东侧为具有地方特色的大众小吃区。科考队在此体验了当地的富硒特色，听取了成功打造乡村旅游综合体的经验。

湟源县的丹葛尔古城建设 2020年8月17日下午，科考队实地考察了湟源县的丹葛尔古城。丹葛尔古城是一座远近闻名的历史文化名城，古城风貌独特体现了农耕文化和畜牧文化的融合。丹葛尔古城得名于著名的藏传佛教寺院东科尔寺，清顺治五年（1648年），东科尔寺从西藏迁至古城东百米处，至此之后逐渐成为青海和西藏声名远播的寺院。清乾隆年间，城内店铺林立贸易频繁，有“茶马商都”“小北京”之称（图4-27）。

（a）大门入口

（b）重现的二十世纪五六十年代老平安驿风貌

（c）仿古式门楼下熙熙攘攘的游客

（d）独具风貌的民俗建筑

图4-26 海东市袁家村

图4-27 湟源县丹葛尔古城

基于区域的旅游组织 由于旅游业的经济效益与其所在地的生态环境呈正相关关系，故绿色发展的增长点主要在保证生态环境的同时提高经济效益。

西宁都市圈内的特色交通体系不断完善，交通与旅游融合发展迈向新阶段。随着都市圈内交通体系不断完善，也进一步提升了其服务旅游发展的能力。方便快捷的交通服务与青海省独具特色的旅游资源相结合，极大地促进都市圈旅游业迈向新的发展阶段。西宁成为青海全域旅游集散地、始发地。都市圈目前有多条旅游专线（图4-28），唐蕃古道、大美青海线路入围“中国西部行”十大自驾游精品旅游线路。

丝绸之路自驾环线：西宁—湟中—青海湖—敦煌—嘉峪关—张掖—西宁。

唐蕃古道自驾环线：西宁—湟中—玉树—昌都—林芝—拉萨—那曲—格尔木—青海湖—西宁。

大美青海自驾环线：西宁—湟中—贵德—龙羊峡—茶卡盐湖—青海湖—祁连—门源—大通—西宁。

围绕全域旅游发展，都市圈西宁市、海东市以及所辖县区提出了市县域的特色旅游线路以及旅游风景道的建设方案。

西宁市。西宁市全面建成九条乡村旅游示范带：小南川休闲农业旅游示范带，环西宁城郊乡村旅游示范带，塔尔农事体验、观光旅游示范带，景阳现代设施农业旅游示范带，鸾沟片区民俗文化旅游示范带，东峡体育健身、自然生态旅游示范带，山水共和乡村旅游示范带，鲁沙尔民俗文化旅游示范带，西纳川休闲农业旅游示范带。

大通县。加快景观廊道建设，建设北川河高原水城夏都花园文化长廊，打造227公路沿线风景廊道。

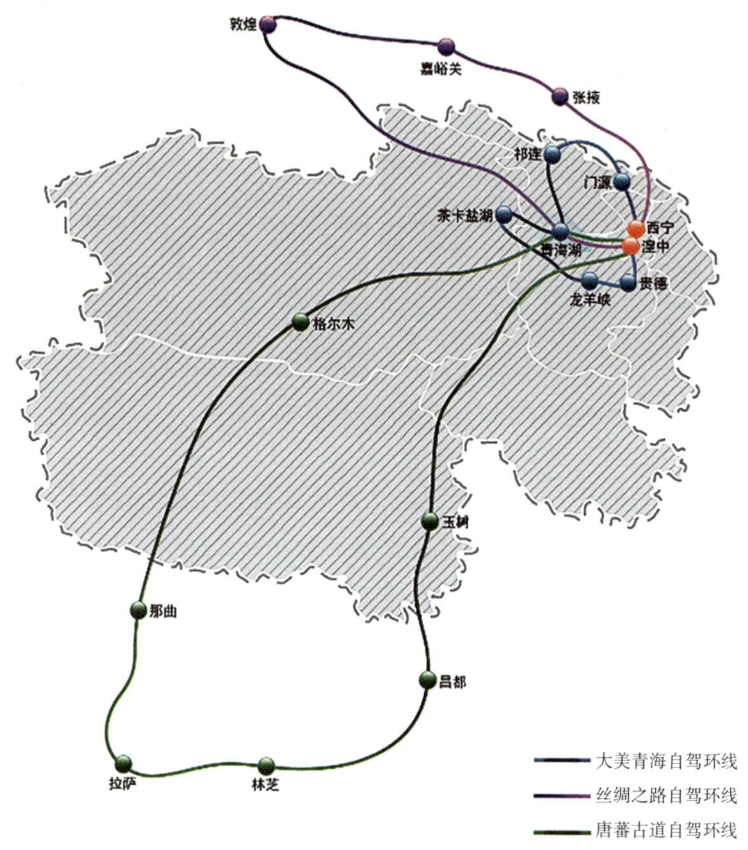

图4-28 青海省精品自驾环线布局示意图

湟源县。完善和巩固日月山历史文化乡村旅游产业带（109线）建设，启动109风景廊道建设①。

民和县。全面整合旅游资源，连接完善马场垣—峡门—西沟—古鄯—满坪—甘沟—官亭—中川旅游大通道②。

乐都区。依托“一纵五横”的交通格局，整合构建“一纵三横”的全域旅游交通骨架，串联两园、八区、四带③。

互助县。加速融入西宁海东都市圈，提供多元化的中短途旅游精品线路，构建“快进慢游”的旅游交通体系，打造森林步道、低空飞行、城际自行车漫游道等多种特色交通④。

①资料来源：湟源县“十四五”规划。

②资料来源：民和县“十四五”规划。

③资料来源：乐都区“十四五”规划。

④资料来源：互助县“十四五”规划。

目前西宁都市圈旅游业存在的问题是：大部分景点较为分散，未形成区域整体品牌；诸多资源没有得到较好的设计与开发，对游客的吸引主要以游览观光的方式，缺少将游客留下进行消费的设施和服务。提升旅游服务业的质量依旧是其绿色增长的核心路径。

（2）现代金融业

提升西宁区域金融服务功能，围绕实体经济多元化服务需求，统筹发展商业性金融、开发性金融和政策性金融、合作性金融服务体系，构建符合青海省发展需要的多层次、广覆盖、有差异的金融供给体系。

（3）商贸物流业

加快整合与合理布局物流园区，将西宁建成全国性商贸物流节点城市，将海东市建成区域性商贸流通节点城市。机场、铁路、公路系统的完善使得西宁都市圈的物流业快速发展，形成了西宁—海东—兰州1小时物流圈，与已有新型材料、新能源、新型建材、高原生物医药、有色金属、特色化工、藏毯绒纺、高原动植物精深加工等产业集群联动发展的物流体系正在加速形成。

西宁物流中心建设　2018年《国家物流枢纽布局和建设规划》中将西宁市列为商贸服务型国家物流枢纽承载城市，为此，西宁市拟规划建设丝绸之路国际物流城。国际物流城距离西宁市区18 km、甘河工业园区7 km、多巴新城2.5 km，毗邻青藏铁路“西宁双寨铁路货运中心”，北连109国道与昆仑大道，南接南绕城高速公路和通往甘河工业园区的南山市政道路。丝绸之路国际物流城项目建筑规模72万m^2，年设计货物转运量1 000万t，建成后将成为青海省规模最大的现代综合物流基地。丝绸之路国际物流城建成后，将发挥青藏铁路货运枢纽和高速公路道口经济优势，依托已建成的双寨铁路货运站中心和甘河工业园区巨大的货物运输需求，通过整合物流资源，构建综合信息、公铁联运、货物集散、大型仓储、冷链物流、城市配送等十二大平台，为西宁市及周边地区提供集约式、一体化现代物流服务，打造承接西宁、服务青藏、融入丝路、面向国际的大型商贸物流集散基地[①]。同时，加快现代综合物流建设，也将有利于西宁进一步拓展对外开放的广度，深度融入“一带一路”。

西宁都市圈目前有国家级保税物流中心一座——曹家堡保税物流中心，其坐落在海东工业园区国际物流商贸中心，总规划面积8.2 km^2，是青海省目前唯一拥有机场、铁路、高速公路立体综合交通网络的商贸物流园区（图4-29）。物流商贸中心充分依托独

①资料来源：中新网https：//www.sohu.com/a/321067769_327849.

有的交通和区位优势，重点发展保税物流、电商快递、公路港、仓储物流、冷链物流、生产资料专业市场、生活资料商贸等商贸物流产业。物流商贸中心建成后将承载全省家居建材、大宗生产资料、工业产成品和进出口商品的集散功能，成为新丝绸之路经济带上重要的商贸物流基地、多式联运的物流枢纽、外向型经济发展基地、物流人才培养集训基地，最终形成立足东部城市群、服务青海、面向青藏高原、影响全国的综合性智慧物流城。

除此之外，西宁还将在西宁市北川工业园区（黄家寨镇）规划建设西宁综合保税区，规划占地面积约0.92 km^2（约1 386亩）。

图4-29 青海省曹家堡保税物流中心

唐道·637广场及后现代特色的书城 西宁市唐道·637广场是由金座集团重点打造，以西宁市深厚的文化底蕴及完整的旅游体系为基础的集非遗博览、特色餐饮、休闲娱乐、时尚生活于一体的大型商业步行街，是西宁市城市发展过程中对商业综合体建设的积极探索。

2020年8月13日下午，科考队员实地考察了西宁唐道·637广场。考察期间，科考队员对唐道637广场的几何书店进行了重点调研，了解几何书店的多种文化业态和运营模式（图4-30）。西宁市城西区的几何书店位于唐道·637广场。书店运营方将藏族文化融入地方文化来塑造特色书店，打造商业综合体。地方文化与藏族文化的碰撞，体现了社会包容性，是绿色增长和绿色福利的最佳体现，符合绿色发展的内涵。几何书店是西宁市乃至整个西北地区城市商业综合体建设的典型代表。

图4-30　西宁市城市西区唐道·637和城市西区几何书店一角

西宁市城中区的文化旅游建设　2020年8月12日下午，科考队实地考察了城中区香格里拉商业中心，了解了该商业中心的定位以及运营的现状情况。香格里拉商业中心主要是开发商为其房地产所配套的一个集吃喝玩乐于一体的商业街，该商业街耗费20多个亿，建设工期一年半，当前已经入驻了一些商铺和娱乐设施，定位不像成都太古里、春熙路那么高，主要是作为一个居住区的商业街（图4-31）。

(a) 香格里拉社区外景

(b) 科考队参观香格里拉商业中心

图4-31　西宁市城中区香格里拉商业街

西宁市城中区文化旅游建设 2020年8月12日下午，科考队对西宁市城中区水井巷商业文化旅游街区进行了实地考察（图4-32）。水井巷位于西宁市文化底蕴浓厚的CBD核心地段。由于各项基础设施过于老旧且不完备，将对其进行旧街升级改造，包括水井巷市场、人民街书画古玩城、聋哑人学校及周边部分住宅楼。项目建设内容包括多元文化展示部分、餐饮零售部分、特色旅游部分及美食庭院为主的商业街区部分，建成后将成为西宁最具潜力的文、旅、商综合区。水井巷项目是由西宁凤凰投资开发有限公司投资建设，共分两期实施。水井巷一期北至西关大街南至南关街，是一条南北贯穿的步行街，整条街的主要建筑物有7栋，门楼设立在市场的南口。该项目所创建的绿色建筑示范，将为全市公共建筑绿色发展、建筑智慧化节能水平的提升建立标杆、提供经验，为打造西宁“绿色发展样板城市”“智慧城市”“数字城市”树立特色与亮点。

科考队员在施工负责人的带领和讲解下，了解到水井巷项目严格选材，选用新型环保材料，打造“最美、最绿”西宁新地标。截至2020年，水井巷改造工程一期耗用资金4.5亿，其中包括5 000万的绿色发展专项资金。

（a）科考队聆听水井巷改造规划　　（b）改造模型

图4-32　西宁市水井巷调研现场

西宁市城东区大众街道科技馆 2020年8月14日上午，科考队对西宁市城东区大众街道科技馆和进行了实地考察（图4-33）。大众街道科技馆于2018年7月建成，建筑面积100 m^2，是集青少年科普教育基地、爱国主义教育基地、科普实践基地、工会会员科普驿站等功能于一体的服务居民群众的综合性场所，让东区各族群众，尤其是广大青少年通过参观和现场体验，感受科学的卓越成就，从而激发学习科学知识、运用科技成果的积极性。

图4-33　西宁市城东区大众街道科技馆

（4）养老服务业

强化西宁城市养老服务设施规划建设，加快社区日间照料中心、养老示范基地等建设，打造多巴健康养老服务集聚区，建设国家级医养结合试点示范区；支持海东打造以河湟谷地为中心的全省健康养老产业示范带，积极支持海东“双万”健康养老基地建设，打造富有高原特色的海东养老示范基地。

大通县斜沟乡柏木沟森林康养基地　2020年8月17日上午，科考队实际考察了大通县斜沟乡柏木沟森林康养基地。在考察过程中，科考队员了解到柏木沟森林康养基地以餐饮、游乐、休闲为主，每年主要在6—10月开放，接待游客量在80万~90万，是大通县在斜沟乡实施的一个扶贫产业（图4-34）。柏木沟森林康养基地计划总投资790万元，基地建设资金全部来自南京帮扶资金。通过该基地项目的建设，全乡部分村的产业结构从过度依赖种田逐步向旅游产业转变。该基地通过种植观赏用经济作物既增加了农户收入，实现了荒山美化、减少了水土流失，又使当地生态环境得到明显改善。该康养基地项目建成后，在县级政府的监督下，乡人民政府成立经营公司，对外出租，由“承租人”进行经营。对财政扶贫资金形成的固定资产，承包人只有经营权，所有权归各村集体所有。固定资产和经营收入归斜沟乡各村集体所有（4个贫困村占70%；3个非贫困村占30%），重点用于扶持建档立卡贫困户。待建档立卡贫困户稳定脱贫后，资产用于继续扶持返贫人口和相对困难群众。

图4-34　大通县斜沟乡柏木沟森林康养基地调研现场

（5）城市商旅新空间

城市空间更新，可通过打造业态多样化与消费享受化，引导商业地产的升级与变革，形成休闲商业聚集的全新创造——商业综合体，实现现代城市商旅功能与地方文化的耦合互动。这种“文化底蕴+消费功能+商业空间”创新模式下的商业综合体能充分发挥各功能联动的价值链效应，使社会资源的利用更为高效集约。

4.3.2 生态治理与修复

在进行易地扶贫搬迁之后，西宁市和海东市均采取了一些生态修复措施，确保西宁都市圈生态文明建设的推进。健全生产土地有偿退出、置换和流转政策，凡是实施易地扶贫搬迁的农牧民在承包期内保留其原有耕地、林地、草场承包经营权；农牧民自愿退出原土地承包经营权的，原集体土地承包经营权由村集体收回；按国家有关规定和相关规划确定可以转为生态用地的，由政府按照相关补偿政策给予补偿；安排建档立卡户承担林业生态公益管护岗位，加强对生态保护的监管力度；加快完成涉及贫困地区的主要支流、中小河流治理和山洪灾害重点防治建设任务，提高农村居住环境的水安全度；加强贫困地区水生态系统修复和水生态环境保护工作；农户搬迁后，旧宅基地、院内圈舍等附属设施占地复垦按照复垦相关规定，优先复垦为耕地，不适宜耕地的进行生态保护修复。

1.迁出地的退耕还林还草和绿色转型

青海东部为农耕区，该区域大部分的耕地是山地旱地。政府先后投资近百亿元资金，组织实施了生态环境综合治理、天然林保护、退耕还林还草、“三北”防护林、水土保持等生态环境建设工程，生态环境恶化的趋势得到遏制，形成了建设、保护、管理协调结合、整体推进的生态治理新格局。但是由于自然环境的限制，生态环境总体仍然比较脆弱，草地退化、土地沙化与荒漠化、地灾频发等生态问题依然存在。西宁都市圈通过各类生态修复工程，让生态文明建设与经济发展同行。

西宁市位于三北防护林地带，其绿色林地建设也极其重要。退耕还林面积主要集中在大通县、湟中区和湟源县，其次是城东区和城北区，城中区和城西区面积较小。西宁市各县区退耕还林工程举措大同小异，现主要介绍大通县、湟中区和湟源县的措施方案。

（1）大通县退耕还林工程措施。根据县域气候条件、自然条件和工程区的立地条件，全部营造生态林，退耕地主要树种沙棘、柠条、榆树和其他树种。自2000年工程实施以来，全县森林覆盖率、林草覆盖率均呈上升趋势，水土流失地区及林草退化地区的植被恢复情况良好。为确保退耕成果，脑山地区退耕地主要通过开挖防护沟、拉设网围栏等措施实行封山禁牧。浅山地区主要通过舍饲圈养，建立健全管护制度，落实管护人员职责，加大管护力度等措施巩固退耕成果。

（2）湟中区退耕还林工程措施。作为西部山区贫困县，湟中区自2000年被列为全国退耕还林试点示范县和国家林业和草原局的退耕科技示范点，实施退耕还林工程以后，不仅生态环境得到了改善，而且经济回报良好。湟中区在该项工程中从严把握林种比例，将生态林比重保持在80%以上，科学选择还林树种，根据林业结构选择一材多用或生态经济兼用的优良树种。

（3）湟源县退耕还林工程措施。湟源县积极贯彻退一片，还一片，见效一片的指导方针，生态环境良好，是全国绿化造林百佳县和全国生态农业试点县，后续产业的发展，又保证了退耕还林工程的持续性。依托优美自然景观和丰富旅游资源，发展森林旅游业，先后建立日月山倒淌河、湟源峡、东科寺等多个旅游景点。大力发展沙棘产业，对促进农民增收，巩固退耕还林成果发挥积极作用。

海东市退耕还林工程从2000年开始试点，2002年全面启动，工程建设覆盖全市2区4县。经过20多年实施，退耕还林工程既促进了生态环境的不断优化，又增加了农民收入，取得了显著的生态效益、经济效益和社会效益。海东市退耕还林工程的举措如下。

1）应对退耕还林和封育禁牧。畜牧业在海东市覆盖面广，是与退耕还林还草成果联系密切的产业。以发展草业为中心，发展农林牧复合草地畜牧业，农林牧复合草地畜牧业功能齐全，能量转换快，投入产出高，能防止土地退化，保持生态平衡。

2）培育和壮大特色产业。依据东部农耕区丘陵山地地貌，种植花椒、核桃、辣椒等，实现后续产业发展，形成自己的特色产业市场。

3）劳务输出转移剩余劳动力。各县区出台了各种扶贫发展劳务经济的政策措施，实现劳务经济有组织输出、产业化输出、全年输出及技能化输出。

2.城区周边的山区绿化与景观建设

发展林业是全面建成小康社会的重要内容，是生态文明建设的重要举措。西宁都市圈通过天然林保护、退耕还林、湟水流域百万亩人工林基地、南北两山绿化等工程的顺利实施，治理区域增绿增水增收效果明显。

西宁市南北两山绿化工程是青海省生态文明建设的标志性示范工程。南北两山的绿化区域较大，南山东起杨沟湾西至西山湾，北山东起韵家口西至小西山。经32年坚持不懈地荒山造林，南北山森林覆盖率由7.2%提高到79%，曾经“风吹沙飞无鸟影”的南北山从荒山秃岭变得郁郁葱葱、鸟语花香。西宁市空气质量优良率、综合指数位居西北省会城市“双第一”。2015年11月，西宁市成为青藏高原首个国家森林城市。目前，西宁市森林覆盖率达35.1%，建成区绿化覆盖率达40.5%，人均公园绿地面积达12.5 m^2。因此西宁市成为西北地区唯一获得“国家园林城市”和“国家森林城市”双项荣誉的省会城市（图4-35）。

海东市南北两山绿化取得了显著成效。南北两山绿化西起海东市平安区与西宁市交界的小峡，东至民和县与甘肃省兰州市红古区，东西长度约107 km。以山脚为起点，至一级山脊线，平均宽度约1.6 km。海东市南北两山绿化工程自2013年启动以来，工程累计投入资金3.02亿元，完成造林面积1 527 hm^2，绿化面积达到20 km^2，共栽植高规格苗木1 500余万株，两山面貌发生了显著变化，昔日荒山秃岭披上了绿装，绿树成荫，初步构建起山地森林生态系统，涵养水源、遏制水土流失作用明显提高，开始在改善人居生活环境、拓展人居生存空间、发展休闲观光旅游等诸多方面发挥不可替代的生态效益、社会效益和经济效益。其中，乐都区主城区的周边山地持续多年的绿化和整治工作，取得了良好的成效（图4-36）。朝阳山公园因为土壤稀薄，还进行了“换土”工作，植被才得以生长起来。

图4-35　乐都区朝阳公园的山体和公园俯视鸟瞰

图4-36　乐都区蚂蚁山公园

民和县城的麻黄滩湿地公园。2020年8月6日下午，科考分队实地调研了麻黄滩湿地公园。该湿地公园毗邻湟水河，宽2～3 km，长约5 km。根据陪同科技局负责人介绍，该湿地公园未来建设可和海石湾的湿地建设联合起来。显然，麻黄滩湿地公园建设能极大提高城市绿化率和生态服务能力（图4-37）。

图4-37 民和县麻黄滩湿地公园

3.生态资源建设

西宁都市圈的生态环境资源颇为丰富，有国家级和省级自然保护区、风景名胜区、森林公园、地质公园共计13处（表4-2），除此之外，还有西宁、海东县级以上集中式饮用水源地共计15个。

表4-2 西宁都市圈主要自然保护区及森林公园

类型	名称	面积/km²	位置
国家级自然保护区	青海孟达自然保护区	172.90	循化县
	青海大通北川河源区自然保护区	1 078.70	大通县
国家级森林公园	青海北山国家森林公园	1 127.23	互助县
	青海大通国家森林公园	47.47	大通县
	青海群加国家森林公园	58.49	湟中区
省级森林公园	青海西宁湟水省级森林公园	3.11	西宁市
	青海峡群寺省级森林公园	35.58	平安区

续表4-2

类型	名称	面积/km²	位置
	青海南门峡省级森林公园	220.00	互助县
	青海上五庄省级森林公园	633.31	湟中区
	青海东峡省级森林公园	20.00	湟源县
	青海上北山省级森林公园	399.60	乐都区
省级风景名胜区	大通老爷山宝库峡鹞子沟风景名胜区	150.00	大通县
国家地质公园	青海互助北山国家地质公园	1 127.00	互助县

4.水环境治理与滨水空间建设

西宁都市圈水生态环境治理取得明显成效。西宁市以整治湟水河流域内湟水干流河段及南川河、云谷河、石惠沟、海子沟等湟水河主要支流水环境质量、推进区域可持续发展为目标，针对社会经济发展空间布局与水环境承载力之间的矛盾，削减污染物排放量、水生态修复工作任务重等问题，围绕空间格局优化、产业结构调整、水循环利用、水污染防治、水生态修复、宣传教育及水环境管理能力建设等领域开展治理工作。重点实施东川工业园区工业废水处理厂、西宁市第六污水处理厂、南川河道水质改造综合治理、沙塘川河流域水环境综合治理等建设项目。同时，落实“河长制”，对全市河道开展现场巡查，对西川河、南川河及火烧沟、石慧沟、冲沟等重点区域进行不定期督查。建立水污染防治工作部门协调和联动工作机制，与水务等部门密切配合，开展河道生态补水工作，加强湟水流域小水电站生态基流保障管理。加大对湟水流域西宁段的监测预警体制建设，抓好重点考核面加密检测工作，对水质未达到要求或变差的地区进行预警通报，同时公开水污染防治工作相关信息。

海东市水生态环境治理方面。坚持“水资源、水生态、水环境、水灾害”四水同治，强力推进工业企业截污治污、坚决取缔“小散乱污”企业，对化隆、李家峡、公伯峡库区网箱养鱼进行集中清理，有效治理农业面源和畜禽养殖污染。对沿黄矿山非法开采、湟水河河道非法采沙等突出问题开展专项治理。截至2020年，城镇生活污水处理厂满负荷正常运转，全市共有城镇生活污水处理厂9座，设计污水处理能力14万吨/日，实际处理能力为9.5万吨/日，在线数据有效传输，出水水质达到一级A标准。其中乐都区、民和县、互助县建成污水处理厂尾水人工湿地，已投运并发挥效益。政府高度重视工业集聚区污水处理设施建设，海东工业园区、平西经济区、乐都工业园、民和工业园、互助县绿色产业园均已建成工业废水处理厂。同时全面实施了乐都引胜沟、平安白沈沟、互助塘川河、平安祁家川、化隆巴燕河、循化清水河等流域治理项目，使流域生态得到了修复，水质得到了改善。全市建成农村分散式污水处理站共36座，共计处理能力为6 050 m³/d。

值得关注的是，西宁、海东两市都在市区开展了河流和滨河公园建设工程，且取得了良好的成效，为市民提供了环境优美的休闲空间（图4-38、图4-39）。

图4-38 西宁市城西区滨河街景

(a)

(b)

图4-39 海东市湟水河夜景（a）和湿地公园（b）

第5章　西宁都市圈的高质量发展目标与绿色转型调控

从孤立到协同，自上而下，双城链接，西宁都市圈需遵循高质量发展目标，强化产业分工和区域协同，共筑生态本底，促进绿色发展。

5.1　西宁都市圈高质量发展目标

西宁都市圈不仅要确立绿色、高效、提升等导向的高质量发展目标，而且要更加重视都市圈内城市间、各县区在经济发展、产业合作、生态环境保护方面的有效合作，推动一体化进程，强化扩散效应[①]。

5.1.1　总体目标

1.发展方向

西宁都市圈承载了“重要的国家安全屏障、重要的生态安全屏障、重要的战略资源储备基地、重要的高原特色农产品基地、重要的中华民族特色文化保护地、重要的世界旅游目的地”的战略定位，应确立生态优先、包容共荣、文化融合的发展方向。按照《青海省主体功能区》的划分，西宁都市群整体属于东部农业区[②]。

---

①兰西城市群作为西部重要的跨省区城市群，国务院于2018年3月印发了《兰州—西宁城市群发展规划》，2020年5月13日召开的深化甘青合作推进兰州西宁城市群高质量发展工作会议，甘青两省签署了《深化甘青合作共同推动兰州—西宁城市群高质量协同发展框架协议》，有关地区签署了市（州）级合作框架协议，有关部门还签署了10个专项领域合作行动计划，这标志着西宁都市圈建设具备良好的外部环境。

②青海省主体功能区划将全省整体划分为东部农业区、柴达木地区、青海湖流域地区、祁连山地区与三江源地区等五大生态功能区。按照自然地理单元而非行政区域划分，保证了自然生态系统的完整性。

1）生态优先为根本。都市圈特殊的生态区位决定了其绿色发展必须坚持“生态优先”。在经济、社会、环境三个子系统的关系上，需要从相互取舍转为相互补充发展，经济发展优先转为生态安全优先。西宁都市圈的绿色环境依旧有较大提升空间[①]，未来需平衡好绿色环境和社会经济发展。经济上应持续强调绿色增长，在不对生态和社会产生负面影响的前提下高效、公平、可持续的增长[②]；社会系统应支持环境可持续发展，提高绿色发展知识、技能的教育培训，形成绿色文化和绿色模式，建立个体—社区—城市的绿色系统[③]；生态上严守红线[④]，推进环保建设[⑤]，建立生态产权和自然资源产权奖励机制。

2）强调建立“包容共荣”的绿色社会。绿色发展不能缺少绿色社会，尤其是在西宁都市圈的复杂社会条件下，须建立包容性社会，为西宁都市圈各民族绿色发展、共同繁荣打下基础。

3）文化融合贯穿都市圈绿色发展。政策方案制定和制度安排是绿色发展的基础和总路线图。打造高质量绿色发展的都市圈，区域文化必须融合在城市发展的过程中。西宁都市圈地处河湟谷地，一直就是一个多民族聚集、多元文化共存的地区，合理、高效地开发区域文化对都市圈旅游业、服务业都具有很强的推动功能，对整个都市圈的绿色发展都具有重要价值。

2.总体定位与发展目标

根据国家未来发展需求，《兰州—西宁城市群发展规划》，西宁市、海东市的“十四五”规划及实地调研，西宁都市圈的总体定位为：作为国家生态高地和亚洲水塔的有机组成部分和兰西城市群的“西核”，进出我国边疆高地——青藏高原的最重要的东部门户，青海乃至西藏经济腾飞和社会和谐的关键区域。至2035年，西宁都市圈是青海省现代化和“一带一路”倡议的核心载体，是带领青藏高原尤其是青海省进行绿色转型发展以及高原山水都市圈建设的引领区，是促进青海进行高质量发展的增长极和引擎地，也是我国青藏高原的综合性中心以及智力、创新高地，青藏高原率先达成人口城镇化和

---

①西宁都市圈的传统的资源型产业所带来的污染问题和高原地区的供水问题，依旧困扰着西宁都市圈的绿色发展。

② 减少对植被、土地、资源的消耗与破坏，降低经济发展代价，减少空间经济效益对传统发展的绝对导向性，确保绿色发展中空间综合效益稳步提升，如水井坊的活化更新。

③ 支持环境保护，从生活方式和生产方式上进行改变，从意识上树立生态优先的发展理念，在实际中理解良好的生态环境所带来的经济效益和社会效益，坚决保护湟水河流域生态环境。

④生态安全是都市圈绿色发展的底线。从规划、实施到监测、评估都要保障生态优先的发展方向，加强生态安全的监测和评估，杜绝规划不能落地的窘境。在特殊问题上，生态环境效益要先于经济效益。如乐都区建设用地在房地产开发与湿地公园建设中选择了湿地建设。

⑤实现生态环保与经济效益挂钩——采用经济手段保护生态系统，将经济发展和生态系统维护的目标结合起来，使经济发展目标和环境保护目标相互促进。

有效落实国家“创新、协调、绿色、开放、共享”五大发展理念的绿色发展转型的“样板地”。

在国家推动“双循环”的关键时期，西宁都市圈建设可促进要素集聚，提升现代生产力，承载青藏地区更多的城镇人口，减轻人类活动对高原的压力，进行生态环境的保护和修复。西宁都市圈2035年应达成下列发展目标：紧跟国家现代化步伐，推动高原的人口城镇化进程，基本达成全面建设社会主义现代化目标；基于西宁—海东两市实现一体化发展，促成都市圈发育跨入成熟阶段；持续进行生态保护和修复，推动区域的绿色转型，实现具有地方特色的绿色产业体系。

3.经济目标、社会目标、生态目标

基于前述的总体定位与发展目标，西宁都市圈的经济目标、社会目标、生态目标如下。

1）经济目标——一个屹立在青藏高原东麓现代化、高效率的创新型都市圈。基本实现新型工业化、信息化、城镇化、农业现代化，完成经济绿色转型，建成具有高原特色的现代化绿色经济体系，成为青藏高原创新、服务中心。

2）社会目标——一个屹立在青藏高原东麓的民族团结、文明绿色的开放型都市圈。广泛形成绿色生活方式，基本实现市域治理体系和治理能力现代化，法治化，拓展对外开放深度、广度。

3）生态目标——一个屹立在青藏高原东麓的山水型都市圈。重视生态修复，基于持续推进的山体绿化和河谷地带的整治，加速塑造高原山水都市圈。

5.1.2　各城镇目标

西宁都市圈的各城镇发展目标主要分为“十四五”规划目标和2035年的远景目标。根据相关的规划，各城镇的发展目标分述如下。

1.西宁市

西宁市的“十四五”规划目标和2035年的远景目标如下，定位和目标见表5-1。

（1）“十四五”规划目标

①生态环境得到新改善。国土空间开发保护更好落实，湟水流域生态保护持续加强。生产生活方式绿色转型成效显著。生态产品价值实现机制取得突破，生态文明制度更加健全。城乡人居环境更加干净美丽，公园城市基本建成。

②经济增长稳中有进，在质量效益明显提升的基础上实现经济持续健康发展。经济结构更加优化，创新能力显著提升，产业基础高级化，产业链现代化水平明显提高。先进制造业实现新突破，数字经济加快发展，重大基础设施支撑作用充分发挥。农业基础更加稳固，城乡区域发展协调性明显增强，现代化经济体系建设取得重大

进展。

③实现更加充分更高质量就业，居民收入增长和经济增长基本同步，分配结构明显改善。基本公共服务供给更加优质均衡，全民受教育程度不断提升，多层次社会保障体系更加健全，卫生健康体系更趋完善。脱贫攻坚成果巩固拓展，乡村振兴战略全面推进。

④社会主义核心价值观深入人心，新青海精神和西宁精神传承弘扬，河湟文化品牌影响力显著提升。公共文化服务和文化产业体系更趋健全，市民精神文化生活更加丰富，文化创新创造活力充分激发。

⑤高标准市场体系基本建成，产权制度改革和要素市场化配置改革取得重要进展，公平竞争制度更加健全，营商环境不断改善。重大开放平台建设取得新进展，大西宁都市圈更具辐射力，兰西城市群协同发展格局初步形成，国家向西开放重要枢纽作用更加明显。

⑥城市发展战略进一步优化，城市能级显著提升，城市空间布局更加合理。突发公共事件应急能力显著增强，自然灾害防御水平明显提升，发展安全保障更加有力。城市管理更加科学化、精细化、智能化，社会水平明显提高，走出一条符合西宁特色的高首位度城市治理新路子。

（2）2035年远景目标

与全国同步基本实现社会主义现代化。全市经济实力、科技创新转化实力、城市综合实力大幅跃升，经济总量和城乡居民人均收入迈上新的大台阶，成为西北地区发展重要增长极。基本实现新型工业化、信息化、城镇化、农业现代化，部分领域关键技术实现重大突破，建成具有西宁特色的现代化经济体系。广泛形成绿色生产生活方式，碳排放达峰后稳中有降，生态环境质量更优。基本实现治理体系和治理能力现代化，基本建成法治西宁、法治政府、法治社会，平安西宁建设达到更高水平。基本实现教育现代化、卫生健康现代化，文化软实力和全民健身水平显著增强，社会主义精神文明和物质文明协调发展。形成对外开放新格局，参与国内国际经济合作和竞争新优势明显增强。人均地区生产总值明显提升，中等收入群体显著扩大，基本公共服务实现均等化，城乡区域发展差距和居民生活水平差距显著缩小，人民生活更加美好，人的全面发展、共同富裕取得更为明显的实质性进展。

2.海东市

海东市的“十四五”规划目标和2035年远景目标如下，定位和目标见表5-1。

（1）“十四五”规划目标

①国土空间开发保护格局持续优化，以湟水河、黄河和大通河流域为重点的综合治理取得重大进展，生态安全屏障更加牢固。农业面源污染治理成效显著，能源资源配置更加合理、利用效率大幅提高，碳达峰目标、路径基本建立，主要污染物排放总量持续减少，城乡人居环境明显改善。生产生活方式绿色转型成效显著，生态文明建设实现新进步，优质生态产品供给更加充分。

②在兰西城市群建设中更加有为，城乡区域发展协调性明显增强，城镇化质量明显提高，常住人口城镇化率接近全省水平。产业结构持续优化，增长潜力充分发挥，实体经济加快发展，产业链供应链现代化水平显著提升。高原特色农业现代化、规模化、品牌化、智慧化、市场化程度显著提高，现代服务业比重逐年提升，康养产业发展取得新突破。园区改革创新迈出坚实步伐，战略性新兴产业长足发展。经济增速继续高于全国、全省水平。

③脱贫攻坚成果持续巩固，乡村振兴战略全面推进。教育、文化、社会保障、公共安全、医疗卫生、健康养老、住房等公共服务体系更加健全，全市教育发展水平、教育主要指标和健康主要指标达到全国、全省水平，基本公共服务水平与全国的差距进一步缩小。高原美丽城镇建设稳步推进，人居环境和居住品质明显改善。文化品牌影响力持续扩大，河湟文化软实力显著增强。科普宣传和科技培训力度逐步加大，全民科学素养全面提升。

④建成第五代移动通信、新能源汽车充电桩、大数据中心等一批新基建项目，信息化产业基础设施加快推进，智慧城市建设水平全面提升。现代综合交通运输网络不断完善，乡村基础设施提档升级，形成较为发达的城乡支干交通运输网络，轨道交通实现零突破。水利基础设施完备提质，城乡供水能力更有保障。能源供给结构进一步优化，清洁能源供给覆盖率大幅提升。城乡基础设施互联互通，有效支撑产业发展，有力推动城乡统筹。

⑤ 深度融入“一带一路”建设，积极融入新发展格局，对外开放的广度、深度进一步拓展。坚持扩大内需这个战略基点，有效培育内需体系，“放管服”改革持续深化。产权制度改革和要素市场化配置改革取得重大进展。对口援青和东西部协作质量更高，承接产业转移平台逐步完善。

⑥ 社会主义民主法治更加健全，社会公平正义进一步彰显，行政效率和公信力显著提升。成功创建全国文明城市和国家卫生城市，海东“大农村”面貌实现全面改观。全社会法治意识明显增强。党的基层治理效能明显提高。基本建立起共建共治共享的城乡社会治理体系。防范化解重大风险体制机制不断健全，突发公共事件应急能力显著增强，自然灾害防御水平明显提升，安全生产治理体系和治理能力全面提高。成功创建青

藏高原民族团结进步示范新高地。

（2）2035年远景目标

海东市经济实力大幅跃升，科技创新能力显著增强，经济总量和城乡居民人均收入再上新台阶。基本实现新型工业化、信息化、城镇化、农业现代化，建成具有海东特色的现代化经济体系，青海省现代产业重要承载区、国家城乡融合发展试验区、参与区域经济合作和竞争优势明显增强。生态环境根本好转，黄河、湟水河、大通河综合治理达到新水准，国土绿化取得更大成就，生态环保理念成为社会生活中的主流文化，广泛形成绿色生产生活方式，黄河流域上游生态文明示范区、美丽海东建设目标基本实现。河湟文化知名度整体提升，引领功能明显增强，国家级河湟文化生态保护实验区基本建成。教育、卫生、人才、体育等事业充分发展，文旅、避暑、康养等产业繁荣发展，人民素质和社会文明程度达到新高度。中等收入群体显著扩大，基本公共服务实现均等化，城乡区域发展和居民生活水平差距明显缩小。基本实现市域治理体系和治理能力现代化，人民平等参与、平等发展权利得到充分保障。与全省、全国同步基本实现社会主义现代化。建成“兰西城市群中部崛起城市”，建设青藏高原山水田园、生态绿色、宜业宜居、城乡统筹的社会主义现代化新海东，建成青藏高原极具影响力的新城市，全省副中心城市地位显著提升。

表5-1　西宁市、海东市的“十四五”期末和2035年的定位和目标

时间	“十四五”期末		2035年	
名称	定位	目标	定位	目标
西宁市	1.国家生态高地、绿色发展样本城市 2.一带一路重要节点城市 3.青藏高原东部门户 4.兰西城市群“西核” 5.沟通青藏高原与东部的枢纽	1.生态环境改善，生产生活方式绿色转型成效显著，公园城市基本建成。 2.经济结构更加优化，创新能力显著提升，产业基础高级化、现代化，城乡区域发展协调性明显增强。 3.分配结构明显改善，基本公共服务供给优质均衡，多层次社会保障体系健全，乡村振兴战略全面推进。 4.高标准市场体系基本建成，都市圈更具辐射力，兰西城市群协同发展，形成国家向西开放枢纽。 5.城市发展战略进一步优化，城市能级显著提升，城市空间布局更加合理。	1.维护国家生态安全的战略支撑 2.一带一路核心城市，我国向西开放的重要支点 3.青藏高原发展核心 4.西北地区重要增长极 5.沟通西北西南、连接欧亚大陆的重要枢纽	1.生态环境根本好转，广泛形成绿色生产生活方式，碳排放达峰后稳中有降，生态环境质量更优。 2.人口集聚能力和经济发展活力明显提升，建成具有西宁特色现代化经济体系。 3.强中心、多节点的城镇格局基本形成，区域协调发展机制建立。 4.对内对外开放水平显著提升，参与国内国际经济合作和竞争优势明显增强。 5.基本实现治理体系和治理能力现代化，基本公共服务实现均等化，城乡差距和居民生活水平差距显著缩小。

续表5-1

时间	“十四五”期末		2035年	
名称	定位	目标	定位	目标
海东市	1.全省副中心城市 2.兰西城市群中部节点城市 3.黄河流域生态保护区 4.青海省现代产业重要承载区 5.国家级高原特色农业基地 6.青藏高原民族团结进步示范新高地	1.国土空间开发保护格局持续优化,城乡人居环境明显改善,生产生活方式绿色转型成效显著。 2.城乡区域发展协调性明显增强,城镇化质量明显提高,现代服务业比重逐年提升,战略性新兴产业长足发展。 3.公共服务体系更加健全,智慧城市建设水平全面提升,现代综合交通运输网络不断完善。 4.深度融入“一带一路”建设,积极融入新发展格局,深化改革,拓展对外开放。 5.基本实现市域治理体系和治理能力现代化。	1.青藏高原极具影响力的新城市 2.兰西城市群中部崛起城市 3.黄河流域上游生态文明示范区 4.青海省新兴战略产业基地。 5.国家城乡融合发展试验区 6.国家河湟文化生态保护实验区	1.经济实力大幅跃升,科技创新能力显著增强,建成具有海东特色的现代化经济体系,参与区域经济合作和竞争优势增强。 2.生态环境根本好转,广泛形成绿色生产生活方式,美丽海东建设目标基本实现。 3.河湟文化知名度整体提升,引领功能增强,国家级河湟文化生态保护实验区基本建成。 4.基本公共服务实现均等化,城乡区域发展和居民生活水平差距明显缩小。 5.基本实现市域治理体系和治理能力现代化。

(资料来源:兰州—西宁城市群发展规划、西宁市“十四五”规划、海东市“十四五”规划)

3.各县区

(1)西宁都市圈各县区“十四五”发展目标

①城东区。发挥交通枢纽和文化多元优势,突出产城融合、特色商贸、文旅协同发展特点,建设美丽繁荣东大门。

②城中区。发挥“中芯”城区和南川带动优势,突出城市更新、商贸会展、历史人文特点,建设中央活力区。

③城西区。发挥公共服务和消费能级优势,突出总部经济、楼宇经济、现代金融、现代商贸集聚特点,建设现代时尚新西区。

④城北区。发挥城市发展空间和环境资源优势,突出创新创业、人文科教、高端物流特点,建设生态宜居品质城北。

⑤湟中区。发挥传统产业基础和特色文化优势,重点打造甘河有色(黑色)金属延伸加工和特色化工产业集群、南川工业园区锂电和藏毯绒纺产业集群,打造环甘河—鲁沙尔—南川沿线特色优势产业经济带,建设以有色(黑色)金属精深加工、新能源、新

材料、藏毯绒纺等为一体的千亿元“U”型特色优势产业经济区。

⑥大通县。向西宁方向发展，形成宁大（西宁—大通）北川高新技术产业经济带，重点打造沿北川河发展的以生物医药、有色金属精深加工、节能环保产业为主的国家级、省级高新科技产业集聚区和以多晶硅、太阳能电池、光伏组件等为主体的东川光伏生产工业园区。

⑦湟源县。立足生态循环农牧业基础，发展绿色有机农畜产品加工产业，建成高原内部与都市圈原材料中转基地，筑牢西宁都市圈西部生态屏障。

⑧乐都区。打造海东市政治中心、文教中心、商务中心和医疗中心，建设生态宜居的海东首府城市，建成全省城乡统筹发展的示范区、西宁—海东都市圈发展示范区。

⑨平安区。加快富硒特色农牧业现代化，建成高原硒都，建设海东经济中心、文旅康养中心、商贸物流中心、金融中心，与河湟新区联动发展形成兰西城市群产城融合样板区。

⑩河湟新区。形成以仓储物流、高级住宅、科教金融、体育文化等为主要功能、以高新技术产业、现代科技农业、物流保税等绿色产业为特色的30万人口以上的未来西宁都市圈东部产业核心与区域增长极。

⑪民和县。打造以新型工业、商贸物流、旅游为主导，具有地域特色的青海东部绿色生态宜居城市和兰西城市群节点城市，建成高质量发展引领区、区域合作创新发展先行区、新型城镇化发展典范区、乡村振兴样板区、高原民族团结进步示范区和社会治理现代化试点区。

⑫循化县。建成黄河上游生态环境优美、民族特色浓郁的休闲度假旅游名城，打造循化旅游景点新高地，推动红色旅游和黄河文化融合发展。

⑬化隆县。建成黄河上游旅游明珠城市、南部滨河生态宜居新城和辐射全国的拉面产业基地。

⑭互助县。打造高原旅游休闲度假区、现代农业和绿色产业示范区及土族民俗文化传承基地。

（2）西宁都市圈各县区2035年的远景目标

①西宁主城区。作为西宁都市圈的政治、经济、文化中心主要提供高品质生产性、生活性服务。形成以行政管理、经济、商贸、金融、交通运输、邮电通信、科技信息、文教卫生、文化娱乐、创新、教育、信息交流、居住、旅游休闲为主要功能的综合性服务区，以现代服务业和高新技术产业为核心，形成西宁都市圈的主核心城区。

②湟中区。筑牢西宁南部生态屏障，立足新型城镇化主战场和丰富的文化旅游资源，加快发展城市副中心、河湟文化西宁产业园和现代农业示范基地，建设宜居宜业宜

游新城区。

③大通县。筑牢西宁北部生态屏障，立足生态资源、制造业基础和综合保税区，发展生态旅游产业，丰富拓展现代制造业，建设三产协同发展的全省经济强县。

④湟源县。筑牢西宁西部生态屏障，立足海藏咽喉区位、生态循环农牧业基础，发展绿色有机农畜产品加工产业，培育全省涉藏州县物资中转服务基地，建设湟水上游生态强县。

⑤乐都区。打造河湟生态文明典范、魅力首府城市、全省乡村振兴样板、全省先进制造承载区、河湟文化旅游名城、美丽幸福宜居家园，建成青藏高原山水田园、生态绿色、宜业宜居、城乡统筹的现代化新城。

⑥平安区。打造宜居宜业宜游的园林城市，建成全省城乡统筹发展的示范区，西宁—海东都市圈发展示范区。

⑦河湟新区。高标准、高质量建设省级新区，统筹生态生产生活，构建以湟水生态绿带为串联、以高新技术产业区和保税物流商贸区为两翼，生态旅游康养、现代高新技术、空港商务、平北产业等功能片区相互支撑、相互融合的产业发展布局，建设生态宜居宜业综合型现代高原新城，打造青海城市转型发展样板和新区建设典范。

⑧民和县。建设以商贸物流、生态观光为主导的新兴城市，打造兰西城市群青海前沿窗口。

⑨循化县。打造黄河上游生态保护与高质量发展先进区、全省中小微企业发展先行区、文旅融合发展示范区、少数民族地区同步基本实现现代化试验区。统筹山水林田湖草系统治理，筑牢青海东部生态安全屏障。加快发展以特色农业为基础、新型工业为主导、现代服务业为支撑的绿色发展的现代产业体系。加快推动全县经济社会高质量发展，积极拓展合作发展空间，培育发展新动能，建设山水田园、绿色发展、城乡统筹、宜业宜居、活力高效、团结和谐的新循化。

⑩化隆县。打造生态文明建设创新试验区、全省沿黄经济带发展新高地、黄河谷地新型城镇化新样板、黄河上游对外开放新桥头堡、民族地区社会治理创新县。不断增强黄河流域化隆段生态产品供给能力，深入推进“生态+”，坚持“高新轻优”产业发展方向。大力挖掘民族文化、宗教文化、黄河文化等特色旅游资源，实现“旅游+”高质量发展。致力绿色发展，培育壮大新兴产业，致力融合发展，加快推进县城驻地搬迁。建设青海省丝绸之路的重要陆地口岸。

⑪互助县。以土族故土园为引领，推进民俗文化、自然生态、宗教文化、青稞酒文化以及康体健身五大旅游资源板块开发，逐步将资源优势转变为经济优势。坚持生态保护优先，推动高质量发展。建设高原旅游名县、沿湟生态城镇核心发展带上的新生中小城市。

5.2 调控措施

5.2.1 总体思路

2035年，西宁都市圈应坚持市场主导和政府的科学调控，引领青海省的现代化建设，优化都市圈的空间组织①，促进产业绿色转型和人居环境的美化，大幅度提升新型工业化、绿色城镇化水平。立足生态资源和民族特色，打造文旅融合发展新标杆，丰富拓展生态康养新业态，建设绿色创新发展新高地、人与自然和谐宜居新典范，探索地方特色的绿色发展新模式。遵循“全域整治、河谷集聚、功能分工、空间重构、网络一体，创新驱动”的总体思路，着力提升都市圈的凝聚力、辐射力、创造力和宜居性，进行战略层面的规划和统筹，推动西宁、海东两市的一体化进程。

1.坚持市场主导和政府的科学调控

市场是配置资源最有效的方式，但政府的调控作用对西宁都市圈高质量发展具有重要意义。西宁都市圈应积极推进要素市场化改革，建设高标准市场体系，重点完善供给体系、不断壮大需求体系使得供需更好匹配，如逐步放开对人口流动的限制，推动现代金融体系建设，促进土地要素市场化配置，发展知识、技术和数据要素市场。同时，不断挖掘和发展新消费，引导社会资本加大对“两新一重”项目的投资力度，深度融入国家开放新格局，进一步发挥西宁都市圈作为“高原阶梯”的经济区位。

“有为政府”应牢记践行使命担当，争取国家政策支持，坚持绿色发展。西宁都市圈发展要立足自身实际，落实国家相关政策，把维护国家安全与保护青藏高原生态屏障区作为首要任务，科学编制国土空间规划，平稳推进高原城镇化进程，促进绿色发展。首先，都市圈高质量发展的前提是维护“生态安全”和服务于“国家安全”。而且，政府应积极争取国家的政策支持与财政转移支付，为进一步推进高质量城镇化提供有力的支撑，如着力打通供需匹配循环的制度性堵点，深入推进招商引资工作加快本地产业的集聚与发展；基于自身发展特殊性不断创新和完善政策框架，建立多元化市场化的生态补偿机制，充分运用产业政策推进高原特色优势产业的发展；建设综合立体交通网络，巩固发展西宁市空港枢纽的功能定位，促进形成网络化、流动高效的城镇地域布局；国

①都市圈内各城市处于增长的阶段下，其空间扩张一定会发生交汇，在交汇点形成连接各方的支点，改善各城市孤立发展的局面，为都市圈一体化、核心地区与周边地区密切联系提供现实基础，也为职能分散、产业升级提供空间支持。空间的扩张式连接是西宁都市圈形成的空间支持，而且，当西宁都市圈进入工业化后期，步入一体化的高水平阶段和区域均衡发展时期，即当生产力提高至较高的水平以及在区域内达到一定水平的均衡后，都市圈内的多个城镇得到了提升，都市圈进入一体化发展阶段，需持续推动其城市之间和城乡之间的一体化进程。

土空间规划要以“空间政策的绩效优化”为根本目标，架构起高效空间发展格局和约束性的“底线”空间，推动不同主体功能区高质量发展。同时，推进和加强区域交流合作，实现优劣互补和共同发展，即依托“一带一路”倡议、“兰西城市群”战略提高区域合作水平，放大西宁都市圈的比较优势，注重协调与毗邻区域之间的功能与空间诉求；利用好东西部协作与定点帮扶机制，在科技、人才、制度设计等领域学习借鉴东部地区有益的经验，以区域合作挖掘增长潜力。因此，政府应通过实施符合实际发展需要的产业政策对一些彰显本地特色同时具有规模效益、科技优势的产业进行引导支持，以此带动上下游相关企业的发展，从而建立起更加完备的产业链、创造出更大的生产规模效益。

2.总体空间布局

依据调研以及实际情况，基于绿色发展模式的持续推进，西宁都市圈内的城镇人口和社会经济活动在今后10～15年内，将持续向湟水谷地集聚。伴随着沿湟水河谷展开的空间框架，西宁和海东两市通过路网、机场和新城镇建设等日益紧密相连。因此，西宁都市圈的总体发展空间布局可概括如下：

1）全域整治与主体功能分工。根据主体功能区划等资料，西宁都市圈全域可划分为山体丘陵生态整治区、河谷重点建设两大区域，实行“全域山体生态修复、河谷分类重点整治”的全域整治思路，即巩固过去几十年退耕还林还草的成果，继续进行生态移民搬迁和生态修复恢复乃至人工绿化，提升山地丘陵地区的生态服务能力。河谷地带重点进行建成区、农业区、滨水地带的分类、提升和整治工作，重点针对污染治理和产业升级，提升城乡环境的宜居性。值得关注的是，产业转移是西宁都市圈绿色发展的有力措施，即将不适合在核心区布局的劳动密集型和资源密集型产业迁至有工业用地指标的区县，发挥核心—边缘结构的扩散带动作用，增加绿色福利，提升产值和经济效益，带动都市圈整体发展，如西宁都市圈将西宁中心城区的“双高产业”等转移到河湟新区、甘河工业园区或大通县、湟源县等。

2）河谷集聚与治理。基于绿色发展模式的持续推进，西宁都市圈内的城镇人口和社会经济活动加速向湟水、黄河干流两大谷地集中。因此，人口、产业在河谷地带的持续集聚、城市的空间扩张、设施的提升、产业的布局等都需要进行合理的引导。河谷地带基于双评价的“三区三线”的划分，应基于兰西城镇群背景下的西宁、海东两市一体化需求，进行合理的科学规划，并针对城市扩张与建设、农区绿色提升、滨水地带治理等方面进行统筹，提升河谷这个关键地带的环境容量，以承载都市圈的进一步扩张。河谷集聚与治理的重点地区是湟水谷地。

3.功能优化

按照总体思路，西宁都市圈的功能重构应遵循持续减轻河谷两侧山地丘陵的生产、生活压力，着力提高河谷地带的生产力水平和产业技术能力，尤其是建成区的发展水平和可持续发展能力，建构基于两市一体、功能一体的空间结构（图5-1）。

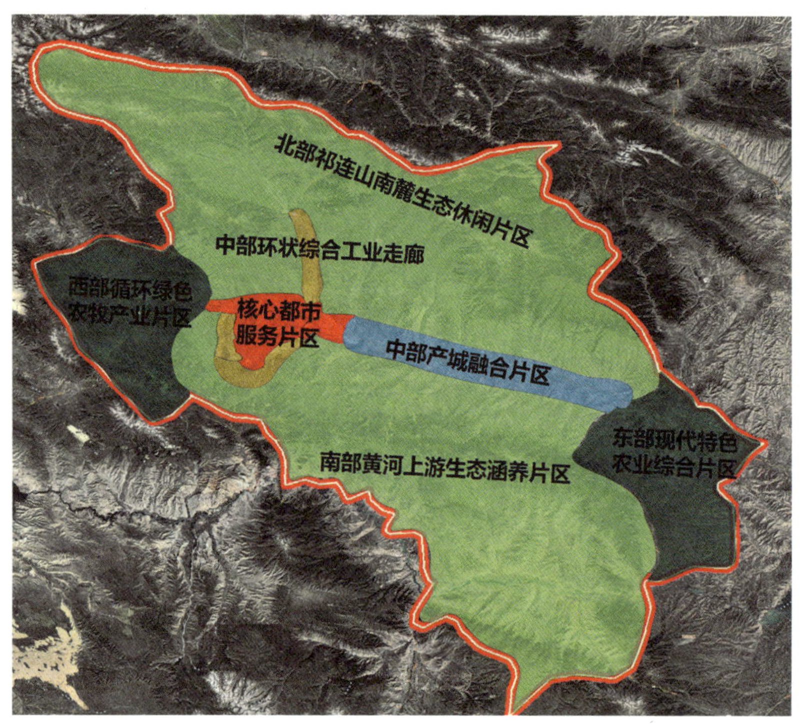

图5-1　西宁都市圈功能分区及其发展导向

（1）中心综合功能区

中心综合功能区主要包括核心都市综合服务区、环状综合工业走廊和中部产城融合区三部分，是都市圈的核心的非农产业集聚区，主要位于湟水谷地。其中，核心都市综合服务区主要指西宁主城区，是都市圈的医疗教育、居住休闲、行政办公、现代商务、金融信息、高新技术研发的综合性服务型功能区，也是都市圈的政治、经济、文化中心。环绕核心都市综合服务区的环状综合工业走廊，包括各类产业园区和传统工业区（如甘河工业园）等，其分布在湟中区、大通县及城北区的湟水及其支流河谷，今后主要进行产业升级换代和新兴产业的发展，推动产业的绿色转型。这既是招商引资的新产业发展的结果，也是改革开放以来城市工业“退二进三”和“出城入园”的政策导向的结果。湟中区未来以化工、煤炭、金属冶炼、光伏、生物制药、锂电产业等为核心，发展方向为不断提高技术水平的重工业区和经过技术升级的综合性产业区。大通县与城北区工业区组团发展，形成宁大（西宁—大通）北川高新技术产业经济带，打造沿北川河发展的以有色金属精深加工、现代物流、综合保税、科技服务、创新创业集聚、城市综合体等为一体的千亿元综合产业经济带。重点打造国家级高新技术产业区生物医药、省级高新区科技产业、节能环保等高新技术产业集聚区，以及以多晶硅、太阳能电池、光伏组件等为主体的东川光伏生产工业园区。中部产城融合区包括平安区、河湟新区、乐都区的湟水谷地，该区以医疗教育、居住休闲、行政办公、文化娱乐等区域服务业为主要功能，以高新电子元件、绿色建筑业等为主导产业，形成都市圈东部的综合性中心，未来应加强与西宁主城区的一体化进程。其中，河湟新区应以高新技术产业、现代科技农业、物流保税等绿色产业为特色，建设西宁都市圈东部产业核心与区域增长极。

（2）生态保护和特色产业功能区

生态保护和特色产业功能区包括四部分：南部黄河上游生态涵养区、北部祁连山南麓生态休闲区、东部现代特色农业综合片区、西部循环绿色农牧业片区。南部黄河上游生态涵养区包含化隆县、循化县以及民和县和湟中区的部分地区。该区应切实维护黄河流域生态安全，推动生态修复；合理规划人口、城镇和产业发展，推进水资源集约高效利用；依托流域种植业与农区畜牧业资源，发展高品质绿色生态农牧业，打造海东沿黄生态景观长廊；重点发展以民和、循化、化隆为主的集休闲农业、历史文化、自然景观为一体的黄河三角旅游带。北部祁连山南麓生态休闲区包含大通县北部、互助县及乐都区北部地区。该区主要以农业示范园区、绿色产业园和土族故土园“三园”引领建设，形成以高原自然风光旅游和休闲、少数民族历史文化为主题的西宁都市圈后花园区；重点发展绿色现代化农业和旅游产业，建成国家级现代农业示范区和河湟地域文化特色、民族地域文化特色旅游度假基地。东部现代特色农业综合片区包括民和县大部、乐都区东部、循化县东部。该区将打造绿色食品精深加工产业基地和现代特色农业示范区，重点建设绿色循环肉牛、肉羊养殖基地，特色果品生产基地，特色农畜产品集散服务中心和加工基地；发挥自身高质量特色农业优势，以农业规模化和品牌效应为目标，提升“黄河彩篮”“河湟硒谷”两大区域公用品牌知名度；将农产品种植与电子商务结合，提高其产品附加值。西部循环绿色农牧业片区主要为湟源县，主要发展生态循环农牧业基地和绿色有机农畜产品加工产业，培育全省涉藏州县物资中转服务基地，做精湟源青藏高原原产地特色产业聚集园，建设湟水上游生态强县，筑牢西宁都市圈西部生态屏障。

（3）网络一体与创新

提升都市圈与外部核心区域的高速交通、通讯交流和流通能力，加速自身内部一小时都市圈的交通、通信网络的建立，提高都市圈的创新能力和网络一体化水平，支撑西宁都市圈的绿色发展转型和产业升级。

5.2.2 空间调控

西宁都市圈需根据未来发展需求重构功能结构，优化空间布局，建构其基于西宁、海东两市一体化的新空间格局，即基于促进西宁、海东两市功能融合的目的，构建“两核·两组团·两轴”的空间格局——以西宁主城区、乐都城区为“一主一副”两核心，以平安—河湟组团、多巴—甘河组团为两组团，湟水轴线和北川—南川轴为两轴，形成一个沿湟水谷地的轴线型空间框架。发挥核心、组团的辐射带动功能，提升综合竞争力，梯次推动西宁都市圈的中心城区、各级城镇的功能互补和多级中心的协调发展，驱动内部的功能一体化和同城化发展，进而推动区域经济的绿色发展（图5-2、图5-3）。

1.增长极提升

西宁都市圈的增长极指西宁的主城区和海东市的乐都城区。这两个核心主要承担都市圈的行政、商务、科技创新、高端教育和医疗等都市服务功能，为都市圈服务转型发展的核心。

（1）西宁主城区

西宁在青海省的首位度极高，其城市服务职能不仅面向本市人口，更是要面向全省人口，公共服务职能压力大。在西宁都市圈内，应规划医疗教育、居住休闲、行政办公、现代商务、金融信息、高新技术研发的综合性服务型功能区、信息金融产业区，应持续推动中心城区的“瘦身健体”，强化科技创新、现代服务、先进制造、国际交往等高端功能，建设产城融合、职住平衡、生态宜居、交通便利的郊区新城，进而推动区域社会经济的发展。

（2）乐都区

乐都区是青海省东部的次中心、海东市的行政中心。该区应以区域服务为主导，形成医疗教育、居住休闲、行政办公、文化娱乐为主要功能的居民生活综合服务区；以新型工业、特色农业和现代服务业为主导，建设生态宜居的海东中心城市和河湟文化古都以及青海特色农畜产品交易集散中心。

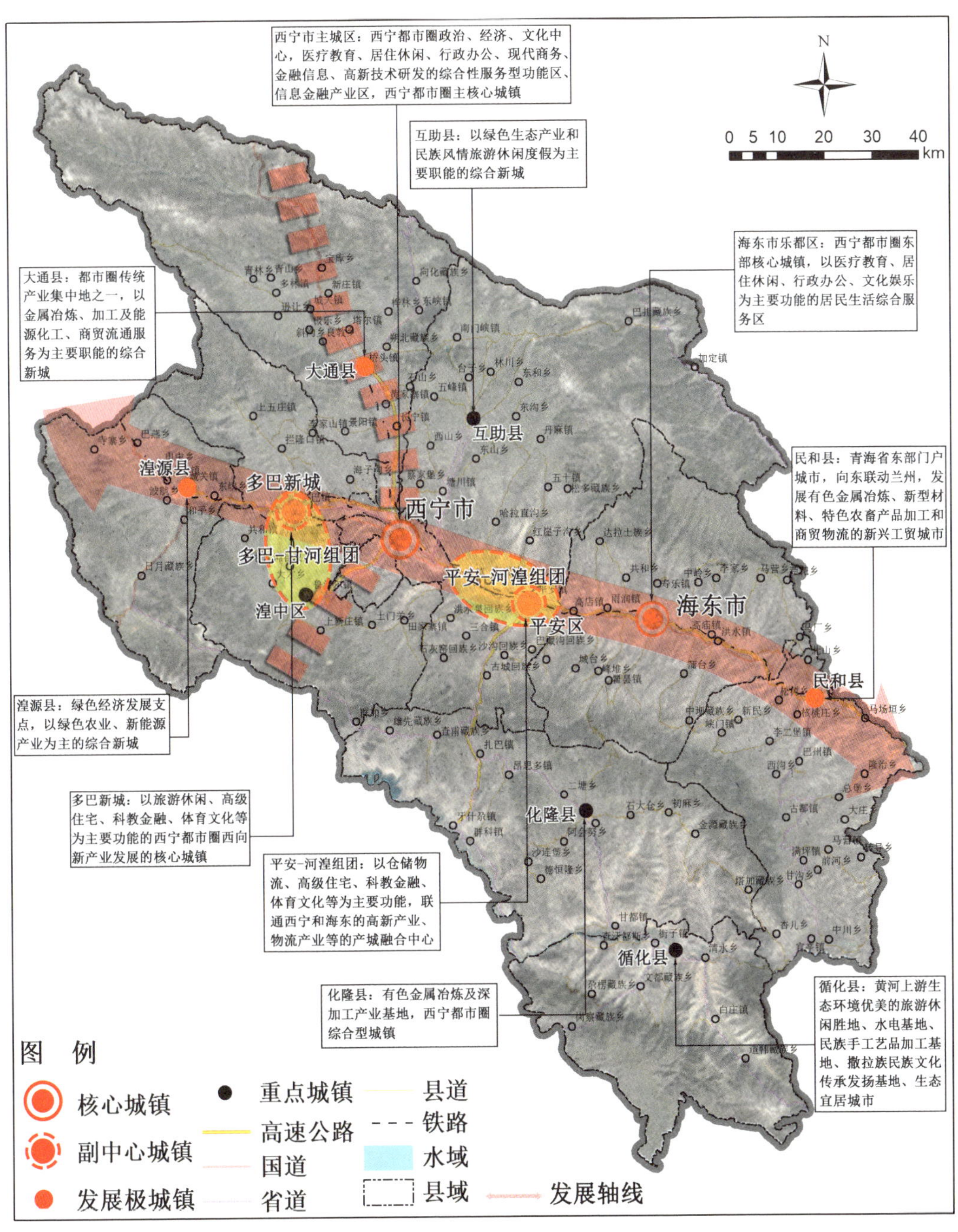

图5-2 西宁都市圈2035年发展框架

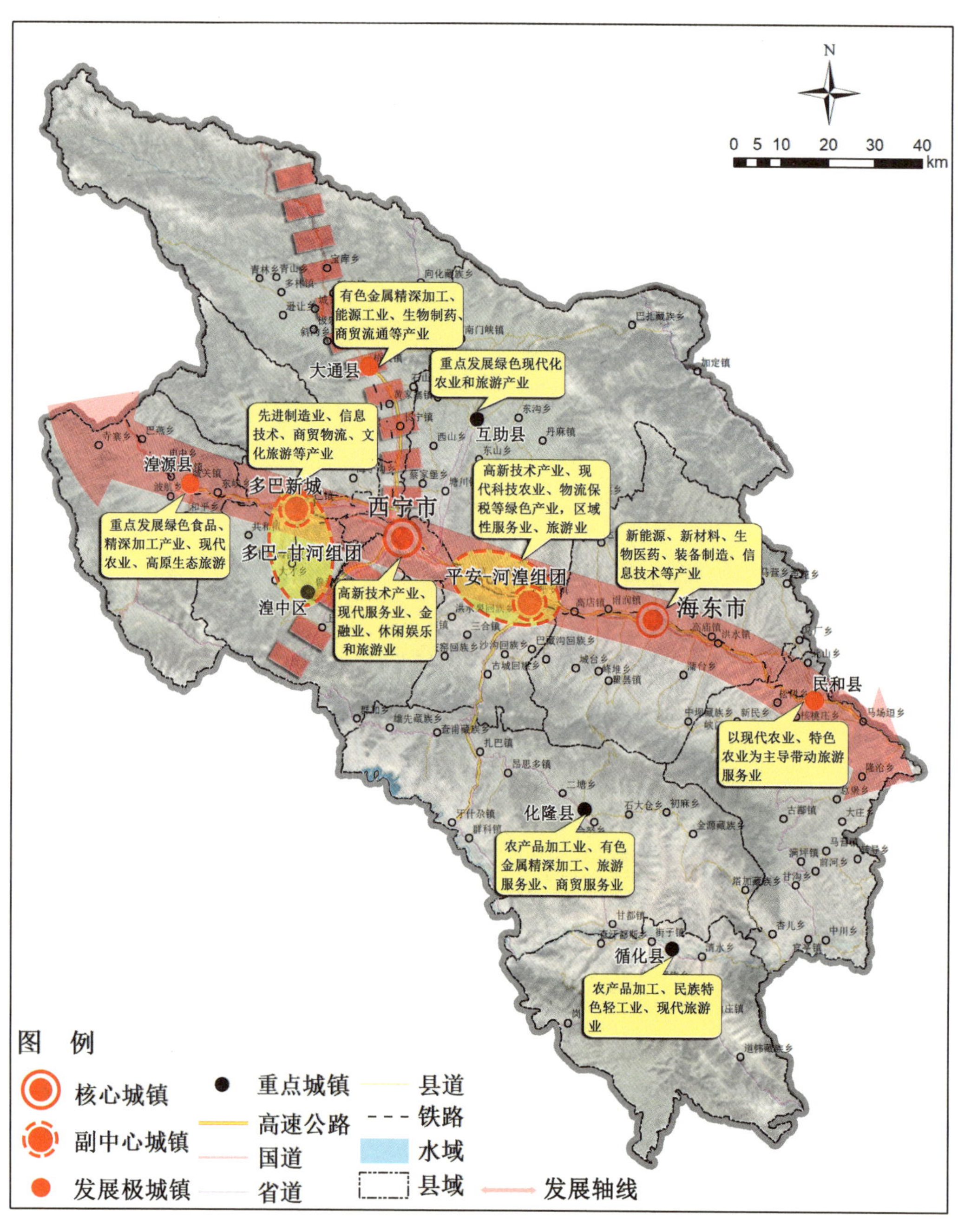

图5-3 西宁都市圈2035年功能结构示意图

2. 轴线建设

在都市圈尺度，可打造强大、美丽的主轴线，营造良好的人居环境，加强都市圈沿湟水谷地的都市圈主轴线建设，推动西宁、海东两市的有效整合。以兰州—西宁现有的高速铁路、公路等为依托，未来以兰州—西宁轻轨系统建设为引领，提升其通道能力和可达性，促进都市圈内的产业结构和空间功能调整。对于沿轴孤立、点状分布的城镇，可通过湟水河谷的主轴线建设以及相关城市规模的扩张和新城建设，串联形成沿河城镇带，从而促进其绿色发展。北川—南川轴主要进行内部挖潜和改造工作，提升城市品质。

3. 组团建构

组团培育和建设可提升其辐射力和带动功能，能够整合空间资源、优化空间结构。都市圈的组团可接纳或承载主中心的外溢功能或发展新的产业功能，更好地促进都市圈成长。

基于区位布局、发展基础和未来趋势，打造西部多巴—甘河组团、中部平安河—湟组团，前者为疏解西宁非省会职能的新城，是都市圈面向西部的发展中心；后者为两市边界地区，化解“切变”效应，打造都市圈新产业基地及连接组团。

（1）多巴—甘河组团

多巴—甘河组团为西宁都市圈西向新产业发展的核心。多巴新城作为西宁市与湟源县、湟中区的交汇点，联合甘河工业园区，可发挥对三个城市的经济辐射、服务支撑的作用，成为都市圈面向青海西部的发展中心。多巴镇作为未来湟中行政中心所在地，承接了西宁大都市的体育文化，生活居住等任务，将形成以旅游休闲度假、高级住宅、科教金融、体育文化等为主要功能，旅游度假、高端服务业为主导产业的人口在50万以上的增长极，可作为疏解西宁非省会职能的新城。同时，湟中区内的甘河工业园区已是一个传统产业聚集地，主要进行金属冶炼、新材料生产加工、高端材料生产，今后仍需继续进行产业改造和提升。

（2）平安—河湟组团

平安—河湟组团为西宁都市圈新产业发展和两市融合发展的驱动中心，需合理协调平安区和河湟新区两城关系，可打造一个联通两市的高新产业、物流产业等的产城融合中心。海东市经济活动和人口的联系均与西宁相向发展，两城城市空间扩张在河湟新区相接。西宁都市圈产业转移核心承接地和引入地为河湟新区，其城镇空间拓展潜力较大，具有曹家堡机场和高铁新区的区位条件、土地和政策优势，但目前产业规模、门类和效益并未达到都市圈预期标准。目前西宁市在都市圈内首位度极高，故应采取扩容模式，将河湟新区作为连接两个地区的支点。

河湟新区 河湟新区为西宁都市圈新产业发展和两市融合发展的驱动中心。河湟新区联合平安区，作为西宁都市圈未来产业增长核心，可大力引入产业，以产带城，形成以仓储物流、高级住宅、科教金融、体育文化等为主要功能、以高新技术产业、现代科技农业、物流保税等绿色产业为特色的区域增长极。产业方面除经过技术升级和改造的电子元件、绿色建筑产业以外，服务业、旅游业市场多为区域性，与全国性的西宁综合服务区存在差异。

平安区 平安区是青海省东部交通枢纽，新型产业示范基地，古驿文化特色凸显的现代空港城市，海东市副中心。将富硒产业与文化旅游相结合，空港经济与城市经济相融合，努力建成高原硒都、空港门户、高原休闲康养基地、现代新兴产业基地，打造古驿文化特色凸显的高原生态宜居宜业宜游城区。加快构建现代农业产业体系、生产体系、经营体系，大力发展特色种植业、优势作物制种业、高效养殖业、草畜联动草产业等优势产业。规划到2025年，常住人口城镇化率达到62%，以生态旅游和商贸物流为代表的新型服务业、新型城镇化和富硒产业发展水平大幅提升，建成具有河湟文化特色的高原生态旅游城区。到2035年，常住人口城镇化率达到65%，基本建成高原硒都、空港门户、高原休闲康养基地、现代新兴产业基地，具有古驿文化特色凸显的高原生态宜居宜业宜游城区。

4.多极功能融合

多级主要指县城或重点城镇组成的产业中心或服务中心，包括大通传统产业发展极、湟源绿色经济发展极、民和对甘开放极和循化—化隆沿黄发展极。

（1）大通传统产业发展极

大通传统产业发展极是都市圈传统产业集中地之一，应与城北区做好产业转移，以产带城，为西宁都市圈核心区提供生产和配套功能。大通县应切实考虑与城北区整合，打造“大通—北川”高新技术产业带，建设全省重要的生物制药基地。

大通县 根据大通县主体功能区规划，大通县确立了“经济繁荣、空间优化、城乡和谐、生态文明”的发展目标。经济繁荣是指充分利用生态资源，改善投资环境，引进外部资本，多元产业化，高起点、高标准创建国家现代农业示范区，加快推进农业现代化建设的进程，主动发展以工业为核心的绿色低碳循环行业，大力发展以旅游休闲产业为主体的新兴服务业，促进经济繁荣发展。空间优化是优化国土空间布局，合理控制城乡建设规模，保障耕地保有量、基本农田及林地空间等，在此基础上形成功能明晰、疏密有致的国土开发格局。城乡和谐是通过城乡分工协作与公共服务均等化建设，构造人人享有的新型城乡关系，促进乡村生活方式与生活状态的不断改善，缩小城乡差距与区域差距，建设城乡统筹发展的示范区。

统筹“三生空间”体系布局，将生态空间格局划分为“四类二十区”（图5-4，表5-2），强化全县以生态的块状空间管控代替破碎化空间管控，促进整体保护管控和高效发展。

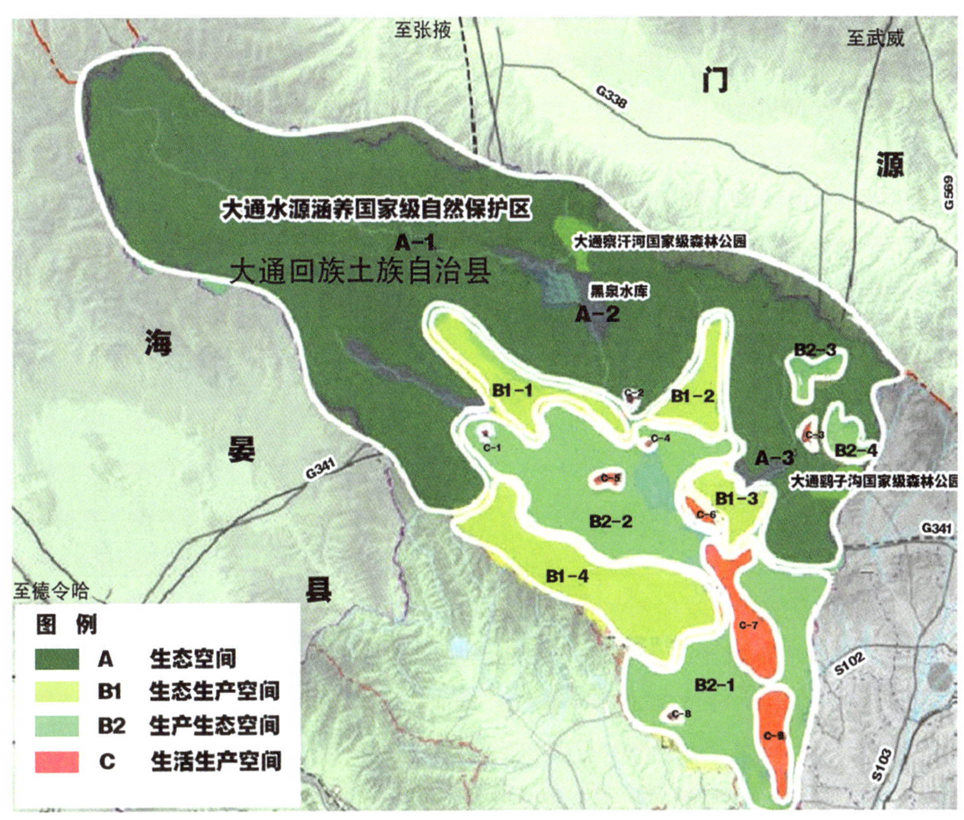

图5-4　大通县三生空间规划图

表5-2　大通县主体功能区区划

三生分类	主体功能	分区
A　生态空间	自然保护区、风景名胜区、森林公园水源涵养用地、土壤保持用地、生物多样性保护用地	A-1宝库河流域生态空间
		A-2黑林河流域生态空间
		A-3东峡河流域生态空间
B1　生态生产空间	牧草地、畜牧养殖业用地、旅游用地	B1-1黑林河生态生产空间
		B1-2瓜拉河生态生产空间
		B1-3东峡河生态生产空间
		B1-4娘娘山生态生产空间

续表5-2

三生分类	主体功能	分区
B2　生产生态空间	耕地、园地	B2-1 宁大走原南部生产生态空间
		B2-2 宁大走原北部生产生态空间
		B2-3 向化乡生产生态空间
		B2-4 东峡镇生产生态空间
C　生活生产空间	城镇建设用地	C-1 多林生活生产空间
		C-2 宝库生活生产空间
		C-3 东峡-向化生活生产空间
		C-4 新庄生活生产空间
		C-5 城关生活生产空间
		C-6 塔尔生活生产空间
		C-7 桥头-黄家寨生活生产空间
		C-8 景阳生活生产空间
		C-9 长宁生活生产空间

构建九类特色乡村生产空间　在不同产业规划的引导下，全县打造重点特色农业村、一般特色农业村、重点旅游村、一般旅游村、特色工业村、一般工业村、重点商贸村、特色商贸村、一般农贸村九类特色乡村生产空间与乡村特色产业，统筹推进乡村特色化、新型工业化、农业现代化、旅游产业化和商贸物流现代化融合发展。

①农业规划引导的“两类”高原生态农业生产空间构建。在县生态农业规划的基础上，根据各乡村的农业资源优势和高原农业特色，将县域乡村分为重点特色农业村和一般特色农业村，共同构成转型升级的高原生态农业生产空间体系。重点特色农业村包括桥头镇的南关村、塔尔镇的中庄村、黄家寨镇的平乐村、向化乡的将军沟村，这些地区均具有农业资源优势，应充分利用这些优势，发展高原特色农业，推进农业现代化进程。一般特色农业村包括鲍东村、宋家庄村、关巴村、西坡村等，根据本地区特点，这些村庄选择适合的农业产业发展，促进该地区的农业发展水平，带动农村经济发展。

②旅游规划引导的“两类”生态旅游产业空间构建。在县全域旅游规划的基础上，根据各乡村旅游资源及生态特色，构建“两级”生态旅游产业空间——重点旅游村和一般旅游村。重点旅游村包括上庙村、李家磨村、多隆村、康乐村、边麻沟村、东至沟

村、老虎沟村等，依托国家老爷山、鷂子沟等旅游景区，发展休闲度假、生态观光等旅游业态和自驾营地、茶园、农家乐等旅游形式。一般旅游村有一定的旅游资源，具有一定发展潜力，需要进行合理开发和利用，并依托重点旅游村发展。

③工业规划引导的“两类”乡村工业空间构建。在县工业规划的基础上，综合考虑各乡村工业发展资源与现状，构建“两类”乡村工业空间——特色工业村和一般工业村。特色工业村为双庙村，其具有特色优势产业，经济发展水平高。一般工业村有一定的工业基础，但缺乏特色，区域影响力小。

④商贸规划引导的“三类”商贸流通空间构建。在县商贸物流规划的基础上，根据各乡村的商贸物流产业特色，构建“三级”商贸流通空间——重点商贸村、特色商贸村和一般农贸村。重点商贸村包括苏家堡村、哈州村、新庄村、逊布村、上阳山村、贺家庄村等乡镇政府驻地。特色商贸村包括大煤洞村、沙巴图村、甘沟门村、煤洞沟村等。一般农贸村包括后子沟村、窑庄村、南关村、胡基沟村、向阳堡村、红河限村等。

(2) 湟源绿色经济发展极

湟源绿色经济发展极是都市圈的绿色经济发展支点，应继续加强绿色经济体系的建设，从绿色农业、新能源产业等方面发展绿色经济。

湟源县 湟源县应建成“一个高地”和“一个加工强县”，打造两大特色，即“核心驿站”和“桥头堡”。巩固提升全国生态文明建设示范县优势，率先开展“两山”理论实践创新基地建设；推进国家农业绿色发展先行区建设提档升级，建成全省有机绿色农畜产品加工强县；积极利用海藏咽喉区位优势，打造全省黄金旅游线路上的核心驿站；巩固提升民族团结示范县创建成果，打造全市服务藏区桥头堡。湟源县将紧紧围绕打造具有地方风貌特色的民俗城镇这一主线，紧抓高原美丽城镇建设。加快以“山城、古城”建设和“两河四岸”总体开发为核心，稳步推进老城区提质改造和新城区品质提升，逐步实现城市功能向新区转移；完善县城综合功能、提升城市文化内涵、重塑县城整体形象。加快构筑以城关、大华两镇为核心，以日月乡、巴燕乡两乡为重点，以申中乡、东峡乡、和平乡三乡为呼应，以小高陵、马场台、和平、兔尔干等十个特色村为支撑的功能互补、特色鲜明的城乡空间布局体系，构建“22310”城乡发展格局。

(3) 民和对甘开放极

民和对甘开放极是都市圈对甘“开放”的支点，其作为青海省的窗口城市，应充分利用其区位优势，与兰州市红古区积极一体化，合理配比生产要素，突破行政壁垒，成为西宁都市圈的“开放”支点。

民和县 根据民和县的相关规划，民和县应建设：①区域商贸物流集聚区（内陆与青藏高原、内陆与新疆的人流、物流集散中心）；②产业深度发展融合区，即以金属冶炼及其深加工为龙头，以新能源及煤电产业、新型复合材料、新型建材、先进加工制造等新型产业为主导，积极培育农畜产品加工、生态旅游、康体养老及文化创意产业，建设产业深度发展融合区；③新兴城市建设示范区，优化提升川垣新区功能，推进民和中心城区与兰州海石湾合作，建设“川海新城”，使其成为连接西宁、兰州两大城市的重要节点；④多元文化融合振兴区，即立足民和县文化资源优势，以喇家国家考古遗址公园建设为主抓手，依托三川纳顿科技文化产业园、民和工艺美术科技文化产业园两大文化创意产业园，将民和县打造成为文化经济融合发展创新示范区、民族文化传承区、文化创意创业人才聚集区和文化旅游振兴区。

民和县可实施“一个核心，两道屏障，三条纽带，四类主体，五大基地”的空间发展战略布局（图5–5、图5–6）。一个核心——以主城区和物流园区、工业园区构成的“一城两区”是县经济发展的核心增长极，是推进新型工业化、城镇化，调整县域经济结构、转变发展方式、改善民生加快发展的实践载体。两道屏障包括北山水源涵养保护片、南大山水源涵养片两大生态屏障，以水源涵养林、植树造林建设为主，控制人类社会活动和经济活动，降低开发强度，维护生物多样性、涵养水源、保持水土和调节气候等重要生态功能，作为县域生态建设的重要载体。三条纽带包括北部沿湟水河发展带、南部沿黄谷地发展带和川大高速中部轴线，“一轴两带”形成南北纵横的“工”字形经济发展格局，有效推动县域经济沿主要产业走廊集聚发展。四类主体，构建现代产业与城市经济区、生态旅游与林业经济区、现代农业与乡村旅游区、特色农业与文化旅游区四大经济功能区，鼓励一般乡镇特色、错位发展，推动县域经济均衡发展。

互助县 互助县应按照错位协调、功能互补、合理分工的要求，推动形成“中心城—副中心—重点中心镇—特色小镇（美丽集镇）”四级有序的城镇空间结构。应依托自身资源优势，形成产业特点和城市特色，并注重城镇间的分工与协作关系。县域城镇职能类型分为综合型、工业型、旅游型、交通型和农业型五种类型（图5–7）。

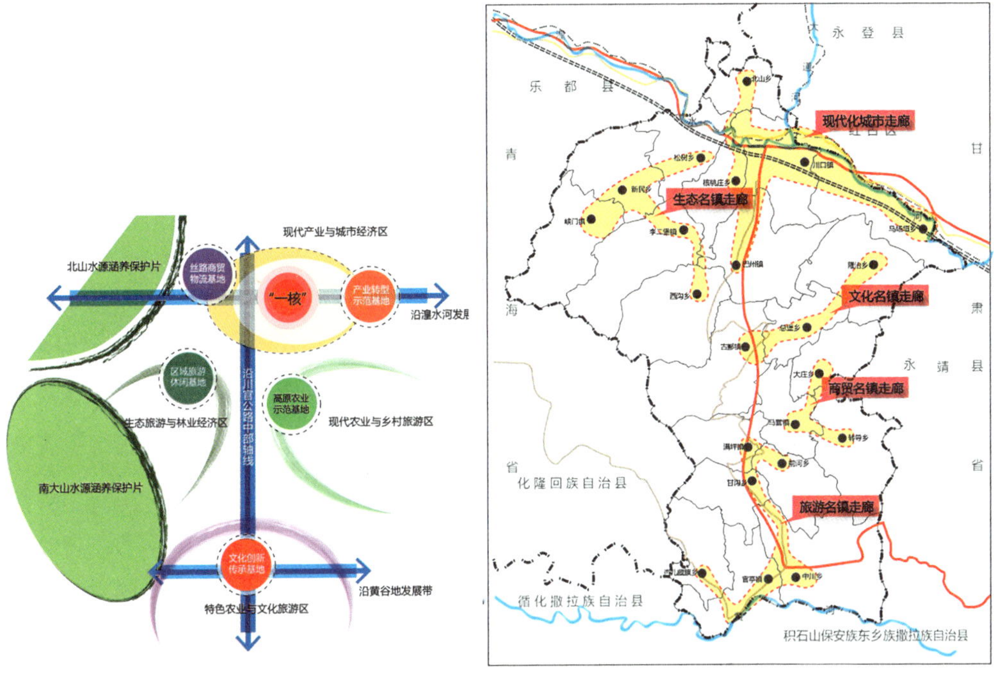

图5-5 民和县区域发展战略布局　　图5-6 民和县城镇化空间发展布局

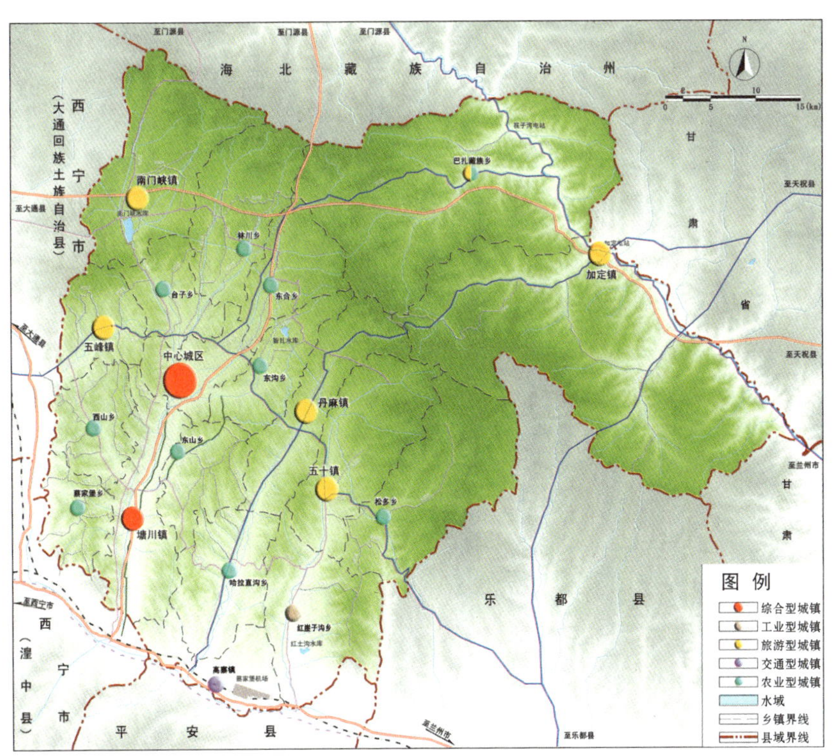

图5-7 互助县城镇职能结构规划

加快形成以威远镇为核心，以塘川镇等重点城镇为支点，以西宁—互助、平安—互助—大通、加定镇—西宁交通城镇带为支撑的“一核·三带·多点”城镇化发展格局。“一核”即以威远镇为核心。威远镇应按照“南拓、北调、东进、西控、中优”的发展思路，坚持以产促城、以水润城、以绿荫城，依托双国家级现代农业示范园、互助绿色产业园、土族故土园5A级景区，持续聚集新城区人气、完善旧城区功能，着力打造全国唯一的土族风情城和青稞酒城。“三带”即绿河谷城镇发展带、平安—互助大公路乡村振兴示范带和加西镇—西宁高速生态旅游发展带。绿河谷城镇发展带，以塘川河为纽带，联动西宁市区、河湟新区，打造生态、生产、生活于一体的城镇发展带；平互大公路乡村振兴示范带，依托沿线乡村旅游资源，打造环西宁都市区的乡村旅游和都市农业发展带，进一步融入西宁海东都市圈；加西高速生态旅游发展带，依托北山国家森林公园，对接祁连山风光旅游廊道，完善休闲娱乐、度假等旅游服务设施，打造集高原生态观光、康体休闲度假、民族民俗文化体验为一体的生态旅游发展带。“多点”即毗邻周边省、市的塘川镇、五十镇、五峰镇、南门峡镇、加定镇、丹麻镇、高寨镇等城镇。塘川镇，着重盘活低效工业用地，整合土地资源，优化镇区、园区、村庄布局，强化产业发展支撑作用；五十镇，加快发展以乡村旅游、盘绣、酩馏酒、酿造等特色产业，打造辐射互助县东南部区域的门户城镇；五峰镇，打造集“休闲、观光、旅游、销售”为一体的美丽集镇和县域西北门户靓丽风景线；南门峡镇，重点培育休闲旅游、文化旅游等功能，打造祁连山风光旅游廊道上的重要节点城镇；加定镇，强化与甘肃省天堂镇的联动发展，提升旅游服务功能和小城镇建设风貌，成为县域北部的旅游服务中心；丹麻镇，打造具有独特文化艺术特色和生态旅游资源的县城近郊旅游服务中心镇；高寨镇，把握河湟新区建设有利时机，加快推进人口聚集和城镇化，大力发展新型工业、现代物流等主导产业和商贸服务、农副食品加工、手工艺制作等辅助产业，打造集商贸服务、现代物流为一体的产城融合型城镇。

为优化城乡空间资源配置，有效保护脆弱资源和生态环境，实现城镇建设与资源、环境的统筹协调，县域土地及空间资源可划分为如下类型。

①风景旅游区。对国家级的北山国家森林地质公园（152.9万亩）、省级的南门峡森林公园（4.1万亩）和松多森林公园（24.8万亩）等主要旅游景区的核心区，依据《风景名胜区管理暂行条例》和《森林公园管理条例》开展保护。

②河流及水源保护区。区域内元甫沟上游水源地、南门峡水库上游、柏木峡一带共1.8万亩作为青海省祁连山水源涵养区重点保护治理范围，根据《青海省祁连山水源涵养区生态环境保护和综合治理规划》进行管制。

③历史文化保护区。对互助县域列入各级文物保护单位的地块应严格按照《中华人民共和国文物保护法》划定保护区和建设控制地带，并依据相关法律法规进行管制。

④山林保护区。对于区域内高程在2 500米以上或坡度在25度以上的山林地实行永久保护。鼓励山林地退耕还林，生态保育，向森林公园方向发展。

⑤基本农田保护区。“十四五”规划期末，县域基本农田面积不少于618.9 km^2。对于区内基本农田保护区按照《中华人民共和国基本农田保护条例》进行管制。

（4）循化—化隆沿黄发展极

循化—化隆沿黄发展极是都市圈的生态保护和修复的重点地区，是农副产品加工产业的提升地和外出务工的重要基地。

5.2.3　西宁—海东一体化

西宁都市圈的核心任务之一是推动西宁、海东两市的一体化，而后者的核心任务包括强化产业分工、实施促进一体化的政策。

1.产业分工

当前，西宁处于快速增长和高速集聚的发展时期，很难与海东市分享发展机遇和主要的投资机会。但至2035年，西宁都市圈应大致形成产业合理分工格局，尤其在第二产业领域。目前，在管理层面应逐步改变西宁市“赢者通吃”的局面，考虑海东市基于产业园区在新能源、电子产业等方面的分工需求。至少在“十四五”期间，都市圈层面需要考虑两市之间的产业分工需求（表5-3）。

表5-3　西宁都市圈主要城镇“十四五”期间的产业定位与目标

县区	产业定位与目标
西宁主城区	持续做强经济技术开发区，打造具有行业重要影响力的研发制造基地、先进制造和现代服务相融合的复合型产业功能区；培育壮大青海高新区高原生物医药健康、大数据、智能制造产业集群，打造具有影响力的极地创新城；加强区域产业联动，强化与省内区域产业配套链接，推进兰西城市群产业协同发展，主动融入长江经济带、黄河流域生态保护和高质量发展等区域产业链供应链体系，构建融入新发展格局的西宁特色产业链。
湟中区	大力发展绿色农业、循环农业、品牌农业，建设省级现代农业示范区；努力构筑以民族文化旅游产品加工为主，农副产品加工为辅，新兴产业和新兴业态为补充的特色工业体系；推动生产性服务业更高效，促进生活性服务业更便民，提高服务业在国民经济中的比重和贡献率。
大通县	到2025年，高技术产业增加值占工业增加值比重的20%以上，有色金属高新材料、新型建材和节能环保产业群不断壮大，先进制造业与现代服务业加快融合，现代产业体系基本形成，打造国家级铝镁合金高新材料产业基地、青海省节能环保产业示范基地。

续表5-3

县区	产业定位与目标
湟源县	坚持工业主导地位，承接好西宁市动植物资源精深加工等产业转移，推动以园区为载体的特色工业发展，加快构建县外特色产业体系，打造绿色有机农畜产品加工产业基地；加快发展现代农牧业，大力发展城郊农牧业，打造生态农牧产业发展科技示范基地，打造湟源绿色和有机农业品牌；加快发展以文旅产业为龙头的现代服务业，提高商贸流通现代化水平，打造农村一、二、三产业深度融合发展示范县。
乐都区	产业结构持续优化，初步建成以先进制造业为主导、文化旅游融合为特色、现代服务业为支撑、新兴业态为补充的现代产业新体系。先进制造业水平显著提升，高原特色农业质量效益和竞争力大幅提升，文旅融合特色明显，现代服务业比重逐年提升，全省基础教育基地、全省医疗健康养老基地、河湟文化传承展示基地、装备制造基地引领作用凸显。
平安区	以创建绿色有机农畜产品示范省为契机，显著提高高原富硒现代农业规模化、品牌化、市场化程度，工业完成转型升级，实现企稳回升，以现代旅游、商贸物流、康养为代表的服务业支撑作用明显增强。
民和县	打造以新型工业、商贸物流、旅游为主导，具有地域特色的青海东部绿色生态宜居城市和兰西城市群节点城市。以现代生态农业为基础，以传统优势工业的优化和升级为支柱，以新型建材、文旅康养为特色，以商贸、物流、信息等现代服务业为配套，文化产业得到长足发展，构建绿色低碳循环、创新驱动、特色鲜明、效益显著的多元化产业新体系。增强城乡区域发展协调性，构建现代化创新引领、协同发展的产业体系，实现经济高质量发展，粮食总产量保持在37万吨以上，第三产业比重达到50%以上。
互助县	绿色农业、绿色工业、绿色旅游和绿色服务业加快发展，绿色产业园迈出坚实步伐，青稞酒产业振兴取得实质性突破，文化旅游业全域发展，基本实现三产高度融合发展，现代化绿色产业体系建设取得重大进展。
化隆县	以特色优势产业为基础、“四种经济形态”为引领，培育发展新经济、新业态、新动能，推动现有产业向高质化、高端化、绿色化转型，高质量打造国家现代农业示范区、绿色工业产业园、现代服务业聚集区。
循化县	加快发展以特色农业为基础、新型工业为主导、现代服务业为支撑的绿色发展的现代产业体系，推动产业优化升级，培育壮大新产业、新动能，大力发展文化旅游产业，深入推动文旅融合发展，持续打造“多彩循化”文化旅游品牌，引领带动全县高质量发展。

（资料来源：各县区“十四五”规划纲要）

“十四五”期间，西宁都市圈处于推动产业转型升级的关键期，优化提升产业布局、产业结构和产业效益的任务依然艰巨，加速形成现代产业体系的要求更加紧迫。为加快建设西宁都市圈，西宁市应充分发挥区域性中心城市作用，巩固第一产业的基础性地位，加快对第二产业进行结构调整、转型和升级，根据西宁市第三产业的发展现状，着重发展现代服务业、金融业、休闲娱乐和旅游业等，进一步提升西宁市产业竞争力（表5-4）。海东市需强化在都市圈的支撑功能，积极争取承接西宁市亟待疏解的适合海东发展方向且匹配资源承载力的非省会职能，扩充职能范围。西宁都市圈需要促进产业错位发展，重点发展新能源、新材料、生物医药、装备制造、信息技术等产业。按照“一产做精做细、二产做强做大、三产做优做活”的思路，推进产业基础高级化、产业链现代化，推动要素市场一体化，引智、引才、引资，推进科技、旅游、康养、富硒农业等产业提档升级（表5-4，图5-8）。

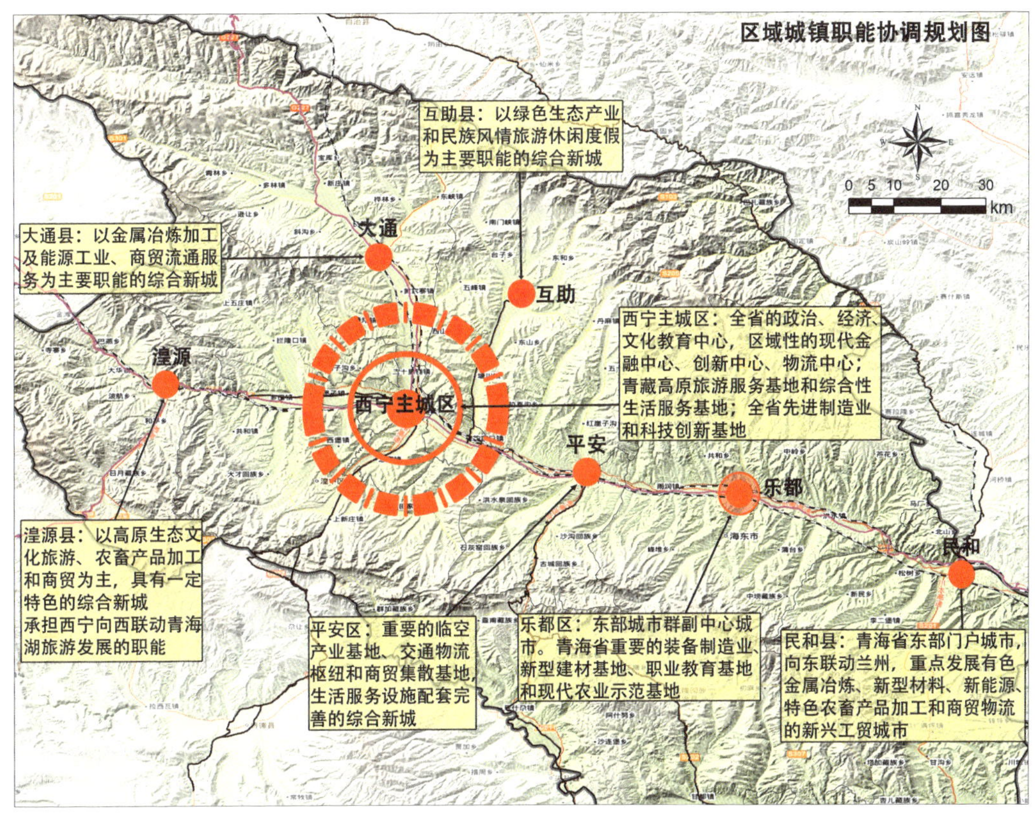

图5-8　西宁都市圈城市职能协调规划图

（资料来源：西宁市2030年城市空间总体发展规划）

表5-4　西宁市与海东市主导产业方向引导

产业方向		西宁市	海东市
重点现代服务业	商贸物流	以面向西北、西南，融入丝绸之路经济带方向为主	以面向东部、东南方向为主
	健康养老	以生物医药及研发、医疗器械制造为主	以健康养老服务业为主

续表5-4

产业方向		西宁市	海东市
	旅游服务	突出民族文化特色	突出乡村特色、河湟文化、民族文化特色，强化旅游集散功能
	信息技术	以大数据技术研发、人才培养、数据采集分析和交易为主	以大数据软硬件制造、大数据存储应用为主
	其他服务业	以总部金融、科技服务、工业设计、文化创意等高端服务功能为主	农产品交易与集散、电子商务、区域性会议会展等
重点战略性新兴产业（制造业）	新能源、新材料	以锂电产业为主要方向	以光伏制造为主要方向
	高端装备制造	以医疗器械制造、3D打印等为主要方向	以电子信息设备制造、智能制造装备等为主要方向
特色优势产业	金属冶炼、特色化工等	控制(减量)发展	控制(减量)发展
	高原特色民族手工业	藏毯绒纺	民族手工业
	高原特色农牧加工业	高原生物食品、保健品生产加工等	民族食品生产加工

西宁市区应以创新驱动和改革开放为动力，统筹创新链、产业链、供应链和价值链，加速布局战略性新兴产业、未来产业，构建“5+3+N”的现代工业体系，做强锂电、光伏光热、有色金属高新材料、特色化工、生物医药和高原动植物精深加工5大标志性产业集群，提升装备制造、藏毯绒纺、新型建材和节能环保3大产业基础能力，培育大数据产业、人工智能产业、物联网产业、软件和信息技术服务业、智能终端产业、区块链等N个数字经济产业，推动工业发展实现质量变革、效率变革、动力变革，不断提升产业基础高级化、产业链现代化水平，初步构建环境友好、结构合理、集群发展、特色产业竞争优势明显的现代产业体系。

参照《西宁市2030年城市空间总体发展规划》，西宁市区应加强产业链互补耦合与产业集群发展，全力打造以西宁主城区为核心、先进制造业与现代服务业融合发展的环主城区工业经济圈，优化提升宁大（西宁—大通）北川高新技术产业经济带、鲁多—西塔（甘河—鲁沙尔—南川）沿线特色优势产业经济带，加快打造东川园区光伏光热和新材料产业基地、生物园区生物医药和高原动植物精深加工为主的生物健康产业基地、南川园区锂电新能源和藏毯绒纺产业基地、甘河园区有色金属合金高新材料和特色化工产业基地、北川园区有色合金高新材料产业基地、大华园区高原动植物精深加工产业基地的“一圈·两带·六组团”先进制造业工业布局体系（图5-9）。

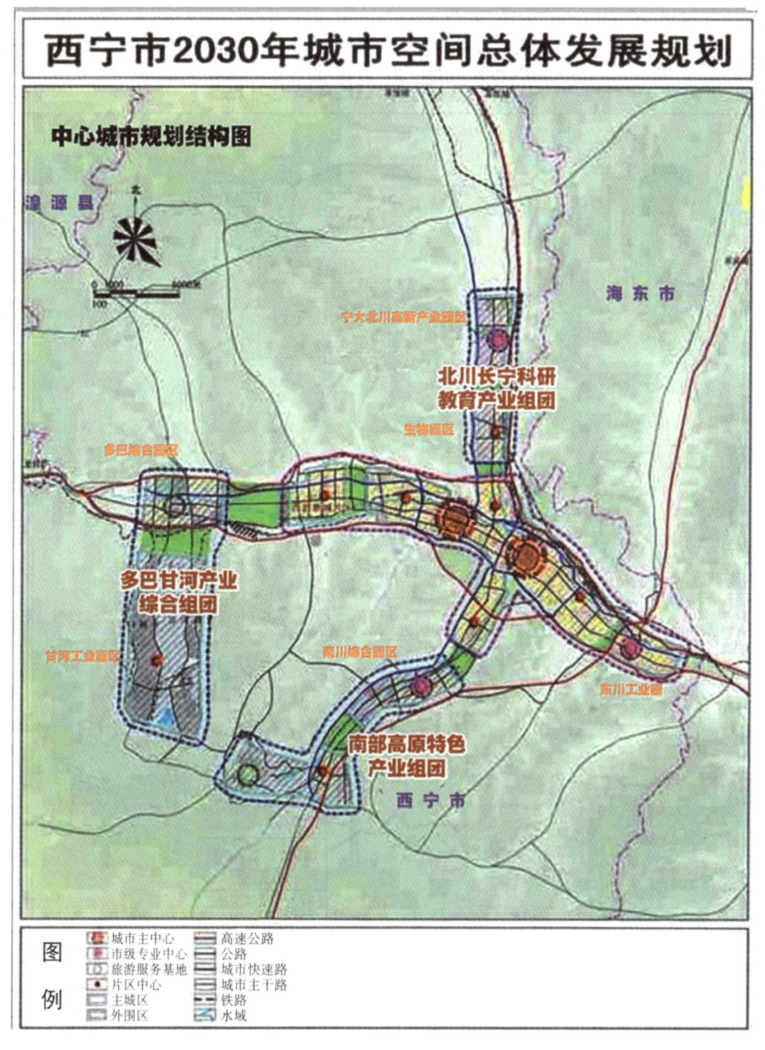

图5-9　西宁市2030年中心城市规划结构图

（资料来源：《西宁市2030年城市空间总体发展规划》）

海东市由于经济活动和人口的联系均是以西宁市为主，因此与西宁市相向发展，两者城市空间的扩张在河湟新区相接。河湟新区城镇空间拓展潜力较大，依然有较大的可利用空间，同时具有曹家堡机场和高铁新区的区位条件，可让西宁代管河湟新区，实现产业集群、公共服务一体化（图5-10）。以代管模式让西宁负责河湟新区的产业入驻与淘汰、配套设施的建设、人才的引进，打造一个联通两市的高新产业集聚、物流产业带动的产城融合核心，可以加快促进河湟新区成为西宁都市圈副核心的速度，同时，河湟新区又能承担起连接西宁和海东核心区的职能，为西宁都市圈绿色发展提供重要的产业支撑。

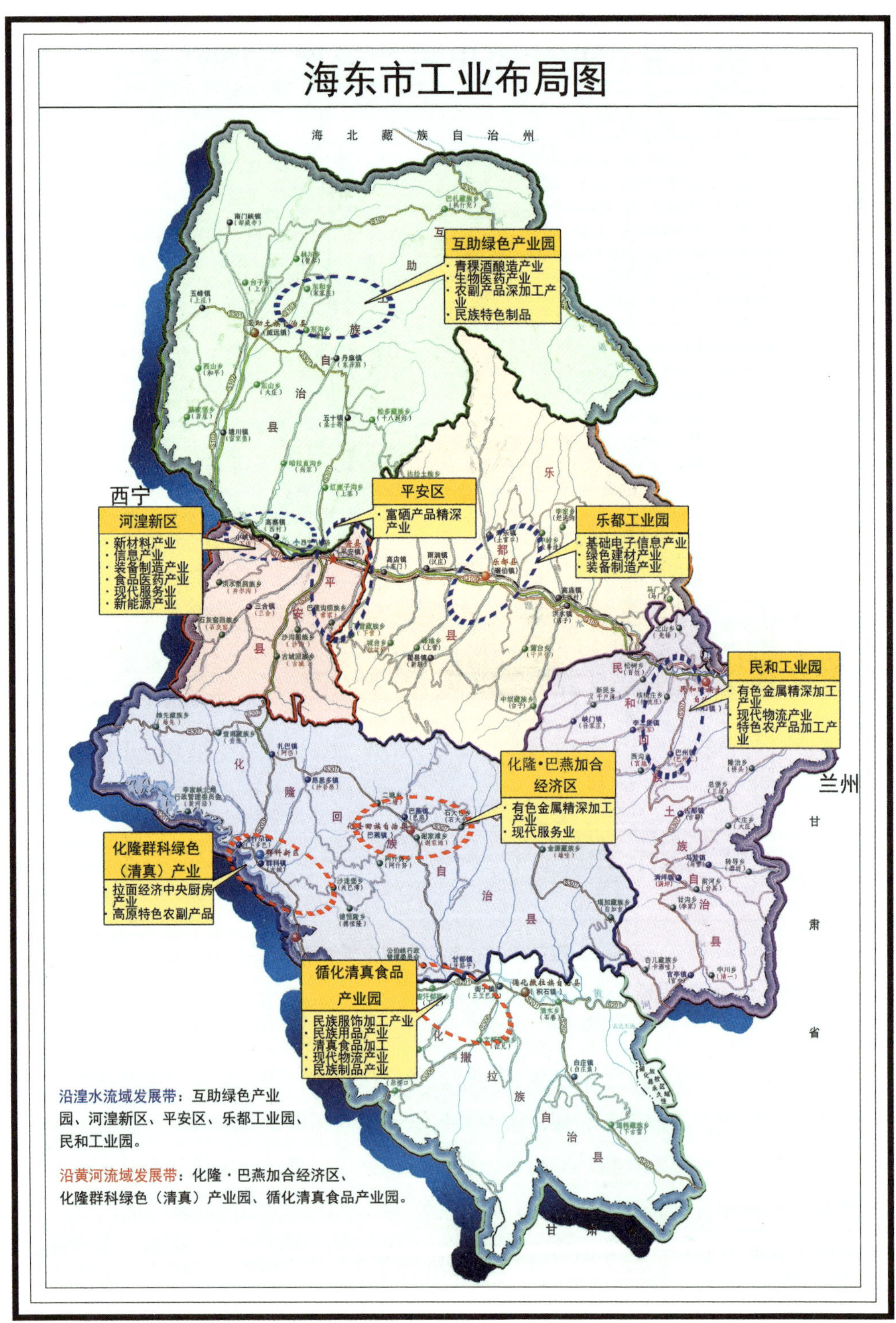

图5-10　海东市工业布局图

（资料来源：海东市“十四五”规划。）

2.政策建议

在从行政城市走向空间城市的时代，经济活动大规模跨越边界，构成一个城市之间、空间上合作的空间城市。西宁都市圈要经历核心区域走向软性创新，边缘区域走向制造创新的道路。西宁市作为省会城市，本身就具有一定的经济实力和中心带动力，应利用该位置优势，进一步强化高端职能。海东市作为青海省向东发展的城市和融入兰西城市群的纽带，应利用该优势，与西宁错位发展，突出外向型、专业化服务职能。海东在气候和发展特色上有一定优势，具有突出的品牌特色和文化特色，城镇空间拓展潜力较大，相比于西宁城区用地趋于饱和，但海东的河湟新区、乐都西部等地区依然有较大的可利用空间，具有更大的发展潜力，政策建设如下。

（1）探索新合作机制

西宁都市圈需破除体制障碍，形成两市合作的新机制。当前，我国在区域尺度上，往往通过调整行政区划手段解决两个同级行政区之间的经济协同问题。因此，西宁都市圈在交通、通讯、户籍、投资、迁移、养老等公共服务或社会管理等方面，需着力破除建设的制度障碍，促进都市圈内在招商引资、投资配置、产业分工、基础服务等方面的一体化的规范和能力，探索“一照多址、一证多址”企业开办经营模式，将生态建设、产业发展、新区开发等各个方面兼顾起来，形成前瞻性、积极性、统一化的服务政策。

（2）坚持协调发展，提升区域整体效益

西宁都市圈区域发展不均衡，要形成绿色发展，就要提升区域协调程度，提升区域整体综合效益。建立政府、企业、公众等多层面参与和跨市环境监管体系，有计划地适度开发自然资源，严格限制高污染产业发展和污染物的出境。

（3）制定统一的产业发展和协作规划

进行城市间绿色产业分工，一方提供资金、技术和产业，一方提供土地和生态成本，通过政府间协调，根据城市的相对优势产业和技术状况确定产业发展重点。形成各城市资源、技术、产业互补共进的产业发展规划，以及企业间跨地区、跨部门、跨所有制的产权型合作。成立非政府基金会，摆脱政府对行政区域的割裂控制。通过投资便利化统筹安排，促使有限的资源投向效益最高、辐射最强、带动力量最大的龙头产业。

（4）河谷地区的统一规划和建设

西宁城市群属于典型的河谷型城镇群，首先需要将位于川地的河谷轴线进行统一的规划和建设，这将有力打破行政区经济的藩篱，促进西宁、海东两市的合作和协同效应。加强都市圈沿湟水谷地的主轴线建设，即沿湟水河谷，进行两市统一的功能协同战略协商，并落实到各自的国土空间规划中。重点是进行产业门类，尤其是制造业、物流业等迫切需要功能分工的空间协同，包括产业链内部的空间分工以及重点评估开发区（工业区）的分布和功能组织，规避过度竞争和无序发展，促进产业升级和良性发展。

这个协同规划的目的是建构沿湟水河谷的发展轴线和空间格局，实质上促进圈内在招商引资、投资配置、产业分工、基础服务等方面的一体化的规范和能力，着力打破两市的行政分割，促进基本统一的都市圈市场和经济体系的建立。建议相关部门设立相关的专项课题，积极探索破除都市圈内行政阻隔的新方式，形成落后地区都市圈培育和建设的新路径。

（5）建构快速、便捷的都市圈服务设施体系

伴随着沿湟水河谷日益展开的空间框架，西宁和海东两市通过路网、机场和新城镇建设等日益紧密相连和相接，有力促进了两市的一体化进程。因此，需要强化都市圈内的黄河河谷与湟水河谷之间的联系。加强循化、化隆两县与西宁主城区、海东乐都区的联系，将2小时左右的行车时间缩短到1～1.5小时，使之真正融入都市圈的功能组织。同时，尽快实施建设兰州—西宁轻轨系统，提升其通道能力和可达性，但是，当前贯通河谷的铁路、公路切割和碎化了整个宝贵的河谷用地。因此，需要尽快着手设计和规划贯通河谷的“绕行”交通线路，解决过境交通难题，并将现有的国道等交通干线转化为都市圈的城市内部道路，以提升整个都市圈的通行效率。

（6）一体化的政策体系

西宁—海东一体化进程需要解决包括行政一体化、政策一体化、市场一体化、制度一体化、基础设施一体化共享等诸多问题，协调区域内规划和建设的投资问题。对于市政设施的重大项目，国家要给予一定的资金扶持，以真正实现经济要素的加速流动，提高基础设施的利用效率和市场的配置效率，降低相邻区域水平城市化成本。目前，西海一体化特别是产业转移、信息共享、环境污染的联防联控，实质上的进展不是很快，需要打破僵局。都市圈逐步在交通、通讯、户籍、迁移、养老等公共服务方面，破除体制障碍形成一体化政策体系。在社会管理等方面，破除都市圈建设的制度障碍，促进都市圈的形成。一方面，坚持打破西宁、海东两市的制度藩篱，建立基本统一的都市圈市场和经济体系。另一方面，在新、旧基础设施建设方面统一、统筹规划，并将生态建设、产业发展、新区开发等各个方面兼顾起来，形成前瞻性、积极性、统一化的服务政策。同时，为避免都市圈内盲目、无序的竞争，建议在都市圈内重新评估、分工辖区内的开发区（工业区）分布和功能组织，规避过度竞争和无序发展，促进产业升级和良性发展。

（7）托管或区划调整

行政区经济的制约依然根深蒂固，若遇到重大的投资、税收等机会和城市大发展时期尤为如此。因此基于行政区边界，西宁市宁愿向西边海拔更高的大通等地扩张，建设多巴新城，也不愿向发展条件更好的海东市的河湟新区、平安区等地扩张。这不但使海东市丧失了发展机遇，也提高了西宁市的发展成本，影响了都市圈的高质量发展。而且，当前的河湟新区因西宁市的强烈甚至过度竞争而发展缓慢，海东市因其可能划入西宁市

而不敢深度投资。为此，特提出以下两条建议，以期推动两市合作，打破这种困境。

1）托管方案：为避免西宁和海东各自为政，建议西宁市托管河湟新区、直辖多巴新城，使之加速形成良好的社会经济分工和经济联系。

2）区划调整：区划调整可选择的方案有三。

方案一：整体划入。建议将平安区、河湟新区、互助县同时划入西宁市，增强都市圈核心的发展能力，彻底解决城市空间限制难题。这个方案更加契合我国大都市或都市圈发展的行政化管理的导向，但易导致海东市至少在今后一定时期丧失大部分的发展能力或潜力。从根本上这不是都市圈两个同级城市之间的真正协同发展，但更易得到西宁市政府甚至省政府一些部门的认同，因为这个方案简单易行，效果可能比较明显，不过海东市会强烈反对。

方案二：部分划入。建议西宁市托管平安区、河湟新区，将互助县划入西宁市。这个方案相对契合我国大都市或都市圈发展的习惯，但也同样会导致海东市丧失大部分的发展能力或潜力。因此，西宁市可偿还海东市担负的河湟新区建设的全部债务，并考虑一定数额的经济补偿，如可将河湟新区等地的一定比例的税收给予海东市。这个方案将使海东市相对容易接受。

方案三：新区分割。建议尽快明确河湟新区的未来“归属”，如将河湟新区按功能分区进行合理地分割，西宁市、海东市可各分管一部分，但整体上仍由新区管委会统一规划、管理和协调新区的投资和建设等事宜。这个方案的优点是行政区划调整小，规避重复建设，同时两市都会积极关注新区发展。缺点是新区管委会管理协同难度可能增大。

5.3　绿色发展对策建议

5.3.1　协同策略

西宁都市圈应立足地方特色，建构高原绿色都市圈，引领和推动青藏高原走向绿色、特色发展道路。建议在都市圈层面将西宁、海东两市的生态、环境工程进行有机整合，如在绿化工程、环境治理、乡村振兴等方面的整合，同时，通过统一规划和协同实施产业发展、技术进步等，降低交易费用，提升绿色发展的效率。

5.3.2　产业策略

（1）关注创新，整合科研力量

近20年来，伴随着高污染、高耗能、资源型等传统产业的衰落，西宁都市圈的绿色产业链正在崛起，形成了诸如有机肥、种子繁育、特色种植、农产品加工、旅游销售的一体化的绿色农业产业链；以生物、医药、资源型产品深加工为核心的高科技产业链；以青海湖、夏都、高原文化为主题的旅游休闲产业链；以枸杞、牦牛等为核心的绿色、特色、高原特质的产业链。如上产业链已延伸到高原内部，正在带动种植业、旅游开发、资源开发等各方面的绿色转型。然而，西宁都市圈绿色产业链还存在研发力量比较薄弱、分布分散化、市场占有率总体较低等制约发展的"弱、散、低"难题。

1）整合和提升科研力量，设立综合性的研发和协同基地。当前，青藏高原的农产业研究基地主要分为两部分：一是基于国家支持的传统的科研院所，如研究所、高校等；二是基于市场导向的研发基地，如少部分的大型企业、农业园区等。虽然这些机构在过去20多年已取得了很大的进步，但总体而言，仍存在两个核心问题：一是研发的总体实力有待提升；二是这两个体系之间的联合和互动相对薄弱，地方科技局无法真正担负联系研发机构、企业、市场的任务。因此，建议在国家支持下，一是分别在西宁、拉萨设立综合性的关于绿色农产品的研发和服务中心，整合科研力量，统筹青藏高原相关的科研院所和企业，进行系列化的绿色农产品的引进、研发、宣传、交易、品牌建设等任务，支持企业创新，发挥联结政府、市场和企业的协同职能；二是改革体制机制，尤其是利益分配模式，提高科研人员待遇，形成比较灵活的运营模式，如国家级农业园区的运营模式等。

2）关注特色领域。重点在有机肥、青藏高原的农业新品种、特色新产品、农业文化等方面加强投入，形成绿色新产品系列。一是在青藏高原逐步形成无化肥的有机农业区，减少农业污染，积极打造农产品绿色品牌；回收高原无污染的畜禽粪便为原料，运用生物发酵技术，制成品质优良的绿色有机肥料，以实现养殖业废物高效资源化利用，形成有机肥生产的规模化、有机化和工业化。二是研发残膜循环技术，将农业大棚的残膜回收循环利用，转为地膜和注塑产品膜，既可以减少白色污染，又能提高经济效益和社会效益。三是进一步积极研发枸杞、虫草、青稞、牦牛等地方特色新产品或新品种及其深加工技术，进一步打造国内外市场畅销的绿色、养生的新产品，支撑新产业系列发展的可持续性。四是关注农产品生产区因为大规模单一农产品的种植、养殖等所可能引起的地方化的新问题，如土壤退化、环境变化等。

（2）实施系列工程，推动农业创新

建议在国家相关部委的持续支持下，通过农业绿色全产业链的建设，有效提升青藏高原的绿色发展水平，科学践行"稳增长、调结构、促改革、惠民生"的国家要求。为达成绿色农业全产业链的建构目的，在"双循环"大背景下，西宁都市圈应着手实施融合创新工程，形成稳定的资金支持和项目体系，支持设立和实施新产品研发、推广和产业链融合的研发创新工程，统筹利用资源与生产要素（表5-5）。

1）实施系列研发工程。实施的系列研发工程有有机肥系列、青稞产品系列、虫草产品系列、牦牛产品系列、枸杞产品系列、高原蔬菜产品系列等。

2）持续推动融合工程。一是推动农业品与地方文化开发的融合工程，二是推动生产与销售、服务的融合工程。对这些工程应进行有稳定资金支持和研发机构的项目设计。

3）法规和政策保障。应持续强化相关绿色金融的法规和政策保障，支持绿色技术创新，推进重点行业和重要领域绿色改造。在都市圈建立基本统一的科技支撑体系和市场体系，规避过度竞争和无序发展，并将生态建设、农产业发展、新区开发等各个方面兼顾起来，形成持续性、统一化的服务政策。

表5-5　西宁都市圈“十四五”期间产业发展的主要举措和核心项目

产业发展举措	核心项目
推动优势产业全产业链发展、转型升级传统产业	打造全国重要的清洁能源制造产业基地、千亿锂电储能产业基地、合金新材料产业基地、全国重要碳纤维生产应用基地、特色化工产业基地、高原生物医药健康产业基地、绿色有机农畜产品加工基地
积极培育发展新兴产业	启动建设大数据产业园、智能制造产业园，建设关键大型铸锻生产基地和新能源汽车及配套产业基地
加快发展现代服务业	实施商务商业服务升级建设工程、商贸市场建设工程、现代物流仓储建设工程，建设国家物流枢纽承载城市，打造快递电商融合示范基地，创建绿色金融改革创新试验区
促进产业跨界融合发展	开展“5G+工业互联网”集成创新应用试点示范，实施“上云用数赋智”行动，开展先进制造业和现代服务业融合发展试点，申报建设数字商务产业园，开展数字农牧业示范工程
深化园区改革创新发展	打造西宁（国家级）经济技术开发区和具有行业重要影响力的研发制造基地，推动海东工业园上升为国家级经济技术开发区，建设青海科技城，支持建设科技成果中试孵化基地，建设一批现代农业产业园、国家农村创新创业园区（基地），规划建设一批原产地特色产业集聚园

（资料来源：青海省“十四五”规划、西宁市“十四五”规划、海东市“十四五”规划）

一刀切的非农使用整治致使都市休闲农业受到重创　国家及地方政府需要关注政策设计及其执行的地方差异，切忌一刀切的行为（图5-11）。2020年8月12日下午，科考队实地考察了城中区青海葛源现代农业有限公司的农业园区。调研了解到，城中区青海葛源现代农业有限公司的农业园区原来是作为一个都市休闲农业来发展，但是由于土地使用类型的限制，原来用于设施农业配套的餐饮、休闲等设施一夜之间被强制拆除，仅保留了部分农业种植区（大棚蔬菜），营收和客流量均遭遇滑坡，仅靠大棚蔬菜种植和销售已无法赢利，运营困难。

图5-11 科考队参观城中区青海葛源现代农业有限公司

5.3.3 生态治理

协同守护好“中华水塔”，以山脉、水系为骨架，以河流、交通沿线为廊道，统筹协调流域生态保护红线、自然保护地与生态保护修复、农业生产、城乡发展等空间布局，构建湟水流域生态安全格局。发挥好国家生态安全屏障服务基地和重要窗口作用，在西宁建成生态保护成就展示区、环境教育示范区、三江源特色文化传承区、青藏高原野生动物科普区，打造人与自然和谐共生的自然保护地城市典范。

（1）加大绿色发展投入，重视环保基础设施建设

西宁都市圈绿色转型的资金投入有明显增加，拥有绿色发展的专项资金。如水井巷改造项目有近5 000万元的绿色发展专项资金，乐都区先后实施了总投资2.6亿元的蚂蚁山生态公园（朝阳阁）等美化绿化及景观提升项目改造工程。

推动新型可再生能源的发展，开发绿色能源，推动资源利用方式根本性转变。西宁市和海东市政府制定新的能源计划，出台新能源政策，大幅度提高可再生能源在能耗中的比例。在全域推广电动出租车、公交车和区际轨道交通；国有企业与政府单位公务用车全部使用新能源车，推进绿色出行方式；在全域实行煤改气、煤改电，预防和减少大气污染；全社会形成绿色消费意识和绿色生活观念，绿色生活成为社会生活准则。

扩大再生能源的发展。发展如太阳能、风能、生物能源等相关节能、低耗、环保的绿色工业。为提高清洁能源的利用，对开发可再生能源的企业给予补助。

（2）城市绿色发展转型及其定位的宣传

在都市圈中，核心城市西宁市将城市定位为绿色西宁、幸福西宁。西宁市内滚动播放“双山理论”和绿色发展的标语，市民和政府等城市利益相关者均对绿色文化深入人心，自觉践行绿色生活方式。西宁都市圈内新能源公共交通和出租车数量占比显著提高，从能源利用方面凸显绿色发展的文化。

西宁都市圈居民由原来的经济至上、物质至上的发展观，也随之转变为生态优先，和谐共享的发展观。生态环境保护应该不弱于经济发展，贫富差距也应该被逐步消除，都市圈社会经济发展成果应该由所有人共享。

海东市也响应都市圈要求，以绿色作为城市底色，在乐都区问卷调查过程中绝大多数居民对海东市的首要评价为“绿色”。在政府的组织下，海东市举行了万人大植树活动，让市民以亲身体验来增强对西宁都市圈绿色发展的认识。

（3）全域生态治理，建设高原绿区

1）山地绿化。推动青海东部干旱山区生态屏障建设工程。推进林草植被保护，加强水土流失预防和治理，加大退耕还林还草力度，有序推进黄河、湟水河两岸南北山重点区域造林绿化，加强护林基础设施建设，全面融入国家公园示范省建设，全力配合做好祁连山国家公园相关工作，大力推进北山国家级森林公园、雄先林场等省级森林公园、孟达国家级自然保护区提升改造。完成自然保护地整合归并和完善，开展自然资产调查评估。构建起符合西宁都市圈实际的自然保护地体系，确保自然生态系统、自然景观和生物多样性得到严格保护。持续深入开展植树造林百万人“大会战”，加快湟水规模化林场建设，扎实推进南北山绿化等工程，推行“林长制”，加强达坂山、青沙山、积石山“三山”两侧生态修复与保护，深入推进林草植被恢复，开展草原保护、森林抚育、公益林管护和低质低效林改造提升，完善林场水利配套，提升森林质量。推进森林康养基地建设，增加森林碳汇。加强森林防火和林草有害生物防治能力建设。加强林草植被保护，重点开展天然林、山地草地资源保护，恢复生物多样性，减少水土流失，增强水源涵养能力。加大三河六岸、南门峡、驿州、大地湾等湿地公园保护建设，不断提高湿地质量。

2）“绿河谷”。强化省会城市在黄河流域生态保护中的责任担当，以湟水流域为重点，统筹推进水环境保护、水生态修复、水污染治理，保障水环境质量稳定向好。植绿湟水河谷，着力打造青山绿水，描绘海东靓丽底色。覆绿黄河两岸，着力构建生态走廊，厚植海东绿色底蕴。护绿大通河畔，着力涵养水土功能，筑牢海东生态屏障。沿黄河、湟水河、大通河开展“三水”两岸生态修复，加强黄河、湟水河、大通河干流两岸生态环境治理，实施“千里碧道”工程建设。以引大济湟、引黄济宁为骨干，推进水系联通，恢复改善河湖水质，打造滨水文化景观带。围绕河湟谷地侵蚀沟道，大力开展生态宜居型、蓄水保土型、水源涵养型等生态清洁小流域建设，实现清水入河。加强黄河流域水土保持生态治理，减少水土流失。统筹黄河流域上下游、干支流、左右岸等生态要素，系统推进山水林田湖草综合治理，切实维护黄河流域生态安全。发展节水产业和技术，统筹推进重大水利工程建设，推进水资源集约高效利用。

3）绿色发展。建设清洁能源城市，创建国家节水型城市，全面实施能源、水资源消耗、建设用地总量和强度双控行动，控制碳排放总量和强度，推进碳中和工作。发展绿色金融，支持绿色技术创新，推进清洁生产，加快重点行业和重要领域绿色化改造。依托流域种植业与农区畜牧业资源，发展高品质绿色生态农牧业，加快园区循环化改造、清洁生产审核、污染物集中治理，规划建设工业资源综合利用产业基地，构建线上线下融合的废旧资源回收和循环利用体系。创建并推广绿色示范园区、绿色示范工厂试点。大力发展光伏、风电等清洁能源产业，推动能源清洁低碳安全高效利用。参与建设河湟谷地百里长廊经济林带。推广应用绿色建材，推行节能、装配式等高星级绿色建筑。建立动力电池、光伏组件等综合利用和无害化处置系统，构建废旧资源循环利用体系。推行垃圾分类减量和资源化，完成“无废城市”试点任务。倡导简约适度、绿色低碳的生活方式，增加绿色产品和服务供给，开展绿色生活创建活动。推广绿色出行，稳步扩大新能源车比例，加强政府绿色采购。

4）绿城区。围绕大峡、小峡、老鸦峡“三峡”开展景观绿化，打造一条与城市品位相结合的绿色“廊道”。提升城镇绿色能效，优化城市园林体系建设，提高城镇绿化水平，增加群众绿色福祉。以国家公园示范省建设为引领，全面建成自然保护地管理体系，推进“公园城市+自然保护地”建设新模式，通过建设国家公园论坛服务、野生动物救护、生态环境监测及科学研究平台，打造国家公园示范省服务基地。将公园城市建设与“绿屏绿芯绿廊绿道”体系有机结合，构建“一城山水、百园千姿”的公园城市形态。实施“公园中的城镇”建设工程，新建一批城市公园绿地，科学布局休闲游憩和绿色开敞空间，以高标准绿道串联城市社区，建设城市客厅。加速全域增绿增景，提升生态系统碳汇能力，深入开展大规模国土绿化巩固提升行动。加快建设西宁国家级环城生态森林公园、西堡生态森林公园、西宁城市绿芯森林公园、西宁市环城国家生态公园、海东湟水河城市湿地公园、贵德黄河国家湿地公园。高品质建设湿地公园，提升城市河道、城市道路绿化面积，打造城市“绿肺”。建成滨河公园、湟水河公园、东垣渠公园、安定山公园、黄河文化公园、撒拉故里公园等一批城市公园。积极发展节能、装配式绿色建筑，推进即有建筑绿色化改造。

5）“蓝天”工程。以抑尘、减煤、治气、控车、禁燃等为重点，全力推进大气污染防治工作，全面落实建筑工地“六个百分之百”。加快推进建材企业工业炉窑改造，加强工业废气监测，强化碳化硅、铁合金企业除尘治理，确保工业废气达标排放。持续开展散煤治理、餐饮油烟治理、挥发性有机物专项整治，深入推进秸秆禁烧。加大汽车尾气、施工及道路扬尘治理力度，全面推进数字化工地建设、移动机械整治，提高道路机械化清扫率。持续推进清洁能源取暖工程，加快城乡机关企事业单位锅炉煤改气（电）工作。

6）碧水工程。加强城乡污水治理，推进城镇污水管网全覆盖。加大农村污水、垃圾规范处理力度，推广集中式、分散式相结合的污水处理模式。加强水环境污染防治，深入推进黄河、湟水河、大通河水体污染防治。实施沿河村庄截污纳管、河道综合治理等工程，强化重点流域控制单元水环境质量目标管理，保障水环境质量稳定达标。统筹推进湟水河、黄河流域水环境保护、水生态修复、水污染治理，进一步压实各级河湖长责任，强化河道排污监管、工业及医疗废水整治，严厉打击向河湖排污等环境违法行为，杜绝废水直排河道，不断改善水环境质量。推进黄河流域精品水文化建设，实现绿水绕城、绿水润城、绿水活城。

7）净土工程。强化土壤污染防治，持续强化农业面源污染整治，推进化肥农药减量化。强化农用地分类管理，实施建设用地准入管理。推进落实“限塑令”，加强白色污染治理。完善全市土壤环境质量监测网络，实施固废减量化、资源化和无害化工程，加强重金属污染治理，推进土壤污染治理与修复试点示范。推进沿黄地区盐碱化土地治理、元石山污染地块修复。大力实施矿山绿化修复，推进尾矿土地综合治理。

（4）建设滨水景观，打造休闲文化廊道

西宁都市圈应加快都市圈内的湟水生态景观带建设，打造湟水河两侧重点区域生态廊道，构筑城市绿色生态轴线，建设湟水河生态活力轴，以支撑都市圈沿湟水谷地的主轴线建设。

都市圈应契合河谷两侧山地的绿化和整治工作，于“十四五”期间，协同河湟“绿河谷”工程规划建设湟水两岸的都市圈湟水生态文化景观带。即依托西宁、海东两市当前沿湟水、大通河两岸现有城区的滨水景观带，将都市圈内沿湟水及其主要支流的生态建设和旅游休闲计划统筹为一个长期的战略性的计划，在主城区内部滨河旅游休闲景观带逐步建设的基础上，统筹规划生态修复和保护、旅游休闲设施、湿地公园建设、沿河交通设施建设，逐步形成西宁都市圈层次的湟水生态文化景观带，由此，推动绿色都市圈的建设，有力支撑都市圈沿湟水谷地的主轴线建设（表5-6）。

表5-6 西宁都市圈"十四五"期间生态治理举措和核心项目

生态治理举措	核心项目
山地绿化	1.植树造林百万人"大会战" 2.黄河、湟水河两岸南北山重点区域造林绿化四期 3.北山国家级森林公园、雄先林场等省级森林公园、孟达国家级自然保护区提升改造 4."三山"绿色屏障保护建设工程 5.湟水规模化林场工程
绿色发展	1.能源、资源双控工程 2.循环生产改造工程 3.河湟谷地百里长廊经济林带 4.绿色建筑推广 5.绿色出行
绿河谷	1.千里碧道工程 2."三水"绿色河谷综合治理工程
滨水景观廊道	1.湟水生态景观带建设 2.海东沿黄生态景观长廊建设
绿城区	1."三峡"绿色城区品质提升工程 2."公园中的城市"工程
环境质量巩固提升	1.大气污染综合治理——"蓝天"工程 2.水生态环境综合治理修复——"碧水"工程 3.土壤环境治理攻坚——"净土"工程 4.固废减量化、无害化、资源化——"无废城市"工程 5.节能减排综合提升工程 6.生态产品提质增值工程

（资料来源：西宁市"十四五"规划、海东市"十四五"规划）

参考文献

［1］陈红霞.都市圈产业升级与区域结构重塑［M］.北京：科学出版社，2018.

［2］尹稚，袁昕，卢庆强，等.中国都市圈发展报告2018［M］.北京：清华大学出版社.2019.

［3］高卿，苗毅，宋金平.青藏高原可持续发展研究进展［J］.地理研究，2021，40（1）：1-17.

［4］杨永春，张薇，曹宛鹏，等.国家安全视角下的我国西部国土空间规划：体系完善与基本导向［J］.自然资源学报，2021，36（9）：2264-2280.

［5］王楠，王会蒙，杜云艳，等.青藏高原人口流入流出时空模式研究［J］.地理学报，2020，75（7）：1418-1431.

［6］戚伟，刘盛和，周亮.青藏高原人口地域分异规律及“胡焕庸线”思想应用［J］.地理学报，2020，75（2）：255-267.

［7］方创琳.中国新型城镇化高质量发展的规律性与重点方向［J］.地理研究，2019，38（1）：13-22.

［8］高晓辉.西宁市生产性服务业发展与空间布局研究［D］.西宁：青海师范大学，2017.

［9］姜维旗.西宁市市辖区产业空间结构演变研究［D］.西宁：青海师范大学，2019.

［10］李莉.青海省农牧区新型城镇化研究［D］.昆明：云南财经大学，2020.

［11］满姗，杨永春，曾通刚，等.中国西部跨境城市网络空间结构与影响因素［J］.地理科学，2021，41（4）：674-683.

［12］唐艳，杨永春，贾伟，等.西宁市2001—2016年空间扩展及驱动力分析［J］.兰州大学学报：自然科学版，2019，55（3）：365-372.

［13］唐艳，杨永春，程仕瀚.企业视角：西宁市开发区的投资来源与影响因素

［J］.兰州大学学报：自然科学版，2020，56（5）：615-622.

［14］王亚飞，郭锐，樊杰.国土空间结构演变解析与主体功能区格局优化思路［J］.中国科学院院刊，2020，35（7）：855-866.

［15］杨永春，张从果，吴文鑫.中国西部地区大都市圈发展规划研究［J］.城市规划，2005（4）：23-29.

［16］杨永春.河流文明：河谷型城市生长与建设原理［M］.兰州：兰州大学出版社，2012.

［17］张永姣，方创琳.空间规划协调与多规合一研究：评述与展望［J］.城市规划学刊，2016（2）：78-87.

［18］张永姣，曹鸿.基于“主体功能”的新型村镇建设模式优选及聚落体系重构［J］.人文地理，2015，30（6）：83-88.

［19］黄祖宏，王新贤，张玮.青藏高原地区人类发展水平评估及其演变分析［J］.地理科学，2021，41（6）：1088-1095.

［20］刘振，刘盛和，戚伟，等.青藏高原流动人口居留意愿及影响因素［J］.地理学报，2021，76（9）：2142-2156.

［21］于法稳，方兰.黄河流域生态保护和高质量发展的若干问题［J］.中国软科学，2020（6）：85-95.

［22］张可云，朱春筱.中国工业结对集聚和空间关联性分析［J］.地理学报，2021，76（4）：1019-1033.

［23］曹炳汝，孙巧.产业集聚与城镇空间格局的耦合关系及时空演化［J］.地理研究，2019，38（12）：3055-3070.

［24］黄群慧.改革开放40年中国的产业发展与工业化进程［J］.中国工业经济，2018（9）：5-23.

［25］张治栋，司深深.城镇化、工业集聚与安徽省县域工业增长［J］.华东经济管理，2018，32（9）：29-34.

［26］耿凤娟，苗长虹，胡志强.黄河流域工业结构转型及其对空间集聚方式的响应［J］.经济地理，2020，40（6）：30-36.

［27］罗胤晨，谷人旭，王春萌，等.县域工业集聚的空间效应分析及其影响因素［J］.经济地理，2015，35（12）：120-128.

［28］贾卓，陈兴鹏.中国西部兰州—西宁城市群县域经济集聚格局与空间溢出研究［J］.兰州大学学报：社会科学版，2019，47（2）：144-151.

［29］方时姣，肖权.中国区域生态福利绩效水平及其空间效应研究［J］.中国人口·资源与环境，2019，29（3）：1-10.

［30］杨永春，张旭东，穆焱杰，等.黄河上游生态保护与高质量发展的基本逻辑及关键对策［J］.经济地理，2020，40（6）：9-20.

［31］杨永春，穆焱杰，张薇.黄河流域高质量发展的基本条件与核心策略［J］.资源科学，2020，42（3）：409-423.

［32］贾卓，杨永春，赵锦瑶，等.黄河流域兰西城市群工业集聚与污染集聚的空间交互影响［J］.地理研究，2021，40（10）：2897-2913.

［33］金凤君，马丽，许堞.黄河流域产业发展对生态环境的胁迫诊断与优化路径识别［J］.资源科学，2020，42（1）：127-136.

［34］车磊，白永平，周亮，等.中国绿色发展效率的空间特征及溢出分析［J］.地理科学，2018，38（11）：1788-1798.

［35］王胜今，王智初.中国人口集聚与经济集聚的空间一致性研究［J］.人口学刊，2017，39（6）：43-50.

［36］肖荣波，丁琛.城市规划中人口空间分布模拟方法研究［J］.中国人口·资源与环境，2011，21（6）：13-18.

［37］刘睿文，封志明，杨艳昭，等.基于人口集聚度的中国人口集疏格局［J］.地理科学进展，2010，29（10）：1171-1177.

［38］贾卓，陈兴鹏，李晨曦，等.兰州-西宁城市群人口集聚格局及影响因素［J］.兰州大学学报：自然科学版，2019，55（4）：436-442.

［39］王兴杰，谢高地，岳书平.经济增长和人口集聚对城市环境空气质量的影响及区域分异［J］.经济地理，2015，35（2）：71-76.

［40］汪芳，安黎哲，党安荣，等.黄河流域人地耦合与可持续人居环境［J］.地理研究，2020，39（8）：1707-1724.

［41］方创琳.黄河流域城市群形成发育的空间组织格局与高质量发展［J］.经济地理，2020，40（6）：1-8.

［42］胡志强，苗长虹，袁丰.集聚空间组织型式对中国地市尺度工业SO_2排放的影响［J］.地理学报，2019，74（10）：2045-2061.

［43］田光辉，苗长虹，胡志强，等.环境规制、地方保护与中国污染密集型产业布局［J］.地理学报，2018，73（10）：1954-1969.

［44］范庆泉，张同斌.中国经济增长路径上的环境规制政策与污染治理机制研究［J］.世界经济，2018，41（8）：171-192.

［45］周锐波，石思文.中国产业集聚与环境污染互动机制研究［J］.软科学，2018，32（2）：30-33.

［46］豆建民，张可.空间依赖性、经济集聚与城市环境污染［J］.经济管理，

2015，37（10）：12-21.

［47］戴其文，杨靖云，张晓奇，等.污染企业/产业转移的特征、模式与动力机制［J］.地理研究，2020，39（7）：1511-1533.

［48］汪艳涛，张娅娅.生态效率区域差异及其与产业结构升级交互空间溢出效应［J］.地理科学，2020，40（8）：1276-1284.

［49］贾卓，强文丽，王月菊，等.兰州—西宁城市群工业污染集聚格局及其空间效应［J］.经济地理，2020，40（1）：68-75，84.

［50］马海涛，徐楦钫.黄河流域城市群高质量发展评估与空间格局分异［J］.经济地理，2020，40（4）：11-18.

［51］朱向东，贺灿飞，李茜，等.地方政府竞争、环境规制与中国城市空气污染［J］.中国人口·资源与环境，2018，28（6）：103-110.

［52］薄文广，徐玮，王军锋.地方政府竞争与环境规制异质性：逐底竞争还是逐顶竞争［J］.中国软科学，2018（11）：76-93.

［53］陶静，胡雪萍.环境规制对中国经济增长质量的影响研究［J］.中国人口·资源与环境，2019，29（6）：85-96.

［54］邓祥征，杨开忠，单菁菁，等.黄河流域城市群与产业转型发展［J］.自然资源学报，2021，36（2）：273-289.

［55］程钰，任建兰，陈延斌，等.中国环境规制效率空间格局动态演变及其驱动机制［J］.地理研究，2016，35（1）：123-136.

［56］李佳佳，罗能生.中国区域环境效率的收敛性、空间溢出及成因分析［J］.软科学，2016，30（8）：1-5.

［57］邓远建，杨旭，马强文，等.中国生态福利绩效水平的地区差距及收敛性［J］.中国人口·资源与环境，2021，31（4）：132-143.

［58］张华.地区间环境规制的策略互动研究［J］.中国工业经济，2016（7）：74-90.

［59］赵玉民，朱方明，贺立龙.环境规制的界定、分类与演进研究［J］.中国人口·资源与环境，2009，19（6）：85-90.

［60］黄志基，贺灿飞，杨帆，等.中国环境规制、地理区位与企业生产率增长［J］.地理学报，2015，70（10）：1581-1591.

［61］杨振，敖荣军，王念，等.中国环境污染的健康压力时空差异特征［J］.地理科学，2017，37（3）：339-346.

［62］张新林，仇方道，谭俊涛，等.中国工业生态效率时空分异特征及其影响因素解析［J］.地理科学，2020，40（3）：335-343.

［63］臧传琴，吕杰.环境规制效率的区域差异及其影响因素［J］.山东财经大学学报，2018，30（1）：35-43.

［64］程钰，徐成龙，任建兰.中国环境规制效率时空演化及其影响因素分析［J］.华东经济管理，2015，29（9）：79-84.

［65］王松茂，褚玉静，郭安禧，等."一带一路"沿线重点省份旅游经济高质量发展研究［J］.地理科学，2020，40（9）：1505-1512.

［66］马大来，陈仲常，王玲.中国区域创新效率的收敛性研究：基于空间经济学视角［J］.管理工程学报，2017，31（1）：71-78.

［67］侯孟阳，姚顺波.空间视角下中国农业生态效率的收敛性与分异特征［J］.中国人口·资源与环境，2019，29（4）：116-126.

［68］孙瑜康，孙铁山，席强敏.北京市创新集聚的影响因素及其空间溢出效应［J］.地理研究，2017，36（12）：2419-2431.

［69］苏聪文，邓宗兵，李莉萍，等.中国水生态文明发展水平的空间格局及收敛性［J］.自然资源学报，2021，36（5）：1282-1301.

［70］国家发展改革委.国家发展改革委关于培育发展现代化都市圈的指导意见［Z］.2019-02-19.

［71］青海省统计局.青海统计年鉴［M］.北京：中国统计出版社，2001—2021.

附录 科考日志及附图

一、西宁都市圈科考队考察日志一

（2020年8月6日—18日西宁都市圈综合性科学考察团队的科考路线及科考内容）

日期	科考内容	科考地点
Day1 8月6日	8月6日上午7:00，西宁都市圈科考队从兰州大学出发，9:30抵达海东市民和回族土族自治县。于10:00与民和县政府的相关职能部门进行座谈。14:30，科考队陆续对古鄯镇、总堡乡、民和县工业园、川海大桥、麻黄滩湿地公园等地进行实地考察。	民和县 （海东市）
Day2 8月7日	8月7日上午9:00，科考队到达乐都区人民政府会议大厅，与海东市乐都区政府职能部门进行了座谈。14:30，科考队对乐都区朝阳山公园、乐都区青海宝恒绿色建筑产业股份有限公司、乐都区旭格光电科技有限公司等地进行实地考察。	乐都区 （海东市）
Day3 8月8日	8月8日上午8:00，科考队对乐都区中心广场、古城大街等地的城市居民开展问卷调查，调查内容主要围绕乐都区融入西宁都市圈的现状及困难、乐都区城镇发展特征、乐都区统计数据解析等多方面进行。	乐都区 （海东市）
Day4 8月9日	8月9日上午9:30，科考队到达乐都区高庙镇人民政府，对高庙镇开展实地科考，调研了解到当地大部分的村民主要靠开农家乐和外出务工收入维持生活。15:00，科考队来到乐都区高店镇人民政府进行考察。	乐都区、 平安区 （海东市）
Day5 8月10日	8月10日上午8:30，科考队前往平安区政务大厅，在政务大厅会议室与平安区政府的主要职能部门负责人进行座谈。上午11:00，科考队前往各单位收集本次科考所需数据。14:30，实地考察了平安区袁家村、三合镇异地搬迁集中安置点，调研了河湟新区的规划和建设情况。	平安区、 互助县 （海东市）
Day6 8月11日	8月11日上午8:30，科考队前往互助县农科局，在互助县农科局会议室与互助县政府的主要职能部门负责人进行座谈。14:30，科考队对互助县小庄村、互助县天佑德青稞酒厂、互助县高原现代农业科技示范园区等进行了考察。	互助县 （海东市）、 西宁市区

续表

日期	科考内容	科考地点
Day7 8月12日	8月12日上午8:30,科考队前往西宁市政府,在市政府会议室与西宁市政府主要职能部门负责人以及西宁五区两县的负责人进行座谈。15:00,科考队对西宁市城中区水井巷商业文化旅游街区、香格里拉商业中心进行考察。随后科考队又实地调研了城中区青海葛源现代农业有限公司的农业园区、城中区总寨镇下西沟的生态改造现状等。	西宁市区
Day8 8月13日	8月13日上午8:30,科考队分为两个小组,第一组前往相关部门收集调研资料,第二组前往位于城北区的青海壹车即刻出行集团公司和青海小西牛生物乳业股份有限公司进行实地考察。14:30,科考队前往浦宁之珠和唐道·637广场进行实地考察。	西宁市区
Day9 8月14日	8月14日上午8:30,科考队分为两个小组,第一组对西宁市城东区大众街道科技馆和中华枸杞养生苑进行了实地考察,第二组前往西宁市政府的主要职能部门收集数据资料。14:00,科考队在湟中区住房和城乡建设局的四楼会议室与湟中区主要政府职能部门展开座谈。17:00,科考队对多巴镇进行了实地考察。	西宁市区、湟中区（西宁市）
Day10 8月15日	8月15日上午8:30,科考队对甘河工业园区东区内的企业分布和类型进行了实地考察,10:30,前往多巴镇新城进行实地科考。15:30,对甘河工业园区西区内的企业以及甘河工业园区管委会进行考察。20:00,科考队对甘河滩镇和多巴镇发展存在的优势和问题进行了梳理,安排8月16日科考的任务、路线和内容。	湟中区（西宁市）
Day11 8月16日	8月16日上午8:30,科考队前往鲁沙尔镇各大街道进行实地考察并拍摄街景。14:00,对大通县城区进行实地科考,包括大通县工业区部分企业、大通县老爷山,并分析了大通县城镇整体空间布局。20:00,杨永春老师就高原城镇化和绿色发展主题进行深入剖析,提出科考报告撰写的重点和要求,并安排了科考分队8月17日大通县后续科考的任务、路线和内容。	湟中区、大通县（西宁市）
Day12 8月17日	8月17日上午8:30,科考队前往大通县斜沟乡柏木沟森林康养基地、青海可可西里生物工程股份有限公司等地进行考察。14:30,科考队在大通县发改局会议室与大通县政府主要职能部门进行座谈,会后前往相关单位收集本次科考所需要的数据和资料。18:30,科考队考察了湟源县的丹葛尔古城。	大通县、湟源县（西宁市）
Day13 8月18日	8月18日上午8:30,科考队前往湟源县政府,9:00,在县科技局会议室与湟源县各部门领导进行了座谈会。11:00,对湟源县三江一力农业有限公司、湟源县恩泽有机肥公司等地进行考察。12:10,科考队考察了湟源县麻尼台新村异地搬迁示范点。14:20,考察了湟源县凯金新能源有限公司,16:00,返回兰州市结束了本次科学考察。	湟源县（西宁市）

二、西宁都市圈科考队考察日志二

（2021年4月12日—16日西宁都市圈综合性科学考察团队的科考路线及科考内容）

日期	科考内容	科考地点
Day1 4月12日	4月12日上午6:30，科考队从兰州大学出发，上午9:00到达海东市发改委办公楼并与部门主要负责人进行半结构式座谈：围绕海东市“十四五”规划、海东市与西宁一体化发展等内容展开。14:30，前往海东市自然资源和规划局，围绕海东市国土空间规划第一轮调研工作进展情况等方面进行座谈。16:00，前往河湟新区管委会，围绕河湟新区当前的发展情况、在发展中面临的问题以及下一步的打算等方面展开座谈。	乐都区、平安区（海东市）
Day2 4月13日	4月13日上午8:30，科考队前往达位于海东市平安区的海东市生态环境局并进行座谈。14:30，前往海东市统计局与其相关负责人进行座谈，之后进行资料收集。16:00，返回海东市生态环境局，进行资料收集，但是由于相关领导暂时不在部门，无法给予科考队所需要收集的资料，资料收集工作受阻。	乐都区、平安区（海东市）
Day3 4月14日	4月14日上午8:30，科考队到达海东市生态环境局收集资料。由于主管海东市第二次污染源普查工作报告的负责人上午在外调研，基于此，科考队决定一队人留在原地继续收集海东市第二次污染源普查资料，另一队人前往化隆县与相关职能部门进行座谈并收集资料。上午11:00，科考队到达化隆县自然资源和规划局，与其相关负责人进行座谈，座谈内容围绕化隆县国土空间规划、化隆县群科新区规划等内容展开。15:00，到达化隆县统计局，围绕化隆县人口及经济发展情况、化隆县城镇绿色发展情况及在发展过程中存在的瓶颈等方面展开座谈。16:30，前往化隆县生态环境局，围绕化隆县生态环境“十四五”规划的总体思路、化隆县生态环境方面的重点项目、化隆县污染物排放情况等问题展开座谈，之后进行资料的收集。	乐都区、平安区（海东市）
Day4 4月15日	4月15日上午9:00，科考队到达化隆县群科新区，与化隆县发改局负责人进行座谈，之后进行资料收集。上午10:00，科考队在化隆县工业园区主任的带领下对工业园区进行考察。14:45，科考队到达循化县发改局，并与该部门局长以及规划科主任进行座谈。16:00，科考队前往循化县统计局进行统计年鉴的收集工作，并进行街景的拍摄，18:00前往酒店进行后续的资料整理。	化隆县、循化县（海东市）
Day5 4月16日	4月16日上午8:30，科考队到达循化县生态环境局，与循化县生态环境局局长及职能部门的负责人进行座谈，之后进行资料的收集。上午10:00前往循化县自然资源局进行座谈，并进行资料的收集。11:30，科考队前往民和县官亭镇的喇家文化遗址进行考察。14:30，科考队离开官亭镇返回兰州，并于当日晚到达兰州大学，结束了本次科学考察。	循化县（海东市）

三、附图

附图1　科考分队在海东市民和县农科局会议室召开座谈会

附图2　科考分队与海东市乐都区政府职能部门座谈

附图3　科考分队与西宁市政府职能部门座谈

附图4　科考队与湟中区政府职能部门座谈

附图5　科考队员与海东市自然资源和规划局座谈

附图6　科考队实地考察海东市平安区河湟新区

附图7　科考队员在西宁湟中区政府前合影